DIE ELEKTRISCHE WARMBEHANDLUNG

IN DER INDUSTRIE

VON

E. FR. RUSS

OBERINGENIEUR

Direktor der „Industrie" Elektroofen G. m. b. H.

Köln a. Rh.

MIT 240 ABBILDUNGEN

MÜNCHEN UND BERLIN 1933

VERLAG VON R. OLDENBOURG

Druck von R. Oldenbourg, München und Berlin

Vorwort.

Die Anwendung der Elektrowärme in der Industrie hat in den letzten Jahren außerordentliche Fortschritte gemacht. Dabei waren wir durch die wirtschaftliche Notlage vielfach gehindert, jede technische Neuerung gründlich zu erforschen und rasch und sicher einzuführen.

Dieses Buch soll deshalb eine Lücke ausfüllen und die weitere Entwicklung vorbereiten helfen, ähnlich wie die beiden früheren Bücher des Verfassers über das elektrische Schmelzen[1]). Diesmal soll das Gebiet der elektrischen Warmbehandlung in der Industrie untersucht werden. Es soll übersichtlich zusammengestellt werden, was schon erforscht und erprobt ist, welche Erfolge und Erfahrungen man in der Praxis schon kennt und welche Gebiete noch zu erschließen sind.

Nach einer grundsätzlichen Einleitung wird zunächst ein allgemeiner Überblick über die Anwendungsgebiete der elektrischen Warmbehandlung gegeben werden; auf diese Weise kann sich jeder Industrielle rasch unterrichten, welche Erfahrungen und Möglichkeiten auf seinem persönlichen Arbeitsgebiet vorliegen. Der folgende Abschnitt behandelt den Aufbau des elektrischen Warmbehandlungsofens in genereller Form. Im letzten und größten Abschnitt werden die verschiedenen Ofenarten im einzelnen beschrieben.

In allen diesen Teilen des Buches wird größter Wert darauf gelegt, nicht graue Theorie, sondern lebendige Praxis zu vermitteln, alle bemerkenswerten Öfen und Anlagen in wirklicher Ausführung zu zeigen und die tatsächlichen Erfahrungen dazu mitzuteilen.

Theoretische Betrachtungen werden nur so weit gebracht, wie sie zur Erklärung der bisherigen Entwicklung und zur Anregung weiterer Fortschritte nötig sind.

Köln, August 1932.

E. Fr. Ruß.

---

[1]) Ruß, Die Elektrometallöfen, 1922; Ruß, Die Elektrostahlöfen, 1924, Verlag R. Oldenbourg, München.

Inhaltsverzeichnis.

I. Einleitung.

Aus der bereits durchlaufenen Entwicklung kann man auf die Bedeutung und die Zukunftsaussichten einer Sache schließen.

Ein paar Zahlenangaben mögen zeigen, welche Rolle die Elektrowärme heute bereits in der Industrie spielt.

Während im Jahre 1900 der Elektroofen für die Stahlerzeugung sich noch häufig auf einige Anlagen beschränkte, werden heute mehr als 1 Million t Elektrostahl hergestellt. Auf Deutschland entfallen rd. 12%, also wenigstens 120000 t Elektrostahl. Bei einem mittleren Stromverbrauch von 600 kWh/t, kann mit einem Stromabsatz von 72 Millionen kWh gerechnet werden.

Als im Jahre 1920 der Verfasser mit der Einführung der Elektrometallöfen begann, existierte in Deutschland ein Elektroofen für Bronze. Heute sind an elektrischen Schmelzöfen für Metalle mehr als 300 Anlagen mit einem Anschlußwert von etwa 25000 kW da. Der Jahresverbrauch wird unter normalen Wirtschaftsverhältnissen 100 Millionen kWh sein.

Im Jahre 1924 waren einige kleine elektrische Glühöfen im Lande, die einen überhaupt nicht nennenswerten Stromkonsum hatten. Auch hier unternahm es der Verfasser, in Deutschland zu werben und das wiederum mit Erfolg. Innerhalb von 8 Jahren sind viele hundert derartiger Anlagen von nur einigen Ofenbaufirmen errichtet worden. Diese geben zusammengenommen einem Kraftwerk von angesehener Leistung volle Beschäftigung.

Würde der gesamte Verbrauch an Elektrowärme in allen Industriestaaten der Welt zu ermitteln sein, so ist zu erwarten, daß die ungeheuere Ziffer von mehr als 1000 Millionen kWh im Jahre verbraucht wird. Dabei ist nur an den Stromverbrauch für Schmelz-, Glüh- und andere Wärme gedacht, die dem Fabrikationsgang dienlich ist, also ungerechnet die in der Elektrochemie für die Erzeugung von Rohstoffen (Kalzium-Karbid, Stickstoff, Roheisen, Ferrolegierungen, Aluminium usw.) benötigte Energie.

Die amerikanische Industrie ist uns in der Anwendung elektrischer Öfen noch überlegen. So hat eine dem Verfasser bekannte Firma im Staate Ohio im Laufe von 12 Jahren über 500 Großöfen von 85000 kW Anschlußwert aufgestellt. Das entspricht einem Mittelwert von 170 kW für jede Anlage, und bei 25proz. Ausnutzung im Achtstundenbetrieb einem jährlichen Stromverbrauch von 51 Millionen kWh. Diese Firma baute u. a. einen Glühofen von 3000 kW Einzelleistung zur Warmbehandlung von Hochdruckbehältern aus Stahl. In diesem Ofen wurde ein Heizkörper von 2,25 km Länge eingebaut. Nach neuesten Nachrichten soll in Amerika sogar ein Warmbehandlungsofen von 4,25 m Breite, 17,5 m Höhe und 18,5 m Länge mit 12000 kW Anschlußwert in Betrieb gegangen sein. Diese Fälle beweisen, daß der elektrische Ofen unbeschränkt in bezug auf Abmessungen und Leistungen gebaut werden kann. Auch der Bedarf an Öfen kann in einem Werk beträchtlich sein. So hat eine Spezialfabrik in Detroit über 60 elektrische Glühöfen von 11400 kW Leistung in Betrieb; allein 32 Öfen sind in einer Halle nebeneinander aufgestellt. Weiterhin werden schon heute Einsatzgewichte bis 160 t elektrothermisch behandelt. Aber auch kleine Öfen kommen vor, um z. B. Kugeln für Lager zu härten, Lampensockel zu glühen, Rasierklingen zu behandeln u. dgl.

In jedem Einzelfalle, in dem ein industrielles Unternehmen vor der Entscheidung steht, ob es für irgendwelche Zwecke die elektrische Warmbehandlung einführen soll, wird zunächst die Frage nach der Wirtschaftlichkeit aufgeworfen. Zur Beantwortung sind jedesmal zwei grundlegende Überlegungen anzustellen.

Zunächst sind die Kosten der elektrischen Energie festzustellen. Elektrischer Strom ist heute noch in den meisten Fällen verhältnismäßig teuer. Die Höhe der Stromkosten hängt jedoch außer von geschickten Tarifverhandlungen auch noch von einer Anzahl technischer Faktoren ab; man muß die Zusammenhänge der Elektrizitätswirtschaft kennen, um den Strombezug so wirtschaftlich, wie nur eben möglich gestalten zu können.

Die Feststellung der reinen Stromkosten ist aber nur ein Teil der wirtschaftlichen Überlegung. Es genügt nicht, einfach die Einkaufspreise für die Wärmeeinheit bei Elektrowärme einerseits und bei Brennstoffen, wie Gas, Kohle, Öl usw. andererseits einander gegenüberzustellen. Man muß vielmehr die besonderen Eigenschaften der Elektrowärme berücksichtigen, die sehr einschneidende Änderungen im Fabrikationsgang, in der Arbeitsweise und in den Eigenschaften der behandelten Güter herbeiführen können. Erst, wenn man alle diese Faktoren in die Berechnung einbezieht, ergibt sich ein einwandfreies und sehr oft überraschend günstiges Bild von der wirklichen Wirtschaftlichkeit.

Im folgenden soll deshalb zunächst Grundsätzliches über den wirtschaftlichen Strombezug und über die Eigenschaften der Elektrowärme gesagt werden.

1. Wirtschaftlicher Strombezug.

Da die Betriebskosten der elektrischen Wärmebehandlung im wesentlichen aus den Kosten für die elektrische Energie bestehen, ist die Frage des wirtschaftlichen Strombezugs von grundlegender Bedeutung.

Diese Frage ist nun durchaus nicht damit abgetan, daß man glaubt, das Elektrizitätswerk habe ganz einfach Interesse an einem möglichst hohen Strompreis, von dem der Strombezieher in Verhandlungen möglichst viel herunterhandeln müsse.

Die Interessen der beiden Parteien liegen denn doch etwas verwickelter und wenn sie sich klären und auf eine gemeinsame Linie bringen lassen, dann haben beide Vorteil. Wie sehr die Elektrizitätswerke am Elektroofen als Stromverbraucher interessiert sind, geht daraus hervor, daß einige Werksverwaltungen so weitsichtig sind, nicht nur Sonder-

Abb. 1. Versuchsanlage mit verschiedenen elektrischen Warmbehandlungsöfen, die ein Elektrizitätswerk ihren Stromabnehmern zur Verfügung stellt.

tarife (Ofenstromtarif) zu gewähren, sondern auch eigene Versuchsanlagen für Elektroöfen zu unterhalten. So konnte zum Beispiel der Verfasser schon im Jahre 1924 ein bedeutendes Kraftwerk dazu veranlassen, mehrere elektrische Wärmeöfen aufzustellen, die allen Interessenten zugänglich sind, um kostenlos Versuche mit eignen Erzeugnissen durchzuführen. Diese Versuchseinrichtung ist in Abb. 1 zu sehen.

Das Bestreben der Elektrizitätswirtschaft geht dahin, das einmal vorhandene Kraftwerk Tag und Nacht, Sommer und Winter möglichst restlos auszunutzen. Dies ist aber nicht denkbar, denn die Belastung einer Zentrale unterliegt bei vielen Stromverbrauchern einem schwankenden Bedarf.

Nun sind aber gerade die Elektro-Industrieöfen besonders dazu geeignet, sich der Netzbelastung anzupassen. Diejenigen Elektrowärmeverbraucher genießen wesentliche Vorzüge, die von diesen Zusammenhängen eine sachliche Vorstellung haben und bereit sind, die Schwierigkeiten der schlechten Zentralenbelastung überbrücken zu helfen. Dazu gehört es allenfalls, den eignen Betrieb so umzustellen, daß der Elektroofen bei geringerer Strombelastung in Betrieb geht und umgekehrt. Viele Öfen können nachts arbeiten, andere automatisch mit Zeituhren, weitere mit mehr oder weniger großer Leistung betrieben werden. Selbst eine Unterteilung von Öfen bei kleinerem Anschlußwert, aber längerer Benutzungsdauer, kann vorteilhaft sein. Denn ein großer Stromanschluß bedingt höheres Anlagekapital für Transformatoren, Kabel usw. Es wäre eine Selbsttäuschung, sich über diese Kosten hinwegzusetzen; entweder bezahlt sie der Stromlieferant oder der Stromverbraucher (dieser allenfalls in Form einer entsprechenden Miete).

Über Tariffragen können nur allgemeine Richtlinien gegeben werden, solange ein Monopol der Elektrizitätswirtschaft nicht besteht.

Dem Stromverbraucher müssen für das Verständnis der Tariffragen die wesentlichsten Begriffe der Tarifberechnung klar sein, sonst ist der erste Grund zu Mißverständnissen gegeben. Er muß wissen, was Anschlußwert, Höchstbelastung, Benutzungsdauer nach Anschlußwert oder Höchstbelastung, Grundgebühr und Arbeitsgebühr ist, um sich eine Vorstellung darüber machen zu können, wie der verlangte Strompreis errechnet wird. Solange die allgemeine Anschauung in den Kreisen der Stromabnehmer vertreten ist, daß die Elektrizitätswerke zuviel Geld verdienen, solange werden die Stromlieferfirmen einen schweren Stand haben. Es liegt im Interesse der Stromverbraucher und im Interesse unserer Wirtschaft überhaupt, mit größter Offenheit den skeptisch veranlagten Stromabnehmer zu behandeln.

Die Grundbegriffe über Stromtarife sind folgende:

a) Der Anschlußwert stellt die Summe der Nennleistung sämtlicher angeschlossener Stromverbraucher eines Werkes dar. Es seien also in einer Fabrik ein Motor von 180 kW (Kilowatt), zwei weitere Motoren von je 60 kW, sowie ein elektrischer Glühofen von 75 kW Stromaufnahme installiert, dann beträgt der Anschlußwert $180 + (2 \cdot 60) + 75 = 375$ kW. Im allgemeinen wird dieser Wert 375 kW praktisch niemals erreicht, wenigstens nicht auf längere Zeit. Denn einmal sieht man eine gewisse Reserve bei jedem Stromverbraucher vor und anderseits werden wohl niemals alle Motoren und der Glühofen gleichzeitig betrieben werden und voll belastet sein.

b) Die Höchstbelastung ist ein Wert, welcher durch einen Höchstverbrauchsmesser erst ermittelt werden muß. Angenommen, es wird von dem soeben erwähnten Anschlußwert von 375 kW eine höchste

Belastung von 280 kW während einer vollen Viertelstunde innerhalb eines Jahres festgestellt, so ist dieser Wert 280 kW die Höchstbelastung der hier in Frage kommenden Anlage. Es ist hierbei ganz gleichgültig, ob während des einen Jahres Stromüberlastungen von einem Vielfachen der Höchstbelastung erreicht werden, sofern dieselben kürzer als eine Viertelstunde sind.

c) Die Benutzungsdauer kann man sowohl auf den Anschlußwert als auf die Höchstbelastung im Jahre beziehen.

Die jährliche Benutzungsdauer in bezug auf den Anschlußwert findet man durch Division der im Jahre entnommenen Kilowattstunden (kWh) und des Anschlußwertes. Angenommen, die vorerwähnte Fabrik würde 750 000 kWh verbraucht haben, dann ist die Benutzungsdauer

$$\frac{750\,000}{375} = 2000 \text{ Benutzungsstunden.}$$

Die jährliche Benutzungsdauer in bezug auf die Höchstbelastung ermittelt man durch Division der im Jahre während einer Viertelstunde gemessenen Höchstbelastung; also ist in unserem Falle die Benutzungsdauer

$$\frac{750\,000}{280} = 2680 \text{ Benutzungsstunden.}$$

Für den Aufbau eines Stromtarifes wird heute fast ausschließlich die letzte Berechnungsweise gewählt. Denn weder für den Stromlieferer noch für den Verbraucher ist der Anschlußwert von Interesse. Beide müssen vielmehr mit der Höchstbelastung rechnen.

d) Die Grundgebühr stellt den Kostenanteil je kW dar für Abschreibung und Instandhaltung des Kraftwerkes, die von diesem festgesetzt wird. Die Grundgebühr ist also nicht von der Stromentnahme (kWh), sondern von der vorhandenen kW-Anzahl abhängig. Es seien beispielsweise für ein Kraftwerk von 5000 kW Leistung an Abschreibungen und Instandhaltung RM. 500 000,— aufzuwenden, dann beträgt die Grundgebühr

$$\frac{500\,000}{5000} = \text{RM. } 100.-- \text{ je kW.}$$

e) Die Arbeitsgebühr stellt die unmittelbaren Betriebskosten eines Kraftwerkes dar, wie Heiz- und Schmiermaterial, Löhne, Unterhaltungskosten. Diese Gebühr ist also von der Anzahl der erzeugten kWh abhängig. Es sei die Arbeitsgebühr 0,03 RM./kWh, dann haben wir nach obigem Beispiel folgende Werte:

Anschlußwert . . . .   375 kW,
Höchstbelastung . . . .   280 „
Stromverbrauch im Jahr . . . . 750 000 kWh
Benutzungsdauer (in bezug auf die
    Höchstbelastung) . . . . . .   2680 Benutzungsstunden
Grundgebühr . . . .   100 RM./kW
Arbeitsgebühr . . . .   0,03 RM./kWh.

Nunmehr können wir wie folgt den Strompreis ermitteln:
$$280 \cdot 100 = RM. 28000,—$$
$$750000 \cdot 0,03 = \quad ,, \quad 22500,—$$
$$\overline{RM. 50500,—}$$

und daraus folgt ein Strompreis von

$$\frac{50500}{750000} = 0,067 \; RM/kWh.$$

Ein Elektrizitätswerk arbeitet infolge der schwankenden Tages-
und Jahresbelastung ungünstig. Der Stromabnehmer findet deshalb

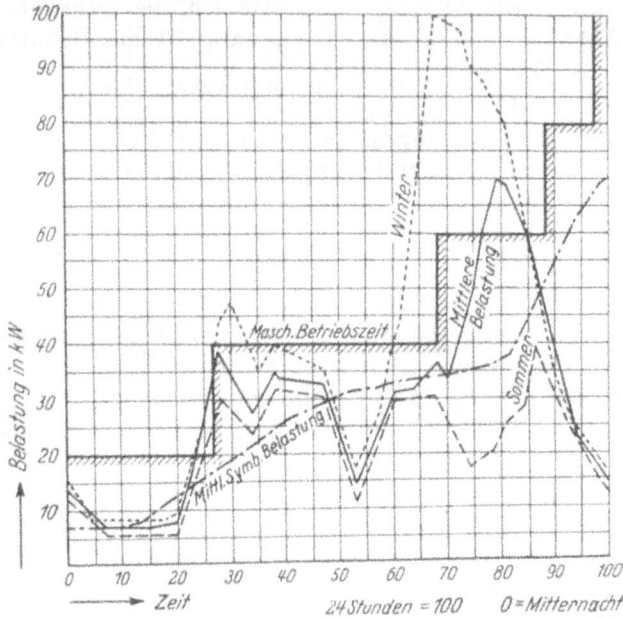

Abb. 2. Charakteristische Belastungskurven eines Elektrizitätswerkes.

bei den Kraftwerken ein um so größeres Entgegenkommen, je mehr er
eine möglichst gleichmäßig große Stromentnahme im Tag und Jahr an-
strebt. Der Vorteil des Stromverbrauchers wird noch größer sein, falls er
in den Zeiten einer niedrigen Zentralenbelastung viel Strom und während
der hohen Belastung wenig oder gar keinen Strom entnimmt. Das ist in
vielen Fällen ohne Nachteile für den industriellen Betrieb zu erreichen.

Von welcher Bedeutung die Belastungsschwankungen für ein
Elektrizitätswerk sind, beweist am besten eine charakteristische Be-
lastungskurve, die in Abb. 2 wiedergegeben ist; sie ist dem Buch von
Prof. Klingenberg[1]) entnommen. Wie aus den Aufzeichnungen der un-

[1]) Klingenberg, Bau großer Elektrizitätswerke 1914, S. 129 und 130, Verlag
von Jul. Springer, Berlin.

regelmäßigen Stromabnahme hervorgeht, muß ein Elektrizitätswerk so groß sein, daß es während der kurzen Winterperiode den Bedarf an Strom decken kann. Dagegen liegt ein Teil der wertvollen Maschineneinrichtungen im Sommer still. Ähnlich verhält es sich während der Tagesentnahme, wo nur in den Lichtperioden die Zentralenbelastung ansteigt.

Je mehr also durch Einführung elektrischer Wärmeöfen die Belastungskurven ausgeglichen werden und sich der geraden Linie des mittleren Verbrauches annähern, um so wirtschaftlicher arbeitet das Elektrizitätswerk, und um so günstiger sind die Strompreise, die das Kraftwerk einräumen kann. Dies sei durch Fortsetzung des obigen Beispiels noch besonders vor Augen geführt. Bekanntlich hat das Jahr 8760 h. Würde die Fabrik, abgesehen von einigen Betriebsunterbrechungen ihre Höchstbelastung von 280 kW in 8000 Betriebsstunden ausnutzen können, so würde sich ein Jahresverbrauch von 2240000 kWh ergeben. Folglich könnte der Grundpreis anstatt 0,067 RM./kWh nur

$$\frac{50500}{2240000} = 0,022 \text{ RM/kWh}$$

betragen. Man sollte also immer im Auge behalten, daß mit der Aufstellung elektrischer Öfen gleichzeitig auch eine Verbilligung im übrigen Stromverbrauch für Kraft und Licht erzielt werden kann, vorausgesetzt, daß das betreffende Elektrizitätswerk nicht von vornherein eine Trennung zwischen Licht, Kraft und Wärme für die Strompreisfestsetzung fordert.

Für die Ermittlung der Höchstbelastung, Benutzungsstunden, Lichtperioden u. dgl. dienen Meßgeräte, die vom Elektrizitätswerk zur Verfügung gestellt werden. Ebenso können je nach der gewählten Tarifart für den Zeit- oder Einfach-, Doppel- oder Mehrtarif eigens hierfür bestimmte Zähluhren aufgestellt werden.

Zum Schluß sei noch erwähnt, daß für die Stromkosten auch der sog. Leistungsfaktor (cos φ) eine Rolle spielt, und zwar bei induktiv belasteten Stromverbrauchern, wie Elektromotoren, Transformatoren, ungünstigen Leitungsanlagen u. dgl. Dagegen arbeiten elektrische Wärmeöfen mit einfacher Bandbeheizung (reine Widerstandsheizung) induktionsfrei, also mit einem Leistungsfaktor cos $\varphi = 1$. Im gemischten Betrieb, also bei Kraft-, Licht- und Heizstrom, kann der Elektroofen zur Verbesserung des gesamten Leistungsfaktors beitragen. Bleibt dieser trotzdem unterhalb des vom Stromlieferwerk vorgeschriebenen Wertes, z. B. cos φ 0,80 und niedriger, so werden Hilfsmittel (Phasenschieber, Kondensatoren) in das Leitungsnetz eingebaut; dann kann das Elektrizitätswerk keine Sonderforderungen mehr stellen.

2. Die Eigenschaften der Elektrowärme.

Elektrowärme entsteht überall, wo elektrischer Strom durch einen Widerstand geleitet wird. Die erzeugte Wärmemenge ist abhängig von der Stromstärke und von dem Widerstand des Leiters; sie kann zahlenmäßig genau vorausbestimmt werden und bleibt konstant, solange eine Stromquelle mit konstanter Spannung Strom liefert.

Aus diesem Prinzip der Widerstandserhitzung, auf dem die elektrischen Warmbehandlungsöfen beruhen, lassen sich die charakteristischen Eigenschaften der Elektrowärme ableiten.

a) Möglichkeiten der Ofengestaltung.

Die Aufgabe des Ofenbauers besteht darin, die in dem stromdurchflossenen Leiter entstehende Wärme möglichst verlustlos dem Behandlungsgut zuzuführen, sei es als strahlende Wärme, die ein Heizwiderstand an das Behandlungsgut abgibt, oder durch direkte Erwärmung, indem das Behandlungsgut selbst als Heizwiderstand benutzt wird.

Der Elektroofen wird daher fast oder vollkommen luftdicht gebaut, um Wärmeverluste zu vermeiden und um Oxydationen oder Zunderbildungen zu verhindern.

Es sind keine unerwünschten Öffnungen, keine Abzugskanäle, keine offenen Roste, Brenneröffnungen u. dgl. nötig. Man ist auch an keine bestimmten Feuerraumabmessungen gebunden, die sonst durch die Flammenlänge eines Brennstoffs bedingt werden. Der Ofenbauer ist daher in der Gestaltung des Ofens ganz unabhängig; er kann ihm jede beliebige Form geben, kann beliebig gestaltete Heizkörper in verschiedener Größe und Zahl einbauen; kurzum, er kann den Ofen vollständig dem Einsatzgut und dem gewünschten Wärmevorgang anpassen.

Hierauf sind die vielen neuartigen Ausführungsformen zurückzuführen, die zweifellos zu weiteren Anregungen im Bau noch zweckmäßiger gestalteter Öfen beitragen werden.

b) Räumliche Unterbringung.

Beim Elektroofen hat man keine Kamine, Kanäle, Kammern, Generatoren mit Gebäuden, ferner keine Kohlenspeicher und Ascheablagerungsstätten und keine An- und Abtransporteinrichtungen für Brennstoffe und Feuerungsrückstände nötig. Das bedeutet eine oft sehr große Raumersparnis.

Der Elektroofen kann sogar fahr- oder tragbar ausgebildet und an beliebiger Stelle aufgestellt und an jede gewünschte Stromanschlußstelle angeschlossen werden. So kann er mit den Werkseinrichtungen für die Vor- und Nachbehandlung des Gutes räumlich zusammengebracht werden. Das ermöglicht kurze Transportwege und geringe Wärmeverluste bei der Zusammenarbeit mit anderen Arbeitsstellen.

c) Stromanschluß.

Zur Erzeugung von Elektrowärme mittels Widerstandserhitzung ist jede Stromart, also Gleich-, Wechsel- oder Drehstrom beliebiger

Spannung von 50 bis 500 V und 25 bis 60 Perioden verwendbar. Da im allgemeinen eine induktionsfreie Belastung (also cos $\varphi = 1$) in Frage kommt, ist mit Blindstrom nicht zu rechnen. Ferner arbeiten die elektrischen Wärmeöfen stromstoßfrei, so daß eine ungünstige Beeinflussung des Leitungsnetzes auch nach dieser Richtung nicht vorliegt.

d) Wärmewirtschaft.

Die Wärmeverluste sind bei elektrischen Öfen sehr gering. Ein fachmännisch einwandfrei gebauter Ofen soll einen thermischen Wirkungsgrad von 0,70 bis 0,90 aufweisen. Mit einer guten Wärmeisolation, geringen Spaltverlusten und hoher Ofenausnutzung sind erstaunliche Ergebnisse im Elektroofenbau erzielt worden.

Wesentlich ist es, die Wärmestrahlungsflächen so auszunutzen, daß die erzeugte Wärme vor allem dem Ofeneinsatz und nicht dem Mauerwerk zugute kommt.

Eine Brennstoff-Aufgabe, die sonst immer unvermeidliche Wärmeverluste bedeutet, kommt beim Elektroofen nicht vor. Die Beschickung und Entnahme des Gutes kann mit geeigneten Einrichtungen ohne nennenswerte Wärmeverluste bewerkstelligt werden.

e) Art der Erwärmung.

Die Elektrowärme zeichnet sich durch eine unbedingte Gleichmäßigkeit aus. Das kommt unmittelbar dem Erzeugnis zugute, dem man mit vollkommener Zuverlässigkeit die gewünschte Behandlung angedeihen läßt.

Überhitzungen durch Gas- oder Stichflammen, ja selbst Stauungen oder Wirbelbildungen der Wärmequelle sind beim Elektroofen unmöglich.

Große Vorteile bietet auch die Möglichkeit beliebiger Wärmeverteilung im Ofenraum; man kann die Heizkörper entweder gleichmäßig im Raum verteilen oder an bestimmten Stellen stärker einwirken lassen. Zum Beispiel läßt sich auf diese Weise an Stellen größerer Abkühlung, wie z. B. an Türen, ein vorzüglicher Ausgleich schaffen. Auch kann man für Behandlungsgut, das nacheinander verschiedenen Temperaturen ausgesetzt werden soll, entweder in einem Ofen oder in mehreren Ofenräumen angegliederte Heizzonen schaffen.

f) Regelung und Überwachung.

Einer der größten Vorzüge des Elektroofens ist die Möglichkeit genauer Temperaturregelung und -kontrolle. Man kann mit selbsttätig arbeitenden Einrichtungen jede Temperatur bis 1400° im Ofen einstellen, messen und registrieren. Durch Ablesen der Meßinstrumente läßt sich der Wärmezustand in der Nähe des Glühgutes genau beobachten. So kann mit Sicherheit jede Unter- oder Überhitzung des Einsatzes verhütet und eine so gute und gleichmäßige Behandlung erreicht werden, daß Güteschwankungen des Erzeugnisses ausgeschlossen bleiben.

Grobe Nachlässigkeiten des Ofenpersonals können durch Registrier-einrichtungen (Kurvenschreiber) sofort aufgedeckt werden.

Man ist heute schon so weit gekommen, bestimmte Wärmevorgänge auch zeitlich vollkommen selbsttätig zu behandeln. Die Einrichtungen dafür, wie elektrische Zeituhren, akustische und optische Signale, haben sich bewährt.

g) Bedienung.

Im übrigen steht die Bedienung von Elektroöfen ganz im Zeichen moderner Arbeitshygiene. Nicht nur, daß die Arbeit mit Asche und Schlacke oder mit verrußten und geräuschvoll arbeitenden Brennern wegfällt. Das Personal wird auch nicht durch Rauch und Ruß, durch verbrannte oder unverbrannte Gase und auch nicht durch strahlende Wärme belästigt.

Der hygienisch einwandfreie Betrieb bringt nicht nur Lohnerspar-nisse, sondern erhöht bekanntlich auch die Arbeitsfreude und Aufmerk-samkeit der Bedienungsleute, was wieder zu Leistungs- und Qualitäts-steigerungen führen kann.

h) Lebensdauer.

Die Lebensdauer der elektrischen Öfen ist infolge der gleichmäßigen Erwärmung, der Vermeidung von Überhitzungen und der ständigen genauen Beobachtung ganz besonders groß. Die heute verwendeten feuerfesten Baustoffe und Heizkörper sind so vollkommen, daß sie einem jahrzehntelangen Betrieb standhalten.

II. Anwendungsgebiete
der elektrischen Warmbehandlung.

Dieser Abschnitt soll einen Überblick geben über die noch zu er-schließenden Verwendungsmöglichkeiten der Elektrowärme in den ver-schiedenen Industriezweigen. Der umfangreiche Stoff soll dabei ge-gliedert werden nach Hauptgruppen und Untergruppen der elektrisch behandelten Güter, unter jeweiligem Hinweis auf die im IV. Teil be-schriebenen Ofenarten.

1. Die Warmbehandlung von Stahl.

Die elektrische Warmbehandlung von Stahl nimmt nach den bis-herigen Erfahrungen den weitaus größten Raum ein und dies wird sicher auch in der nächsten Zukunft so bleiben. Zum Ende des Weltkrieges setzte geradezu sprunghaft in der amerikanischen Automobilindustrie das Interesse für elektrische Wärmeöfen ein. Die anfänglich kleinen und einfachen Ofeneinheiten wurden durch große ersetzt und mit me-chanischen Beschick- und Entnahmevorrichtungen ausgebildet. Das

ganze Bestreben geht heute dahin, durch eine sorgfältige, absolut einwandfreie Warmbehandlung bei geringen Löhnen und kleinstem Ausschuß Stahlteile höchster Festigkeit bei kleinstem Gewicht herzustellen.
Auch die europäische Automobilindustrie hat sich dies zu eigen gemacht,
was an der Ausgleichung der Fahrzeugpreise aller Länder und an der
Qualitätssteigerung sämtlicher internationaler Wagenklassen festgestellt
werden kann.

So wird bei Automobilteilen häufig eine vorzügliche Oberflächenhärtung und gleichzeitig im Stück eine große Elastizität und Zähigkeit
verlangt, um den fortwährenden Beanspruchungen gegen Stoß und den
Ermüdungserscheinungen gut widerstehen zu können. Durch chemische
Zusammensetzung lassen sich die verlangten Eigenschaften nicht erreichen, es sind vielmehr ganz bestimmte Warmbehandlungen unerläßlich. Dem elektrischen Ofen wurden unter Berücksichtigung der häufig
wesentlich voneinander abweichenden Wärmevorgänge besondere Auf-
gaben gestellt, und er konnte sie mit unbedingter Sicherheit und Genauigkeit lösen. Nach dieser Erkenntnis wurden die „Versuche im kleinen"
auf den Groß- bzw. Normalbetrieb mit entsprechend großen Ofeneinheiten übertragen. Es gelang auf diese Weise, wie auch in vielen anderen
Fällen, den Elektroofen für alle erdenklichen Wärmevorgänge heran-
zuziehen, im wesentlichen deshalb, weil bei ihm die verschiedenen
Stufen eines Wärmevorganges genau beobachtet, verfolgt und so genau
geregelt werden können, daß man tatsächlich alle Voraussetzungen in
der Hand hat, auf die es ankommt.

Verweilen wir noch etwas bei der Warmbehandlung von Automobilteilen, so seien einmal die Eindrücke, wie sie der Verfasser im Jahre
1924 in USA. bekommen hat und wie sie ein Jahr später Nathusius[1])
erlebte, von diesem kurz geschildert:

„Die weitschauenden und fortschrittlichen Ingenieure der amerikanischen Automobilindustrie haben erkannt, daß sich für schwierige metallurgische Arbeit am besten ein Elektroofen eignet. Tatsächlich konnte
ich bei meiner kürzlich ausgeführten Studienreise in Amerika erkennen,
daß gerade in der Automobilindustrie die Elektroglühöfen am raschesten
Eingang gefunden haben. Die Ergebnisse, die damit erzielt wurden,
sind, wie ich mich zum Teil durch Einsichtnahme in die Betriebsbücher
persönlich überzeugen konnte, sehr gut.

Zunächst fällt es auf, daß gerade in Amerika, wo doch die Ölöfen
im allgemeinen wegen der großen Ölvorkommen und der gut durchgebildeten Bauart der Rockwellöfen vorherrschend sind, der Elektroofen
den Ölofen auf einem so wichtigen Gebiete verdrängen konnte. Würdigt
man aber die vielen Vorteile der elektrisch beheizten Öfen, so wird es

---

[1]) Nathusius, „Der Elektroglüh- und Härteofen in der amerikanischen Automobilindustrie". Zeitschrift des Reichsverbandes der Automobilindustrie, Berlin,
Nr. 8, 9 u. 10, 1926.

ohne weiteres erklärlich. Gerade bei der Automobilherstellung, wobei viele kleine Teile von geringstem Durchmesser, wie Zahnräder, Steuerarme, Triebvorrichtungen usw. nicht nur einer, sondern oft mehreren Wärmebehandlungen unterzogen werden müssen, kann der Elektroglühofen unvergleichliche Dienste leisten."

Die Wärmestelle des Vereins deutscher Eisenhüttenleute vertritt durch Bulle[1]) folgende Anschauung über den Elektroofen:

„Die genaue Überwachbarkeit macht den elektrischen Ofen, selbst denjenigen im Betriebe, zu einem wissenschaftlichen Werkzeug. Man kann den Wärmehaushalt genau überwachen, kann genauer als mit jedem anderen Ofen die besten Glühzeiten und -temperaturen für die einzelnen Stähle ausproben und Trocknungs- und Wärmevorgänge erforschen. Wissenschaftlicher Betriebsführung und betrieblicher Wissenschaft kann er gleichermaßen dienen."

Bevor auf die Stahlbereitung in der Fahrzeugindustrie im einzelnen eingegangen wird, die nur deshalb schon vorweggenommen wurde, weil sie sozusagen den Grundstein des elektrischen Industrieofens gesetzt hat, dürfte es angebracht sein, erst die Wärmevorgänge an den Ausgangsstoffen zu betrachten. Hierzu zählt vor allem:

Die elektrische Blockerwärmung. Diese dient im wesentlichen zur Veredlung von Schmiedeblöcken. Bekanntlich wird bei der Verarbeitung von Edelstahlblöcken auf eine unbedingt gleichmäßige Durchweichung der Blöcke größter Wert gelegt; siehe „Tieföfen". Ebenso sollen Abbrandverluste tunlichst vermieden werden. Zieht man jedoch die Kostenfrage in Betracht, so ist der Elektroofen den brennstoffbeheizten Tieföfen selten überlegen. Diese ergeben zwar oft ungeheure Wärmeverluste, sofern weder Regeneration noch Rekuperation der Wärme vorgesehen ist; bei einfachen Tieföfen betragen die Rost- und Schornsteinverluste häufig mehr als 50%. Aber trotzdem wird die elektrische Erwärmung von Stahlblöcken nur dort in Frage kommen, wo höchste und verwöhnteste Anforderungen an Gut oder Betriebseinrichtungen gestellt werden. Der kWh-Preis müßte sich dem kg-Preis der Kohle schon sehr nähern oder 1:1 sein, um unter normalen Verhältnissen die elektrische Blockerwärmung als wirtschaftlich ansprechen zu können[2]).

In engem Zusammenhang mit den Tieföfen für die Blockerwärmung stehen die Stoßöfen und insonderheit die Blocköfen; siehe diese unter „Blocköfen". Diese Ofenart könnte nach Anschauung von Bulle[3]) unter besonderen Voraussetzungen wirtschaftlich sein, nämlich dort, wo der Stoßofen oder Wärmofen Stahlsorten verschiedener Beschaffenheit

[1]) Bulle, Elektrowärme in der Eisenindustrie, 1927, Mitteilung Nr. 104 der Wärmestelle des V. d. E., Heft 4, Oktober.

[2]) Iron Steel Eng., 2, 1925, S. 111 114.

[3]) Bulle, „Elektrowärme in der Eisenindustrie", Mitteilung Nr. 103 der Wärmestelle des V. d. E. 1927, Heft 3, September.

wärmen muß, wo also eine individuelle Behandlung jedes einzelnen Blocks verlangt wird. Zu einer solchen Behandlung ist der normale Wärmofen nicht in der Lage, während sie bei elektrischer Beheizung ohne weiteres möglich ist. Man könnte daran denken, die Wärmöfen so zu betreiben, daß eine gewisse Grunderhitzung durch Brennstoff und die jeweils nötige Zusatzerhitzung durch direkte oder indirekte elektrische Beheizung der Blöcke auf dem Schweißherd erfolgt.

Nun muß aber darauf Rücksicht genommen werden, daß bei Arbeitstemperaturen über 1150⁰ metallische Heizelemente ausscheiden, wenigstens vorläufig noch. Bei höheren Temperaturen müssen teure, häufig zu ersetzende Heizkörper benutzt werden, die die Betriebskosten unliebsam heraufsetzen.

Die elektrische Blechglühung, zumal die Wärmebehandlung von Feinblechen hat einige Ansätze zu verzeichnen. Allerdings ist die Industrie sowohl bei uns als auch über unsere Grenzen hinaus mit den gewonnenen Erfahrungen noch recht zurückhaltend. Hierzu liegt jedoch nicht die geringste Veranlassung vor, wenn man bedenkt, welche katastrophalen Folgen eine unrichtige und ungleichmäßige Flammenführung auf die Gesamtflächen der im Ofen befindlichen Bleche hat. Die bisherigen Blechglühöfen sind mit ihren alten Feuerungen manchmal von einer außerordentlichen Ursprünglichkeit, daß man sich wundern muß, trotz der reduzierenden schwarz blakenden Flamme eine zufriedenstellende Glühung zu erhalten.

Der elektrische Blechglühofen gewährleistet neben nahezu neutraler Ofenatmosphäre eine unbedingt gleichmäßige Beheizung; diese wird durch entsprechende Anordnung der Heizwiderstände ohne Schwierigkeiten erreicht. Bei Feinblechen für Arbeitstemperaturen bis 1000⁰ werden alle Einwände auch in wirtschaftlicher Hinsicht überbrückt. Denn der Ofenwirkungsgrad bei Flammöfen liegt häufig unter 10%, während der Elektroofen mit flachem, ausgenutztem Glühraum an 80% herankommt.

Besonders interessant sind die Blechglühöfen mit Rollenförderung geworden, die, wenn in der Anschaffung auch teuer, so doch wirtschaftlich und sehr leistungsfähig sind. Die Bleche von verhältnismäßig großer Fläche, aber nicht großen Gewichtes, werden auf Rollen durch den Heizraum bewegt. Anstatt der nebeneinander angeordneten Hohlwellen, die außerhalb des Ofens beiderseits gelagert sind und von da aus angetrieben werden, verwendet man neuerdings Scheibenrollen. Alsdann werden die dünnen Tragrollen wassergekühlt oder als Schraube ausgebildet.

Für die Weiterverarbeitung von Blechen durch Kaltwalzen, Ziehen, Pressen od. dgl. werden besondere Wärmebehandlungen verlangt. Insbesondere sei hierbei an das Weichglühen[1]) gedacht. Dieses

---

[1]) Daeves, Stahl und Eisen 1929, S. 878.

dient dazu, Spannungen, unerwünschte Gefügebildung zu beseitigen; so wird z. B. die Umwandlung von lamellarem Perlit und sekundärem Zementit in kugelige oder körnige Form angestrebt. Durch einwandfreie Um- bzw. Rekristallisation, infolge eindeutiger Wärmebehandlung. können alle gewünschten Anforderungen an Festigkeit, Dehnung, Härte od. dgl. erfüllt werden. Soll das Glühen, wie Bulle[1]) sagt, eine grundsätzliche Gefügeänderung, also eine Umkristallisation, bewirken. so muß man mit der Glühtemperatur bei untereutektoidischem Stahl über den oberen Haltepunkt (Ac_3) und bei übereutektoidischem Eisen etwa 30° über den unteren Haltepunkt (Ac_1) hinübergehen. Dieses Verfahren kann u. a. nach Kaltverarbeitung notwendig werden (kritische Verformung) und muß immer angewandt werden, wenn die Warmbearbeitung so weit ins Umkristallisationsgebiet fortgesetzt ist, daß eine unbeabsichtigte Härtung eingetreten ist, wie z. B. beim Walzen von Feinblech. Man verlangt von dem Ofen strenges Einhalten der Temperaturen beim Glühen (höchstens 20° Spielraum) und verwendet Glühzeiten von höchstens 1 h, meist ½ h beim Rekristallisationsglühen und nur wenige Minuten beim Umkristallisationsglühen z. B. vor dem Härten. Natürlich dauert das Glühen in der Praxis meist länger, weil das Äußere des Glühgutes auf das nur langsam warm werdende Innere warten muß.

Alle hochwertigen Stahl-, Tiefzieh-, Transformatoren- und andere Bleche erfordern eine Warmbehandlung, deren Verlauf je nach Zusammensetzung und Verwendungszweck in genauen Grenzen vorgeschrieben ist. Der Erfolg des Glühens ist hierbei abhängig von der Glühtemperatur, Glühdauer und Abkühlung. Der elektrische Ofen entspricht hierbei den gestellten Voraussetzungen unbedingt.

Das Glühen im offenen Ofen (Muffel- oder Durchlaufofen) kann nur bei Blechen über 1,25 mm Stärke angewandt werden, und zwar infolge der starken Oxydation (Blauglühen). Die Glühtemperatur beträgt 760 bis 870°. Die Walzspannungen in den Blechen werden hierbei entfernt bzw. kleiner, so daß bei rascher Abkühlung die Härte schwindet und das Gut dehnbar wird. Trotzdem erhalten die Bleche, im offenen Ofen geglüht, nicht die gewünschte Weichheit. In Blechglühereien sind Kistenglühöfen, also Öfen mit Einsatzkästen, neuerdings auch Haubenöfen (siehe auch „Blankglühöfen") am gebräuchlichsten. Die Bleche werden aufeinander gestapelt und durch eine Blechhaube gegen Luftwechsel geschützt. Die Stapelhöhe kann 400 bis 600 mm sein, im Gewicht von 4 bis 10 t Blechen. Bei Öfen mit zwei Kisten nebeneinander kommt häufig das doppelte Einsatzgewicht in Frage. Zum Hochheizen werden Raumtemperaturen bis 900° benutzt. Die Wärmedurchdringung ist eine Funktion der Zeit. Die höchste Temperatur herrscht im oberen Ofenteil bzw. Blechstapel; der Unterschied gegenüber unten beträgt

---

[1]) Bulle, „Elektrowärme in der Eisenindustrie", Mitteilung 103 der Wärmestelle des V. d. E. 1927, Heft 3, September.

selbst nach vielen Stunden 50 bis 80⁰. Die erste Glühung soll mindestens
bei 750⁰ erfolgen. Die zweite Glühung kann bei 580⁰ bis 650⁰ ausgeführt
werden. Zu beachten ist die Gefahr des Klebens. Auch neigt die Kisten-
glühung zu grobem Korn.

Über praktische Ergebnisse des elektrischen Glühens von Blechen
berichtet u. a. die Westinghouse Co.[1]), daß in einem Werk ein Ofen bei
11 Glühungen von 3½ t Gewicht je Woche und Glühung einen Stromverbrauch von nur 220 kWh/t und eine Glühtemperatur von 800⁰ ge-
habt habe. Cone[2]) teilt mit, daß silizierte Bleche in Amerika bei Glühung
in Kisten mit 360 kWh/t, bei Glühung ohne Kisten mit 225 bis 260 kWh/t
geglüht würden[3]). Die Canadian Allis Chalmers, Toronto, spart in ihren
elektrischen Glühöfen, die sonst für das Glühen von Transformatoren-
blechen nötigen Kisten und glüht in Blecheinpackung mit 340 kWh/t
bei 6½ t je Einsatz. Die alten Kisten dienen als Abkühlhauben[4]). Im
allgemeinen sieht man in Amerika und Deutschland den Vorteil elektrischer Blechglühereien darin, daß man die Glühkisten, wenn nicht ganz
zu ersparen, so doch durch billige dünnwandige zu ersetzen vermag,
selbst dann, wenn man auf Blankglühen in neutralem Gas verzichtet.
Der sich bei kistenlosem Glühen bildende Glühspan soll sich bei elektrischem Glühen leicht loslösen und abkehren lassen. Außerdem ist das
Einhalten bestimmter Temperaturen beim elektrischen Glühen leichter
und schließlich das Blankglühen sehr viel einfacher als bei Brennstofföfen.

Das elektrische Glühen von Bändern aus Stahl ist für schmale
und dünne Abmessungen, z. B. für die Herstellung von Rasierklingen,
bereits erfolgreich durchgeführt worden; siehe „Durchziehöfen". Dagegen bietet die Behandlung von schweren Bändern Schwierigkeiten.
An die Durchzugseinrichtungen werden besondere Anforderungen gestellt, da die gehärteten oder angelassenen Bänder sich nicht leicht handhaben lassen. Vielleicht sind aber im Laufe der Zeit noch Fortschritte
zu verzeichnen, die dazu führen, den Elektroofen auch auf diesem Anwendungsgebiet nutzbar zu machen.

Für das elektrische Glühen von Rohren seien die Langöfen und
Muffelöfen (siehe diese) mit ausfahrbarem Herd erwähnt. Dünnwandige
Rollen sollten stets in waagerechter Lage eingesetzt werden, um ein Durch-
biegen, also spätere Richtarbeit zu vermeiden. Auch hier erblickt man
Vorteile in der verbesserten Güte und dem geringeren Ausschuß, so daß
die Wärmekosten mit Steigerung der zu behandelnden Qualitäten an
Bedeutung verlieren.

[1]) Iron Steel Eng. 2, 1925, S. 136/146.
[2]) Iron Steel Eng. 2, 1925, S. 356/357.
[3]) Nach Anhaltszahlen ist der Wärmeinhalt reinen Eisens und damit der theoretische Bedarf bei 700⁰, 118,1 kWh/t, 800⁰ 146,4 kWh/t, 900⁰ 164,4 kWh/t, 1000⁰
189,5 kWh/t.
[4]) Iron Steel Eng., 1924, S. 489/490.

Ähnlich verhält es sich mit der elektrischen Warmbehandlung von Stangen oder langen Profilen. Hier gelten die gleichen Voraus- setzungen wie für Rohre. Bei Bau- wie bei Werkzeugstählen ist die ge- naue Einhaltung und gleichmäßige Verteilung der Glühtemperatur von besonderer Wichtigkeit; diese Forderungen können im elektrischen Ofen erfüllt werden; siehe Muffel- und Langöfen. Auch bei der Ver- gütung von Stabstahl ist eine unbedingt gleichmäßige Erwärmung Vor- aussetzung. Bei flammenbeheizten Öfen wird deshalb der Herd nur mit einer sehr niedrigen Lage Stangen bedeckt und die Stangen werden von Hand gewendet. Da der elektrische Ofen die Möglichkeit bietet, Glühräume von beliebiger Länge von allen Seiten regelbar zu beheizen, werden zum Vergüten langer Stahlstangen Herdwagenöfen bevorzugt. Um einen möglichst raschen Wärmeausgleich im Einsatz zu erzielen, wird der Ofenraum für einen sehr breiten und niedrigen Stapel bemessen und die Heizwiderstände werden auf Decke und Herdwagen für annähernd gleiche Leistung verteilt.

Damit ist eine ungefähre Übersicht über die elektrische Warm- behandlung von Stahl für die Weiterverarbeitung gegeben worden.

Es ist jedoch notwendig, noch auf das elektrische Glühen und Härten für die Fertigstellung einzugehen. Im Zusammenhang mit der Automobilindustrie wurden dahingehende Hinweise bereits einleitend gebracht. Eine große Anzahl Elektroofenarten ist eigens hierfür entwickelt worden. Zumal in der Vergüterei bringt die Elektro- wärme geradezu Umwälzungen zustande, die unter normalen Wirt- schaftsverhältnissen zu verblüffenden Ergebnissen führen würden.

Im wesentlichen kommt es bei der elektrischen Vergütung auf vier Vorgänge der Stahlbehandlung an, auf:

    a) eine Erwärmung zur Umkristallisation vor dem Härten,
    b) das Abschrecken oder Härten,
    c) das Anlassen,
    d) das Zementieren.

In diesem Zusammenhange sei bemerkt, daß alle Stahlglühungen von den unbedingt zu erreichenden kritischen Punkten abhängig sind. Deshalb ist es erforderlich, durch Zustandsdiagramme oder Dilatometer- kurven zunächst einmal die kritischen Punkte des Werkstoffes festzu- stellen. Es ist weiter bekannt, daß Stahl dazu neigt, sich zu verziehen, wenn er erwärmt und schnell wieder abgekühlt wird. Dies kommt daher, daß die positiven und negativen Ausdehnungskoeffizienten bei den kritischen Temperaturen außerordentlich nahe beieinander liegen. Des- halb muß einerseits eine Erhitzung bis zu den kritischen Punkten oder nahe an sie heran vermieden werden, besonders wenn sich bei einer Ladung Stücke verschiedener Querschnitte befinden. Bei nicht gleich- mäßigem Durchgehen durch die kritischen Punkte treten die unange-

nehmen Verwerfungen ein. Ist der Unterschied im Zeitpunkt des Durch-
gehens durch die kritischen Punkte sehr groß, so werden sich mit Sicherheit sogar Risse oder Brüche bilden und die Härtung wird nicht gleichmäßig. Anderseits wird Abschrecken von Temperaturen, die viel höher
liegen als die kritischen, einen gehärteten Stahl ergeben, der ein viel
größeres Korn hat, also viel weniger widerstandsfähig ist, als wenn das
Abschrecken bei einer Temperatur vor sich gegangen wäre, die näher
an die kritischen Punkte heranliegt und ein feines Korn ergibt. Dies
zeigt, wie wichtig beim Vergüten die genaue Einhaltung einer ganz bestimmten Temperatur ist.

Aber nicht nur die bisher geschilderten Voraussetzungen sind beim
Vergüten des Stahles von ausschlaggebender Bedeutung sondern auch
die Zeit, während welcher das Glühgut in der Härtetemperatur verweilt.
Diese Erhitzungszeit ist wiederum außer von der Härtetemperatur und
vom Werkstoff sowie von den Abmessungen des Stückes noch von der
Erhitzungsgeschwindigkeit abhängig.

Man ersieht hieraus, wie heikel die Vergütungsarbeiten sind und wie
wichtige Aufklärungsarbeit noch zu leisten ist, um für jede Stahlart und
Abmessung des Werkstoffes den richtigen Glühkreislauf zu ermitteln.
Dieser setzt sich eben aus den schon erwähnten vier Behandlungsvor-
gängen zusammen. Diese Vorgänge sind bei elektrothermischer Behandlung genau und nach festgesetzten Richtlinien ohne jegliche Fehlergebnisse durchführbar.

So erfolgt, um in unseren Betrachtungen noch weiter zu gehen, z. B.
die Erhitzung vor dem Härten von Kohlenstoffstählen je nach dem Kohlenstoffgehalt des Stahles zwischen 726 und 906°, bei legierten Bau-
stählen auf 850°, bei Kugellagerstahl auf 830 bis 840°, rostfreiem Stahl
auf 900 bis 950° und Schnelldrehstählen auf 1150 bis 1350°, bei Zieh-
eisen auf 900 bis 950° und bei Warmpreßwerkzeugen auf rd. 1100°. Als
Härtemittel dient bei elektrischen Öfen heißes Öl, Blei oder Salzlösungen;
Lösungen bestimmter Art und Zusammensetzung (Zyanbäder usw.)
machen neuerdings von sich reden. Das Vergüten geschieht zwischen
100 und 500°, um eine entsprechende Rekristallisation zu erreichen. Das
Zementieren zur Veredlung des Stahles erfolgt infolge einer Oberflächen-
kohlung des Stahles bei etwa 900°.

Die Vorteile, die man sich von der Elektrifizierung verspricht, sind
bei der Vergüterei ausgesprochen qualitativer Natur. Man kann ganz
gleichmäßige Temperatur einhalten; eine Ungleichmäßigkeit in der
Temperatur, wie sie durch Stichhitze von Flammen oder strähnen-
förmiges Brennen von Gas oder durch das natürliche Temperaturgefälle
jeder Flamme vom Brenner bis zum Fuchs hervorgerufen wird und die
daraus sich ergebende Ungleichmäßigkeit des Gefüges im Werkstoff
lassen sich bei elektrischer Wärmung sicher vermeiden.

Selbst die Einsatzhärtung bietet im Elektroofen Vorteile, zumal bei Anwendung geeigneter Einsatzpulver. Dieses ist bekanntlich dazu bestimmt, in kurzer Zeit genügend Mengen Kohlenoxydgas zu bilden. Werden Pulver von geringem spezifischem Gewicht benutzt, so ist eine sorgfältige Überwachung der Glühtemperatur notwendig, eine Aufgabe, die der elektrische Ofen wiederum am besten erfüllen kann. Bei Temperaturüberschreitungen und beim Eindringen von Sauerstoff entsteht eine unerwünschte Rückkohlung des Einsatzes, zumal an der äußeren Einsatzschicht. Anstatt der Einsatztöpfe oder -kisten bei normalen Muffelöfen können auch Trommelöfen (siehe dort) benutzt werden. Diese verkürzen die Anwärme- und Einsatzzeit, ergeben eine gleichmäßige Zementation und sparen an Pulver. Das Einsatzpulver wird nicht in die Trommel mit den Werkstücken gefüllt, sondern in solchen Mengen zugeführt, daß dauernd ein Überdruck an Kohlenoxyd in der Trommel vorhanden ist. Der entweichende Gasüberschuß wird hierbei entzündet. Derartige Öfen arbeiten einwandfrei und sauber, so daß die Arbeiter keinen Belästigungen ausgesetzt sind. Sobald die Zementation beendet ist, wird der Einsatz in Wasser oder Öl abgeschreckt.

Das Nitrieren wird in einem Sonderabschnitt der Ofenarten behandelt; es liegen da neben ofenbautechnischen Fragen metallurgische und andere Zusammenhänge vor, die eine in sich geschlossene Behandlung rechtfertigen. Das gleiche gilt für das elektrische Trocknen und andere Wärmebehandlungen.

Es würde zu weit führen, alle überhaupt vorkommenden Anwendungsfälle näher zu erläutern, selbst auf die Gefahr hin, daß z. B. die Salzbadeöfen (siehe „Tiegel- und Wannenöfen") hierbei zu kurz kommen. Daß große Stahlgußkörper (bis 50 t Gewicht in einem Muffelofen von 720 kW Anschlußwert) schon elektrisch geglüht und von Spannungen befreit werden, kann ebensowenig ausführlich behandelt werden, wie das elektrische Glühen von Hochdruckkesseln, die z. B. in einem elektrischen Langofen von 20 m Länge und 3000 kW Leistung nach der Fertigstellung nochmals einer Wärmebehandlung unterzogen werden, um noch irgendwo vorhandene Innenspannungen zu beseitigen.

2. Die Warmbehandlung von Eisen.

Im Gegensatz zu Stahl ist die allgemeine Warmbehandlung von Eisen beschränkt. Dies trifft für die Elektrowärme in noch höherem Maße zu, da die Kosten bei den niedrigen Eisenpreisen bedeutungsvoll sind. Handelt es sich um graues Gußeisen, so nimmt die Festigkeit beim Ausglühen bekanntlich ab. Dagegen kann zu harter oder ungleicher Guß bis auf 870° 1 bis 3 h erhitzt, im Ofen bis auf Schwarzfärbung abgekühlt, dann an der Luft erkaltet, noch ausreichende Festigkeitswerte haben. Vielfach wird dieses Verfahren mit Muffelöfen unter Luftabschluß angewandt, z. B. bei Kolbenringen. Die Behandlungszeit ist wesentlich kürzer, als beim Tempern. Eine ähnliche Arbeitsweise ist bei weißem Gußeisen möglich. Das Eisen muß hierbei vor Wasserstoff, Wasserstoffverbindungen und anderen schädlichen Gasen geschützt werden.

Das elektrische Glühen in Töpfen (siehe „Topföfen") ist für Bandeisen und Drähte bereits in Anwendung. Die Glühtöpfe werden aus weißem, phosphorarmem Eisen gegossen oder aus Blechen hergestellt. Trotz der hohen Preise werden vielfach hochhitzebeständige Blechtöpfe angewandt, da sie wesentlich länger halten und sich wenig verformen. Die Deckel der Töpfe können durch Lehm, Gußeisenspäne, Koksgrieß oder durch ein Gemisch von Rot- und Brauneisenstein abgedichtet werden. Die Glühtemperatur, Temperatureinhaltung und Glühdauer ist für die Güte des Eisens ausschlaggebend. So schildert Nathusius[1]) einen interessanten Fall über einen elektrischen Glühofen für Drähte zur Herstellung von Hufnägeln (siehe S. 88 und Abb. 65). Der vorher benutzte brennstoffbeheizte Ofen ergab häufig Ausschuß infolge der ungleichmäßigen Beheizung. Der Elektroofen beseitigte diesen Übelstand. Gleichzeitig kann der elektrisch geglühte Draht nacheinander 12 bis 15 Kaltbearbeitungen unterworfen werden, was davor nicht möglich war. Hinzu kommt noch, daß bei dem alten Ofen der Einsatz früher herausgeholt werden mußte, bevor die am Boden liegenden Drahtrollen vollständig geglüht waren, um eine Überhitzung der oberen Lagen zu vermeiden. Damit war eine Wiederholung der Glühung verbunden. Auch sollen die Werkzeugkosten bei der Kaltbehandlung beträchtlich kleiner geworden sein, seitdem die Drähte elektrisch geglüht werden. Diese Feststellung kann man allerdings auch in anderen Fällen sehr häufig machen, zumal im Zusammenhang mit der geringeren Zunderbildung.

Für die Warmbehandlung von schmiedbarem Guß, auch Temperguß genannt, wird der elektrische Ofen noch Bedeutung erlangen: siehe Abschnitt „Temperöfen". Entsprechende Ansätze sind bereits vorhanden. Für den Tempervorgang, der sich bekanntlich auf einem längeren Zeitraum abspielt, ist der Elektroofen mit seiner genauen Temperaturregelung und seiner weitgehenden Wärmespeicherung besonders wertvoll. Temperöfen können nach ganz einfachen Bauregeln (Topf- oder Kistenöfen) hergestellt werden. Selbst Muffelöfen sind anwendbar. Dort, wo insonderheit Temperguß in großen Mengen hergestellt wird, empfiehlt es sich, besonders zweckentsprechende Ofenarten zu wählen. Hierzu zählen Tunnelöfen, sowie Öfen mit ausfahrbarem oder heb- und senkbarem Herdboden, deren Ausführung für eine Gußbeschickung bis 20 t keinerlei Schwierigkeiten bietet. Derartige Anlagen sind wirtschaftlich und liefern einen ganz vorzüglichen Temperguß.

---

[1]) Nathusius, „Elektrischer Ofen zur Warmbehandlung von Eisen und Stahl in Amerika", Centralblatt der Hütten- u. Walzwerke, Okt. 1925, S. 459/64.

Ein wertvoller und interessanter Ofen ist der elektrische Kerntrockenofen, der in Formereien größere Verbreitung finden wird; siehe „Trockenöfen". Um Formguß einwandfrei zu gießen, müssen die Formen, zumal die Kerne, trocken sein. Hierbei wird Wasser verdampft. Die Kerne werden gasdurchlässiger und entwickeln beim Gießen weniger Gase. Die trockene Oberfläche der Formen und Kerne sorgt für ein gutes Aussehen der Gußstücke. Die Bearbeitung wird erleichtert, da die Gußhaut infolge weniger abschreckender Wirkung getrockneter Kerne weicher ausfällt. Aus dem Grunde werden die Kerne für Automobilguß in modernen Betrieben in elektrischen Öfen besonderer Art getrocknet, die sich durch hohe Leistung und gleichmäßiges Trocknen auszeichnen; siehe Seite 204 u. f.

Zum elektrischen Trocknen von Formen können anstatt größerer Öfen, in die die Formen eingebracht werden, was nicht nur umständlich, sondern für große oder komplizierte Formen auch gefahrvoll ist, einfache Widerstandskörper benutzt werden[1]). Dabei stellt sich der Stromverbrauch z. B. für Formen von $1,2 \times 1,2 \times 0,9$ m auf 15 bis 30 kWh.

Zum Schluß sei noch auf ein weiteres Awendungsgebiet hingewiesen, und zwar auf das Auftragen von metallischen Überzügen, insbesondere das Verzinnen und Verzinken. Auch hierüber wird auf Seite 117 ausführlich berichtet.

3. Die Warmbehandlung von Metallen.

Bei der elektrischen Warmbehandlung von Metallen liegen die Verhältnisse, zumal in bezug auf Strompreise oft recht günstig. Das kommt daher, daß viele Metalle heute elektrisch geschmolzen werden. Die metallverarbeitende Industrie für Kupferlegierungen benutzt fast nur noch den elektrischen Schmelzofen, entweder den Induktionsofen oder Lichtbogenofen. Die Vorzüge dieser Schmelzverfahren liegen sowohl auf wirtschaftlichem als auf metallurgischem und betriebstechnischem Gebiet.

Wird nun der Energieverbrauch zum Schmelzen mit dem für Kraft und Licht schließlich auch noch auf den Wärmebedarf ausgedehnt, so ergeben sich, wie folgendes Beispiel beweist, für die Metallwerke allenfalls ungeheure Vorteile.

Der Verfasser hatte vor einigen Jahren einem süddeutschen Metallwerk einige elektrische Schmelzöfen zu liefern. Diese Öfen erzeugen mit bereits vorhandenen Elektroöfen in 8 h die gewünschte Produktion mit einem Anschlußwert von 500 kW. Die ersten Öfen konnten den elektrischen Schmelzbetrieb in etwa 16 h bewältigen. Die Erweiterung der Schmelzofenanlage sollte eine Arbeitsschicht von 8 h freimachen. Diese wurde für das elektrische Glühen eingerückt. Die Ofenleistung ist alsdann auf über 500 kW gesteigert worden. Die noch verbleibende Schicht

---

[1]) Gießerei-Zeitung 1927, S. 260, 427.

von 8 h dient den Walz- und Ziehprozessen mit 500 bis 800 kW. Da diese Arbeitsvorgänge vorzugsweise gelernten Arbeitern überlassen werden, erfolgte ihre Verlegung in die Tagesstunden. Unter Ausnutzung einiger weiterer Tagesstunden für die nächste Schicht wurde das elektrische Schmelzen eingerückt, während in der Nacht, auf fast vollständig selbsttätige Arbeit eingestellt, das elektrische Glühen vor sich geht.

Die elektrische Warmbehandlung von Nichteisenmetallen hat infolge solcher Möglichkeiten bereits nennenswerte Fortschritte zu verzeichnen. Die metallverarbeitenden Betriebe benutzen tatsächlich schon vielfach ausschließlich Elektrowärme[1]).

In noch viel stärkerem Maße findet man die Elektrowärme in der aluminiumverarbeitenden Industrie. Auch hier wird fast nur noch im elektrischen Ofen niedergeschmolzen, im Tiegel- oder Herdofen[2]). Die gegossenen Platten oder Blöcke werden daraufhin für die Weiterverarbeitung in elektrischen Muffel- oder drehbaren Herdöfen erhitzt. Die hergestellten Rohre oder in der Herstellung begriffenen Rohren, Stangen, Bleche usw. gelangen wiederum in besondere elektrische Öfen für Zwischen- und Fertigglühungen oder zum Anlassen. Die saubere, genaue und gleichmäßige Arbeitsweise ist hierbei von ausschlaggebender Bedeutung. Denn gerade Aluminium, welches in seiner Behandlung außerordentlich empfindlich ist, setzt eine unbedingt reine, von Gasen und offenen Flammen freie Erhitzung voraus. Andernfalls beschlagen die Metalloberflächen, was eine Weiterverarbeitung erschwert und das Aussehen der Erzeugnisse beeinträchtigt.

Auch Neusilber, Nickel und andere hochwertige Metalle werden vorteilhaft im elektrischen Ofen behandelt. Zumal in Verbindung mit der Blankglühung ergeben sich unschätzbare Vorteile. Jedoch auch ohne diese wird die Güte der Werkstoffe gesteigert. Bereits eine Fehlglühung in alten Öfen kann auf lange Zeit bezogen geldlich so großen Schaden verursachen, daß sich der zuverlässig betriebene Elektroofen, selbst wenn er etwas teurer arbeiten sollte, bezahlt macht.

Blöcke und Platten werden in Muffelöfen (siehe dort) sowie in drehbaren Herdöfen (siehe „Durchlauföfen") behandelt. Rohre, Stangen und Profile finden in Langöfen (siehe dort) Aufnahme. Zum Entspannen von Kondensatorenrohren wird eine elektrische Anlaßmaschine nach Snead empfohlen. Zum Glühen von Blechen und Metallringen dienen Muffelöfen. Bolzen oder Preßrohlinge werden vorteilhaft in besonders durchgebildeten Öfen behandelt; siehe Blocköfen. Das gleiche gilt von

---

[1]) Ruß, „Elektrisches Glühen von Kupfer und seinen Legierungen", Metallwirtschaft, 1931, S. 495 und Tama, „Elektrische Glühöfen für Metalle, Zeitschrift für Metallkunde 1929, S. 77/83.
[2]) Ruß, „Das elektrische Schmelzen von Aluminium", Zeitschrift für Metallkunde, 1930, S. 273/276.

Metallbändern, die in den letzten Jahren in sog. Banddurchziehöfen vorteilhaft geglüht werden; siehe Durchziehöfen. Schmale Bänder ohne nachträgliche Beizbehandlung können unter Luftabschluß auch in Topföfen (siehe dort) geglüht werden. Für Drähte in Ringen gilt das gleiche; siehe noch unter „Blankglühöfen". Letztere eignen sich ebenso für Stanzteile sowie für andere weiter zu verarbeitende Metallteile. Werden Nickellegierungen im Blankglühofen behandelt, so entfällt die unerwünschte Brenn- und Beizarbeit. Neuerdings werden Kupferbänder in entsprechenden Durchziehöfen unter Luftabschluß in Wasserdampf behandelt.

Ähnlich wie bei Stahl sind auch bei Nichteisenmetallen die Wärmevorgänge von ausschlaggebender Bedeutung, zumal, wenn es sich um das grundlegendste Problem der Metallurgie, nämlich die Frage nach der chemischen Affinität bei metallischen Vorgängen, handelt. Hierbei ist neben der spezifischen Wärme eine genaue Kenntnis der Temperaturen bzw. ihre Abhängigkeit im Zusammenhang mit der Weiterverarbeitung der Metalle erforderlich. Bekanntlich spielen in der Metallkunde die Phasenumwandlungen und die dabei auftretenden Wärmetönungen eine Rolle. Von ebenso großem Einfluß ist die Abkühlungsgeschwindigkeit, während in Verbindung damit die Strukturbildung die Eigenschaften der Metallkörper bestimmt. Um allen gestellten Voraussetzungen zu entsprechen, werden elektrische Öfen bevorzugt, die infolge ihrer sicheren Arbeitsweise Fehlergebnisse verhindern.

4. Die Warmbehandlung anderer industrieller Erzeugnisse.

Es sollen noch einige wesentliche Anwendungsfälle aus anderen Industriezweigen geschildert werden. So seien z. B. die industriellen Trocken-, Koch- und Heizverfahren ins Auge gefaßt, die bei der Leder- und Gerbstofferzeugung, der Papier-, Holzstoff- und Zellstoffherstellung, bei Spinnereien und Webereien, in der Textil-, Gärungs-, keramischen und chemischen Industrie in Frage kommen. Da alle diese und viele nicht aufgezählten Industriezweige neben Wärme auch Kraft und Licht benötigen, so darf unter keinen Umständen der Gesamtbedarf an elektrischer Energie auseinandergerissen oder bei Einführung der Elektrowärme diese für sich, also unabhängig von dem bereits bestehenden Strombezug, behandelt werden. Im Gegenteil: Nur die einheitliche Zusammenfassung des gesamten Strombedarfs ist entscheidend dafür, inwieweit Elektrowärme wirtschaftlich ist oder nicht.

Um vorab den Überblick über die Anwendung der Elektrowärme auszudehnen, müssen die verschiedenen Röst-, Brenn-, Glasier- und Einschmelzverfahren erwähnt werden. Diese haben für Erze, Erden, Mineralien, ferner für chemische, keramische, optische, Glas- und andere Erzeugnisse Bedeutung.

Daß die Elektrowärme nicht in jeden Industrie- oder Gewerbezweig eindringen kann, zumal dort, wo brennbare Abfälle, Abwärme oder Abdampf besonders wirtschaftlich verwertet werden, ist selbstverständlich. Diese Heizmittel sind aber nur insoweit anwendbar, als kein Schaden damit verbunden ist, denn bei fabrikationstechnischen Mängeln sind die Ersparnisse an Betriebskosten nicht zu rechtfertigen.

So wird sich z. B. der elektrische Lufttrockner da durchsetzen, wo entsprechende Voraussetzungen gelten. Diese sind vorhanden bei der Holztrocknung, in der Textil- und Tapetendruckerei, in Dörrgemüsefabriken oder anderen Nahrungsmittelwerken usw., in denen wegen der in Frage kommenden Stoffeigenschaften bestimmte Temperaturen eingehalten werden müssen. Ob Heißlufttrockner oder solche mit Luftumwälzung oder im Gegenstromprinzip arbeitende, verlangt werden, in allen Fällen bietet die bauliche Ausführung elektrischer Öfen keinerlei Schwierigkeiten.

Nicht anders verhält es sich mit dem elektrischen Kochen von Flüssigkeiten. Auch hier kann das Behandlungsgut in offenen oder geschlossenen Behältern (Pfannen, Kessel, Bottiche, Retorten, Tiegel usw.) neutral, unter Druck oder unter Vakuum gekocht, verdampft oder destilliert (rektifiziert) werden. Der Verfasser hat vielfach Projekte dieser Art behandelt, z. B. elektrisch beheizte Sudpfannen für Brauereien, Erhitzungsbehälter für Teerbäder.

Neuerdings sind in verschiedenen deutschen Großstädten an Stelle der kohlebeheizten Teeröfen solche mit elektrischer Beheizung in Betrieb genommen, die ohne Rauch und Ruß mit Hilfe der Elektrowärme in kurzer Zeit den Teer schmelzen und durch die fein regulierbare Beheizung in jedem gewünschten Maße flüssig erhalten. Meistens wird der Strom unmittelbar aus der Fahrdrahtleitung der Straßenbahn oder Stadtbahn entnommen, was durch einen Stromabnehmerbügel auch von oben her erfolgen kann, so daß der Fahrbetrieb der Bahn, die darunter hinwegfährt, nicht gestört wird. Auch kann der Anschluß unmittelbar an die unterirdischen Kabelnetze des Elektrizitätswerkes vorgenommen werden. Die elektrische Beheizung der Innenmulde vermeidet die Nachteile der Kohlefeuerung, bei welcher wegen der hohen Verbrennungstemperatur der Teer und seine Schlacke am Innenkessel festbrennen, und nur mit Schlagzeug entfernt werden können.

Durch Verwendung von Elektrowärme werden bei der Schuhherstellung, gegenüber anderen Heizmethoden ebenfalls eine Reihe von Vorteilen geboten. Den auf 100 Paar Schuhe bezogenen Elektrowärmeverbrauch in einer schlesischen Schuhfabrik stellt in der Reihenfolge, wie er sich bei der Herstellung ergibt, folgende Zusammenstellung[1]) dar:

---

[1]) Klemm, Elektrizitätswirtschaft, Bd. 30, S. 523.

Brennen in der Stepperei . . . . 0,4 kWh
Dämpfen . . . . 0,96 „
Trocknen . . . . 4,1 „
Durchnähen . . . . 0,37 „
Trocknen . . . . 0,84 „
Trocknen (Betrieb während 8 Monaten) 1,45 „
Polieren . . . . 0,3 „
Trocknen . . . . 0,84 „
Bügeln . . . . 0,13 „

zusammen: 9,39 kWh

Für Qualitätsschuhe kommen hinzu:

Wärmeverbrauch der Doppelmaschinen . 0,42 kWh
Umstellung der Presse (0,5), Kantensetz-
    maschine (0,25), Stempelsetzma-
    schine (0,1) . . . . 0,85 „

also Mehrverbrauch: 1,27 kWh

Man kann mit 10 bis 12 kWh auf 100 Paar Schuhe rechnen. Der Anteil von 0,85 bis 1 RM. auf 100 Paar Schuhe (bei einem Strompreis von 8,6 Pf./kWh) für Elektrowärme macht im Rahmen der gesamten Selbstkosten von etwa RM. 500,— auf 100 Paar Schuhe keinen nennenswerten Betrag aus. Bei einer mittleren Leistung von 500 bis 600 Paar Schuhe je Arbeitstag stellt sich der Verbrauch an Elektrowärme auf 50 bis 70 kWh je Arbeitstag. Für die gesamte deutsche Schuhindustrie würden, wenn man annimmt, daß 70 Mill. Paar Schuhe jährlich hergestellt werden, bei vollelektrischem Betrieb etwa 7 Mill. kWh für Elektrowärmezwecke erforderlich sein.

In der Keramik, zumal in der Feinkeramik, wozu im wesentlichen die Porzellanindustrie, Platten- und Steingutindustrie zählt, hat der elektrische Ofen sicherlich seinen Platz. Sowohl das Trocknen vor dem Brand, als auch der Brenn- und anschließende Abkühlungsvorgang läßt sich mit Vorteil im Elektroofen durchführen; siehe „Porzellanöfen“.

Die Trocknung erfolgt bekanntlich vor dem Einsetzen in den Brennofen, damit nach beendigter Formung ein Teil der eingeschlossenen Feuchtigkeit entfernt wird. Andernfalls würden Risse und Formveränderungen eintreten. Diese Trocknung kann zur Abkürzung der Trockenzeit mit elektrischer Beheizung erfolgen.

Der Brennvorgang erfolgt teils in einem einzigen Brande, bei glasiertem und dekoriertem Porzellan und Steingut auch in 2 oder 3 Teilbränden. Der Brennvorgang für die verschiedenen keramischen Erzeugnisse unterscheidet sich hauptsächlich durch die Schnelligkeit der Temperatursteigerung in den einzelnen Brennzeitabschnitten, durch die Brenndauer, durch die Höhe der Endtemperatur und durch die Anforderung an die Zusammensetzung der Heizzone, ob diese unter Luft (oxydierend) oder mit Luftmangel (reduzierend) einzuhalten ist.

Bei der Feinkeramik sind sog. Brennhilfsmittel nötig. Es sind dies Kapseln, die mit aufbereitet und geformt werden müssen; sie werden über das Gut gestülpt und schützen es so vor dem eigentlichen Brand. Diese teueren Kapseln, die oft nur 1 bis 3 Brände aushalten, beanspruchen durchschnittlich einen Gewichtsanteil, der $5/6$ des Gesamteinsatzes ausmacht. Dazu kommt noch die ungünstige Wärmeausnutzung von 4% im Gut bzw. 10% im Brenngut und Kapseln. Der Elektroofen z. B. nach dem gegenläufigen Verfahren ersetzt eine Anzahl brennstoffbeheizter Rundöfen, macht die Kapseln überflüssig und spart somit erheblich an Wärmemenge. Vor allem aber entfällt jeder Ausschuß; das im elektrischen Ofen gebrannte Gut ist hervorragend im Aussehen und der Qualität. Was allerdings bisher als Nachteil empfunden wurde, ist die Arbeits- bzw. Endtemperatur, die beim Garbrand je nach Ausgangsmaterial bis 1400° ist. Bei Niederschrift dieser Zeilen hat der Verfasser an umfangreichen Versuchen beim Porzellanbrennen feststellen können, daß die Temperaturen im elektrischen Ofen wesentlich niedriger gewählt werden müssen. Während bei brennstoffbeheizten Öfen beispielsweise 1480° vorgeschrieben wurde, dürfte die Temperatur im elektrischen Ofen mit gleichem Gut nicht über 1350° sein, eine Temperatur, die sich heute im Elektroofen leicht erreichen läßt.

Die elektrische Warmbehandlung von Glas ist ebenfalls beachtenswert; siehe „Glasöfen". Bei Einhaltung der kritischen Glühtemperatur, Erhitzung und Abkühlung werden Spannungen im Glas vermieden und damit die Bruchgefahr herabgesetzt. Zugleich erhält das Glas ein gutes und einwandfreies Aussehen. Auf elektrische Weise geglühte Spiegelscheiben, zumal die kunstvoll gebogenen Schaugläser, deren Herstellung recht schwierig ist, fallen durch ihren Glanz, hohe Durchsichtigkeit und Fehlerfreiheit auf. Auch die elektrische Glasbehandlung in der Glühlampenindustrie, in der Erzeugung von Glaslinsen, Glasemaille für Teile von Skalen, Kristallglas für Uhren und viele andere Zwecke ist erwähnenswert. Farbenveränderungen, Unebenheiten oder sonstige nachteilige Eigenschaften werden bei der elektrischen Glasbehandlung vermieden.

Über die Anwendung der Elektrowärme zum Emaillieren wird ebenfalls in einem Sonderabschnitt (siehe „Emaillieröfen") berichtet. In Nordamerika sind Elektroöfen für derartige Zwecke bereits in großer Zahl zur Anwendung gekommen. In Europa, zumal in Deutschland, sind dahingehende Ansätze noch recht schwach, wofür jedoch keine Begründung vorliegt. Das elektrische Emaillieren hält sich in den erreichbaren Grenzen bis 1000°. Das Aufschmelzen verschiedener Emaillierschichten setzt verschiedene Temperaturen voraus, die aber, wie bereits erwähnt, nicht höher sind, als sie mit normalen Elektroöfen erreicht werden können. Da die empfindlichen Emaille-Grund- und Deckschichten die Güte der Ware, zumal in bezug auf das Aussehen, bestimmen, wird die elektrische Emaillebehandlung sich ihren Platz erobern. Da die Wärmebehandlung beim Emaillieren sich innerhalb des Ofens verhältnismäßig rasch abspielt, sind besondere Beschickungsvorrichtungen durchgebildet worden. Aber auch mit Rücksicht auf die komplizierten und oft sperrigen Formen von zu emaillierenden Gegenständen hat man bereits besondere Ofenarten ausgebildet. Auch können beispielsweise zu emaillierende Herdplatten in senkrechter Aufhängung ohne große Spaltverluste durch den Ofen transportiert werden, wobei die Handarbeit die Güte der Emaillierung nicht beeinflußt. Die Bedienung erfolgt ohne lästige Wärmeabstrahlung, was an heißen Tagen bei alten Ofenarten besonders nachteilig empfunden wird. Selbst billige Haushaltungsgegenstände (Emaillegeschirre) lassen sich im elektrischen Ofen wirtschaftlich behandeln, und auch bei diesen Gegenständen ist ja ein sauberes Aussehen wesentlich.

Über das Lacktrocknen wird im Sonderabschnitt „Trockenöfen" ausführlich berichtet. Tamele[1]) schreibt einleitend in einem Aufsatz über elektrische Lacktrockenöfen folgendes:

„An das Auftragen des mit Lösungsmitteln verdünnten Lackes schließt sich das Trocknen an, das nicht nur ein Verdunsten und Verdampfen der Lösungsmittel umfaßt, sondern vielfach auch chemische Umsetzungen, die meist unter Sauerstoffaufnahme eine Erhärtung des aufgetragenen Lackfilmes zur Folge haben. Es zeigt sich nun, daß das Oberflächenaussehen der Lackschicht, also ihre Farbe, ihr Glanz usw., in sehr hohem Maße von den Bedingungen abhängt, unter denen diese Trocknung vor sich geht, und daß besonders dort, wo man hochwertige Lacke verwendet, an die Trocknung sehr scharfe Anforderungen gestellt werden müssen, wenn eine gute Durchhärtung in kurzer Zeit bei genau gleichen Farbenschattierungen erzielt werden soll.

Die elektrische Heizung ist wie keine andere Heizungsart imstande, diese Anforderung genauestens zu erfüllen. Sie ergibt nicht nur ein vollständig sauberes Arbeiten, sondern schafft auch die idealsten Verhältnisse für eine feinfühlige Einregelung des Temperaturverlaufes. Neben diesen qualitativen Vorzügen läßt sie auch in konstruktiver Hinsicht und hinsichtlich der Gesamtanordnung besonders zweckmäßige Lösungen zu. Dadurch kann sie im wirtschaftlichen Wettbewerb mit der Brennstoffheizung sehr gut bestehen, obwohl es sich bei der Lacktrocknung um verhältnismäßig niedrige Temperaturgrade handelt — es kommen selten Temperaturen über 250⁰ in Frage —, bei denen mit Brennstoffen bessere Wirkungsgrade erzielt werden können als beispielsweise beim Glühen und Härten."

---

[1]) Elektrowärme, 1932, Heft 1, S. 16.

Erwähnenswert sind noch die Trockenöfen mit Luftumwälzung; siehe Anlaßöfen. Diese finden sowohl bei der Stahl- und Nichteisenmetall-Verarbeitung Anwendung. Ferner seien die Wanderanlaß- oder -trockenöfen nicht vergessen. Weiterhin haben elektrische Vakuumtrockenöfen beim Imprägnieren elektrischer Erzeugnisse Bedeutung erlangt.

Für die chemische Industrie hat der Verfasser die verschiedenartigsten Ofenausführungen ausbilden können, ohne hierüber eingehender zu berichten mit Rücksicht auf die Verschlossenheit der Betriebe, in denen die Öfen stehen.

III. Der Aufbau des elektrischen Warmbehandlungsofens.

1. Grundsätzlicher Aufbau.

Die baulichen Unterschiede der verschiedenen Elektroöfen für die Warmbehandlung richten sich im wesentlichen nach den in Frage kommenden Arbeitstemperaturen.

Handelt es sich um Trockenöfen, die mit Temperaturen bis 300⁰ arbeiten, so genügen Doppelwände aus zwei Blechen, zwischen welche Schlackenwolle oder andere Isoliermittel gepackt werden. Innerhalb des Trockenraumes werden die Heizkörper möglichst geschützt so untergebracht, daß die Hitze verlustlos da entnommen werden kann, wo sie gebraucht wird. Nur ist darauf zu achten, daß die doppelten Blechwände infolge der Temperaturunterschiede zwischen der Außen- und Innenwand Spannungen aufweisen. Bei größeren Öfen ist insbesondere an den Stoßstellen der Bleche hierauf Rücksicht zu nehmen.

Bei Öfen bis 600⁰ Betriebstemperatur soll eine leichte Bauart angestrebt werden, schon wegen der geringeren Anschaffungskosten. Wir verfügen heute über vorzügliche Isolierstoffe, die mechanisch fest genug sind und die in dünner Schicht ohne besondere Zwischenlagen gleichzeitig für die Anbringung der Heizkörper dienen können. Nur auf ein gutes Fugen und Abdichten der Isoliersteine ist zu achten. Bei Isolierpulver gelten besondere Regeln.

Sobald es sich um Öfen von 1000⁰ Arbeitstemperatur handelt, liegen wesentlich andere Voraussetzungen vor, ähnlich wie bei dem bekannten Industrieofenbau, nur mit dem Unterschied, daß der Elektroofen mit größerer Sorgfalt durchgebildet und mit hochwertigeren Baustoffen ausgerüstet wird. Je höher die Temperatur ist, um so mehr machen sich die Strahlungsverluste eines Ofens bemerkbar. Da ein Elektroofen mit seiner wertvollen Wärme aber so wirtschaftlich wie nur eben denkbar gebaut sein muß, um mit anderen Ofenarten in Wettbewerb treten zu können, so spielt für ihn die beste und zweckentsprechendste Wärmeisolation eine ausschlaggebende Rolle.

Kleine und mittelgroße Elektroöfen erhalten ausnahmslos einen Blechmantel aus einer kräftigen Eisenkonstruktion, die sich entsprechend der Ofengröße oder dem Ofengewicht aus Profileisen, Knotenblechen oder Ankern zusammensetzt. Bei großen Öfen wird anstatt des Eisenmantels häufig ein Mauerwerk aus Ziegelsteinen gewählt. Derartige Öfen müssen ein schweres Fundament haben und können später nicht ohne weiteres umgestellt werden. Große Öfen ohne Blechgehäuse lassen sich meistens billiger herstellen. Die Wand- oder Strahlungsverluste sollen so gering sein, daß sie von außen überhaupt nicht gespürt werden. Damit erreicht ein elektrischer Ofen den denkbar höchsten Wirkungsgrad, der zwischen 70 bis 90% liegen sollte. Die Heizraum- und Isoliersteine werden entweder von dem Eisenmantel oder dem Ziegelsteinmauerwerk umgeben, damit der ganze Ofen einen festen Zusammenhang erhält. Zum Verschließen der Ofenöffnungen dienen vorteilhaft kräftige, gußeiserne Zug- oder Klapptüren, in die dickwandige Wärmeschutzsteine eingebaut werden. Auch müssen die Türen von soliden Gußrahmen umschlossen sein. Die Ofenstirnwände werden entweder in schwerer, gußeiserner Ausführung oder in federnder Blechkonstruktion bevorzugt, um Formveränderungen des Ofens zu vermeiden.

Bei Elektroöfen für Temperaturen bis 1400° ist es im höchsten Maße wichtig, die Wärmeisolation so gut und stark zu wählen, daß auch da nur unmerkliche Strahlungsverluste auftreten. Hier müssen die Isolierschichten entsprechend unterteilt werden, um durch eine hinreichende Abstufung das nötige Wärmegefälle zu erzielen.

Je nach Bedarf wird vor der Beschickungsöffnung des Ofens ein Aufgabetisch vorgebaut; auch können zweckentsprechende Beschickungsvorrichtungen mit dem Ofen verbunden werden.

Die Anordnung der Heizkörper richtet sich wiederum nach der Ofentemperatur, aber auch nach der Wärmemenge, die verlangt wird, nach der Oberflächenbelastung und schließlich nach dem Verwendungszweck. Es kommen Seiten-, Decken- und Bodenheizungen und solche, die in Türen und Stirnwänden eingebaut werden, in Frage. Bei Ermittlung des Heizraumes ist darauf zu achten, daß die Wärmeverluste an den Öffnungen mit deren Größe zunehmen. Soll der Temperaturabfall infolge der Spaltverluste herabgesetzt werden, so empfiehlt sich eine elektrische Türbeheizung. Im anderen Falle muß der Glühraum zwischen Öffnung und Gut groß genug sein, um den Temperaturunterschied auszugleichen. Anpreßvorrichtungen oder andere Türabdichtungen setzen die Spaltverluste herab, beseitigen sie aber nicht.

Die Anschlüsse zwischen den Heizelementen und den Leitungen zum Netz bedürfen besonderer Aufmerksamkeit. Während die Enden der Heizkörper noch Ofentemperatur, zumindest aber eine hohe Temperatur haben, dürfen die äußeren Stromanschlüsse Raumtemperatur kaum überschreiten. Deshalb gibt man den Stromzuführungen bis zu den Enden der Heizelemente großen Querschnitt und wählt für sie einen den Strom gut leitenden Baustoff. Gleichzeitig sollen die Zuleitungen im Ofenbereich durch enge Rohre, Kanäle usw. gegen Hitze weitgehendst geschützt sein. In manchen Fällen, z. B. bei Heizstäben für Temperaturen bis 1400°, werden die Anschlüsse wassergekühlt. Wichtig ist es schließlich, die Anschlüsse einfach, übersichtlich, leicht zugänglich und so anzuordnen, daß eine Auswechslung der Heizelemente jederzeit rasch möglich ist.

Die Unterbringung von Heizdrähten oder -bändern, zumal bei kleinen Öfen oder solchen mit hohem Anschlußwert, insbesondere bei Drehstrom und höheren Spannungen über 220 Volt, bietet häufig Schwierigkeiten. In vielen Fällen muß ein Transformator vorgeschaltet werden, um mittels niedriger Ofenspannung die erforderlichen Heizelemente unterbringen zu können. Bei kleinen Öfen werden Heizdrähte in Spulen gewickelt; diese Wendel müssen so im Heizraum angeordnet sein, daß eine ungehinderte Abstrahlung der Wärme möglich ist. Geschieht dies nicht, so besteht die Gefahr, daß die Heizdrähte überhitzt und folglich frühzeitig zerstört werden. Die Wärmeabstrahlung innerhalb der schraubenförmigen Wendel verursacht eine Wärmestauung. Daher treten im Heizbereich der Spulen höhere Temperaturen auf, als im Heizraum. Diese Erscheinung ist bei der Oberflächenbelastung der Heizkörper zu berücksichtigen.

Sollen Heizbänder verwendet werden, so dürfen die allgemein bevorzugten Schleifen nicht zu lang oder müssen einige Male in ihrer Länge abgestützt sein. Zur leichteren Auswechslung sind kurze Schleifen vorzuziehen. Die Abstände der Schleifen müssen mindestens der Bandbreite entsprechen, sonst treten auch hier Wärmestauungen auf. Je freier die Bänder im Heizraum liegen, um so mehr werden sie geschont, während die Wärmeverteilung um so besser ist. Die Bandbreite wird mit der Bandstärke in ein ungefähres Verhältnis gebracht; im allgemeinen 1:10. So kann also z. B. ein Heizband von 25 mm Breite etwa 2,5 mm dick gewählt werden. Sehr breite Bänder dürfen jedoch mit Rücksicht auf ihre Verarbeitung nicht zu stark sein. So wird beispielsweise schon ein Band von 50 mm Breite nicht 5 mm, sondern etwa 3 mm stark gewählt. Bänder für Temperaturen von 1000° sollen nicht unter 1,5 mm Stärke haben. In Zweifelsfällen sind die Hersteller von Heizkörpermaterial zu befragen.

Bei der Anordnung der Heizelemente ist stets daran zu denken, daß diese gegen Stoß des Einsatzgutes zu schützen sind. Die Schutzleisten, -platten, -profile usw. dürfen aber keine unerwünschten Wärmestauungen hervorrufen oder eine Auswechslung der Heizkörper verhindern. Bei Abdeckplatten, die insbesondere bei der Bodenheizung bevorzugt wer-

den, ist ein vorzügliches Wärmeleitmaterial notwendig. Außer Chromnickellegierungen in Form von Blechen oder gegossenen Platten werden
zum Abdecken auch Baustoffe aus Graphit, Zirkon, Elektrokorund
(Karborundum) usw. benutzt; aber selbst bei diesen Baustoffen bleibt
die Wärmedurchlässigkeit beschränkt. Es können z. B. Heizelemente
für eine max. Temperatur von 1000° nicht vollkommen abgedeckt werden, sofern eine Arbeitstemperatur in ungefährer Höhe verlangt wird. In
dem Falle würden die Heizelemente um 10 bis 25 % überhitzt. Die Abdeckungen aus keramischen Baustoffen werden, zumal bei größeren
Flächen, unterteilt, um ein Zerspringen infolge der auftretenden Spannungen zu verhindern. Die metallischen Abdeckungen aus Blech erhalten vorteilhaft Riffeln oder Eindrücke, allenfalls auch Unterteilungen,
damit sich die Auflageflächen nicht verziehen können. Wo es eben an-
gängig ist, sollen Öffnungen in den Abdeckungen vorgesehen werden,
damit die darunter entwickelte Wärme besser hindurch kann. Bei starker
Zunderablagerung oder anderen Verunreinigungen dürfen aber keine
Durchbrechungen in den Bodenplatten vorhanden sein. Sonst besteht
die Gefahr einer Überbrückung der Heizkörper untereinander, was einem
Kurzschluß entspricht und als Windungsschluß bezeichnet wird. An
den Rändern der Abdeckungen können Schlitze mit den senkrechten
Heizraumwänden gebildet werden, durch die ein großer Wärmeanteil
in den Heizraum auszutreten vermag. Eine andere Anordnung der
Bodenheizung ohne Abdeckung und ohne die Möglichkeit einer Zunderablagerung kann durch Vergrößerung des Ofens erfolgen, indem die
unteren Heizkörper senkrecht in einem unterhalb des eigentlichen Glühraumes geschaffenen Kanal angeordnet werden. Der abfallende Zunder
sammelt sich auf dem Boden des Kanales an und wird von oben oder
von der Seite entfernt. Die unten erzeugte Wärme wird nach oben ungehindert dem Wärmegut zugeführt.

Die bisherigen Betrachtungen beziehen sich im wesentlichen auf
Wärmeöfen allgemeiner Art. Handelt es sich dagegen um Sonderausführungen, z. B. um Blankglühöfen (siehe „Die verschiedenen Ofenarten"), so gelten besondere Voraussetzungen.

2. Heizkörper-Baustoffe.

Die Wahl der Heizkörper-Baustoffe ist in erster Linie abhängig
von seiner zulässigen Oberflächenbelastung, ferner von der Temperatur,
Ofenleistung sowie Lebensdauer und Preis. In etwa spielt noch der
Querschnitt, die Form und Anbringung der Heizelemente eine Rolle.

Für niedrige Temperaturen, z. B. bis 350°, kann Eisen oder ein
legiertes Eisen von bestimmter Hitzebeständigkeit gewählt werden.
Der Preis hierfür ist niedrig.

Bei mittleren Temperaturen bis 500° dienen für die Warmbehandlung von Aluminium und anderen Metallen mit niedrigem Schmelzpunkt

als Widerstandswerkstoffe Nickelin, Konstantan, Rheostan und entsprechende Legierungen. Die Preise sind noch verhältnismäßig niedrig.

Bei höheren Temperaturen von 1000° und darüber hinaus bis 1150° bleibt die Auswahl der Baustoffe beschränkt, und zwar vorläufig auf Chromnickellegierungen. Der Gehalt an Chrom und Nickel, manchmal noch in Verbindung mit reinem Eisen, Mangan usw., muß sich nach der Höchsttemperatur und Belastung der Heizkörper richten. Die Herstellung erfordert größere Erfahrungen und eine schwierige Verarbeitung, auch sind die Ausgangsmetalle teuer. Mithin liegen die Preise hoch.

Augenblicklich wird an einer Aluminium-Eisenlegierung gearbeitet, die als Heizkörpermaterial für Temperaturen von 1350° Anwendung finden soll. Gelingt eine praktische, einwandfreie Anwendung, so wäre ein weiterer Fortschritt, zumal auf dem Gebiete elektrischer Härteöfen, erreicht.

Ferner sind Bestrebungen im Gange, mit Molybdän-Heizkörpern[1]) in Verbindung mit einem Schutzgas (Methylalkohol-Dämpfe usw.) Temperaturen bis 1500° anwendbar zu machen.

Vorläufig werden für Temperaturen bis 1400° kohlenstoffhaltige Stäbe unter dem Herstellungsnamen Silit und Globar benutzt; mit Rücksicht auf ihre verhältnismäßig geringe Brenndauer sind die Preise hierfür hoch.

Es sei noch erwähnt, daß für niedrige Temperaturen an Stelle von Eisendrähten oder -bändern auch gußeiserne Widerstände zweckmäßig sein können. Bei Anwendung von indifferentem Gas, z. B. beim Blankglühen, werden häufig Eisenwiderstände für wesentlich höhere Temperaturen gewählt.

Das sind kurz zusammengefaßt die Heizkörper, die dem Elektroofenbauer zur Verfügung stehen.

Die Auswahl der verfügbaren Werkstoffe muß vorsichtig getroffen werden. Wer nicht über die nötigen Erfahrungen verfügt, wird Ärger haben und viel Lehrgeld zahlen müssen. Diese Warnung sei insbesondere denen gegeben, die glauben, einen Elektroofen wie irgendeinen anderen Ofen selbst bauen zu können. Denn von der richtigen Wahl der Heizkörper und deren Abmessungen hängen Leistung und Lebensdauer des Elektroofens ab. Auch die Anordnung der Heizkörper im Ofen und die Anschlüsse außerhalb des Ofens, sind bei so modernen Ofenanlagen sehr wesentlich; ebenso die übrigen Baustoffe, die später noch behandelt werden.

Heizwiderstände für höhere Temperaturen werden in Drähten, Bändern, Stäben oder Profilen geliefert.

In Deutschland ist eine Anzahl Firmen, die sich seit Jahren mit diesen Baustoffen beschäftigen und die auch ausführliche Schriften über

---

[1]) Lauster, Höchsttemperaturen im Widerstandsofenbau, Elektrowärme, 1932, S. 103/106.

die Wahl und Berechnung der Heizelemente zur Verfügung stellen. Aus diesem Grunde soll hier von einer Wiedergabe vorhandener Tafeln, Kurven, Beispielen und vielen anderen Erleichterungen abgesehen werden.

Die Chromnickellegierungen verdienen besondere Aufmerksamkeit. Sie haben große mechanische Festigkeit, geringe Struktur- und Formveränderung und hohe Widerstandsfähigkeit gegen Oxydationen. Reines Nickel besitzt einen Schmelzpunkt von 1435°. Bei Gebrauchstemperaturen, die 1000° nahekommen oder übersteigen, neigt jedoch Nickel in hohem Maße zur Oxydation; zudem wird Nickel bei diesen Temperaturen äußerst spröde und brüchig. Durch Zusatz von reinem Chrom erhält man Legierungen, die von Sauerstoff viel weniger angegriffen werden. Gleichzeitig wird die Struktur des Nickels durch Legieren mit Chrom sehr verbessert.

Die Dauerhaftigkeit der Chromnickellegierungen hängt neben der durch sorgfältigste Bearbeitung erreichten Strukturverfeinerung sehr erheblich von der Reinheit der Ausgangsmetalle und von den Schmelz- und Gießbedingungen ab. Die Güte von Chromnickel, d. h. höchste dauernd zulässige Gebrauchstemperatur, wird wesentlich durch die Höhe des Chromgehaltes der Legierung beeinflußt; technisch üblich werden Legierungen mit 10 bis 20% Chromgehalt hergestellt. Legierungen höheren Chromgehaltes haben bisher nur zu Gußstücken Verwendung gefunden, zu Drähten oder Bändern sich jedoch nicht verarbeiten lassen.

Außer Nickel und Chrom gibt man den Legierungen vielfach noch einen gewissen Eisen- allenfalls Mangangehalt, wodurch ein hoher spezifischer Widerstand und eine größere Zähigkeit bei hohen Temperaturen erreicht wird. Derartige Legierungen mit einem gewissen Eisengehalt widerstehen mechanischen Beanspruchungen bei Glühtemperaturen besser als Legierungen ohne Zusatz. Das Eisen soll chemisch rein, kohlenstoff- und schwefelfrei zugesetzt werden. Die Glühbeständigkeit wird durch die zugegebenen Zusätze reinsten Eisens in keinem Falle nachteilig beeinflußt.

Rohn[1]) hat gemeinsam mit Gruner Versuche über die Oxydationswirkungen von Chromnickellegierungen bei hohen Temperaturen angestellt. Die Untersuchungen stützen sich auf die schon vorher bekannt gewordenen von Helberger[2]). Das Ergebnis dieser Arbeiten hat gezeigt, daß bestimmte Chromnickellegierungen für Glühtemperaturen bis zu 1150° vollkommen betriebssicher und mit mehrjähriger Lebensdauer hergestellt werden können.

---

[1]) Rohn, Vergleichende Untersuchungen über die Oxydation von Chromnickellegierungen bei hohen Temperaturen, Elektrotechnische Zeitschrift, 1927, S. 227/230 u. 317/320.

[2]) Helberger, Elektrotechnische Zeitschrift, 1924, S. 21.

Die Lebensdauer der Öfen wächst naturgemäß mit der Menge des eingebauten Chromnickels. Die Chromnickel-Heizelemente können bis 30% der Kosten des gesamten Ofens betragen; für einen etwa 25% höheren Preis des gesamten Ofens kann aber das Heizelement mehr als doppelt so schwer ausgeführt werden, da die stärkeren Querschnitte des Chromnickelmaterials einen niedrigeren kg-Preis haben als die dünneren. Um betriebssichere Öfen mit großer Lebensdauer zu erhalten, empfiehlt es sich, die Chromnickel-Heizelemente reichlich zu bemessen und möglichst massive Querschnitte zu verwenden. In industriellen Öfen sollte man bei 1000° Glühguttemperatur mit der spezifischen Oberflächenbelastung des Heizelementes nicht höher als 0,6 bis 0,8 W/cm² gehen; bei 900° kann 1 W/cm², bei 750° 2 W/cm² als zulässig angesehen werden, während man anderseits bei 1100° und 1150° die spezifischen Belastungen nicht höher als 0,4 bzw. 0,2 W/cm² wählen sollte. Eine derartig vorsichtige Bemessung der Heizelemente wird sich immer durch größere Betriebssicherheit des Ofens und längere Lebensdauer lohnen.

Für sehr hohe Temperaturen eignet sich neben Kohle und Graphit allenfalls Wolframmetall, welches einen Schmelzpunkt von etwa 3000° besitzt. Allerdings bevorzugt man bei elektrischen Industrieöfen des Preises wegen Heizkörper aus Kohle oder einen aus einer Kohlenstoffverbindung bestehenden Baustoff oder schließlich einige Karbide. Um einen elektrischen Ofen besonders wirtschaftlich zu gestalten, legt man großen Wert darauf, den Widerstand der Heizelemente möglichst groß zu machen. Aus diesem Grunde sind im Laufe der Zeit verschiedene kohleartige Massen für Widerstände gesucht und gefunden worden, die hier noch besprochen werden sollen; dem Kohlenstoff sind schlechtleitende Zusätze beigefügt, um die Leitfähigkeit herabzudrücken.

Das in Deutschland verbreitetste Widerstandsmaterial dieser Art ist das Silit, welches von der Firma Gebrüder Siemens & Co. hergestellt wird. Silit[1]) besteht aus Siliziumkarbid, Silizium und Kohlenstoff. Diese drei Stoffe werden unter bestimmten Mischungsverhältnissen miteinander vermengt, in Formen gepreßt und hierauf die Formkörper bei rd. 1500° der Einwirkung von Kohlenoxyd ausgesetzt. Das metallische Silizium nimmt dabei Kohlenoxyd auf unter Bildung von Silizium-Oxydkarbid. Beim weiteren Erhitzen auf etwa 1600 bis 1700° reduziert der in den Formkörpern vorhandene freie Kohlenstoff das entstandene Silizium-Oxydkarbid unter Bildung von Siliziumkarbid. Dieses neu gebildete Siliziumkarbid bindet das schon von vornherein in der Masse vorhandene Siliziumkarbid zu festen Formkörpern ein, die bei richtiger Wahl der Mischung nur aus Siliziumkarbid bestehen. Auf diese Weise entstehen elektrische Leitkörper, welche wertvolle Eigenschaften in sich vereinigen, die an einen elektrischen Heizkörper gestellt werden, nämlich hohe

---

[1]) Silit als Widerstandsmaterial, Helios, Export-Zeitschrift für Elektrotechnik, 1914, S. 257/61 und 381/86.

Feuerfestigkeit, große Widerstandsfähigkeit gegen den Einfluß der atmosphärischen Luft und hoher modifizierbarer spezifischer Widerstand.

Gutleitende Kontakte werden durch homogene Versilberungen erzielt. Die versilberten Enden der Silitheizwiderstände werden dann mit versilbertem Eisendraht fest umwickelt, wodurch Übergangswiderstände vermieden werden. Silitstäbe mit derartigen Kontaktanschlüssen, wie sie in Abb. 3 dargestellt sind, werden als dauerhaft geschildert, solange die Glühtemperatur unter dem Schmelzpunkt des Silbers liegt. Bei höheren Glühtemperaturen schmilzt das Silber in Tropfenform aus und die Kontakte werden zerstört. Dieser Übelstand soll durch ein besonderes Verfahren beseitigt werden, indem man auf die Stellen, die an die glühen-

Abb. 3. Anschluß eines Silitstabes mit Silberdraht.

den Teile des Heizkörpers angrenzen, eine Glasur von Borsäure oder Boraten aufschmilzt. Hierdurch wird das Silber sowohl auf der Oberfläche als auch im Innern des Heizkörpers an die Wandungen der Poren fest angelötet, so daß an dieser präparierten Stelle eine gute elektrische Leitfähigkeit und auch gute Wärmeleitung erzielt wird.

Weitere Auskünfte, zumal über die Wahl und Belastung der Heizstäbe geben die Hersteller bereitwilligst. Erwähnenswert ist, daß Silitstäbe senkrecht angeordnet werden sollen, da hierdurch ihre Lebensdauer erhöht wird.

Die ferner in Frage kommenden Globarstäbe sind amerikanischen Ursprungs und eine Nachbildung der Silitstäbe. Ihr Herstellungsverfahren ist ähnlich. Die mittlere Betriebsdauer wird für Globarstäbe mit 1000 Brennstunden angegeben; sie soll zwischen 800 bis 1400 schwanken. Bei Temperaturen bis 800° verkürzt sich die Lebensdauer; zwischen 800 bis 850° liegt ein Gefahrpunkt (Kulminationspunkt), auf dem die Temperatur längere Zeit verweilen muß, damit der Stab nicht vorzeitig zerstört wird. Bei höheren Temperaturen bis 1400° ist die Betriebsdauer wieder länger.

Die Heizstäbe werden derartig hergestellt, daß sie an ihren Enden eine spezifisch höhere Leitfähigkeit aufweisen. Beim Glühen der Elemente erhitzen sich diese Enden verhältnismäßig nur wenig. Es ist also bei Globarstäben zu unterscheiden zwischen Glühlänge und Totallänge. Die Länge der behandelten Enden steht im Verhältnis zum Durchmesser des Elementes. Alle Stäbe sind einem Altern unterworfen, das sich dadurch kennzeichnet, daß sich der Widerstand des Elementes im Verhältnis zu seiner Betriebszeit erhöht.

Die Betriebsspannung der Globarstäbe ist im allgemeinen niedrig; sie schwankt je nach der Größe der Heizelemente zwischen 40 und 150 Volt. Um der Wirkung des Alterns, d. h. dem Zurückgehen der Leistung

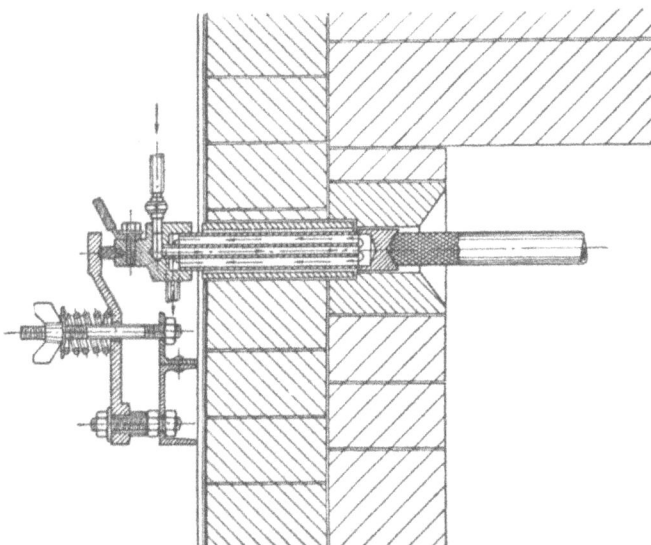

Abb. 4. Wassergekühlter Anschluß eines Globarstabes.

zu begegnen, ist es notwendig, besondere Transformatoren mit Spannungsstufen zu verwenden, um die Anfangsspannung stufenweise um 35 bis 60% erhöhen zu können. Vorteilhaft ist es, eine Vorschaltstufe mit niedriger Spannung vorzusehen, so daß sich beim Anschalten des Ofens die Heizelemente zuerst langsam auf die Temperatur von 800 bis 850° erhitzen; nachdem diese Temperatur erreicht ist, wird dann die volle Anlaufleistung auf die Elemente geschaltet. Bei Drehstrom läßt sich das durch Übergang von Stern- zur Dreieckschaltung erreichen.

Besondere Beachtung verdienen die Anschlußklemmen. Die Abb. 4 gibt hierüber Auskunft. Die Stäbe stehen unter einem bestimmten Druck. Diese Anpressung an die Kontakte trägt den Temperaturschwankungen Rechnung und verbürgt einen dauernd guten Stromübergang. Die Stabenden sind in Rohren im Ofenmauerwerk untergebracht, um der direkten Wärmestrahlung nicht unnötig ausgesetzt zu werden. Bei hohen Temperaturen sind die Klemmen wassergekühlt und diese Kühlung überträgt sich auch auf die Stabenden. Ferner sind die Anschlußklemmen so ausgebildet, daß ein rasches Auswechseln der Heizstäbe, selbst während des Betriebes, möglich ist.

Die Globarstäbe können in jeder Lage, also senkrecht oder waagerecht, im Ofen eingebaut werden. In fast allen praktisch vorkommenden Abmessungen von etwa 8 mm Durchmesser und 12,5 cm Länge bis zu 50 mm Durchmesser und 1,25 m Länge werden Globarstäbe in Deutschland von der Firma Deutsche Carborundum Werke G. m. b. H. geliefert.

Bei allen Heizkörpern aus Kohle besteht jedoch, abgesehen von den Schwierigkeiten eines guten und einwandfreien Kontaktes, der Nachteil, daß die Stäbe keine mechanischen Beanspruchungen aushalten, also sehr leicht zerbrechen. Auch ist der verhältnismäßig rasche Verschleiß und die damit verbundene Querschnitt- und somit Widerstandsveränderung ungünstig. Immerhin erreicht man mit Kohlenstäben Temperaturen bis 1400°, was mit metallischen Heizelementen bisher noch nicht möglich ist.

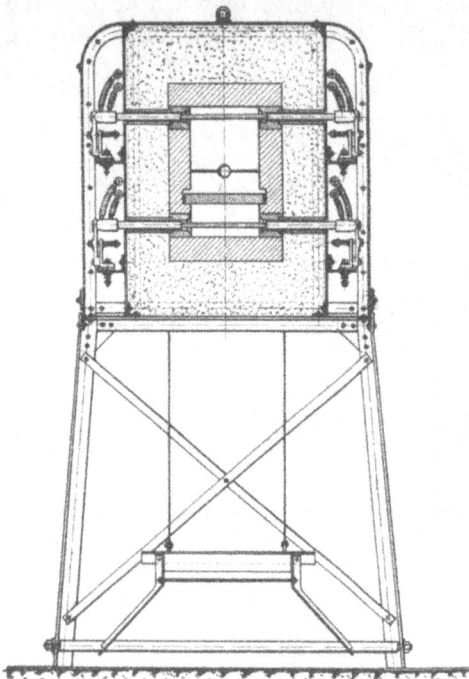

Abb. 5. Schnitt durch einen Muffelofen Bauart Ruß mit Heizstäben in waagerechter Anordnung.

Werden Öfen mit Heizstäben betrieben, so empfiehlt es sich, hiervon einen Vorrat zu halten. Zerbricht ein Stab, so kann dieser nicht ohne weiteres durch einen neuen ersetzt werden, sofern die übrigen Stäbe schon abgenützt sind, also ihren Widerstand verändert haben. Vorteilhaft werden die gebrauchten Stäbe gesammelt und je nach ihrer Abnützung eingeteilt. Alsdann lassen sich neue Heizstabsätze zusammenstellen und betreiben, womit eine oft auffällig große Ausnützung gebrauchter Stäbe erreicht wird.

In Abb. 5 ist noch im Schnitt ein Muffelofen zu sehen, der mit waagerecht angeordneten Heizstäben ausgerüstet ist. Die unteren Heizstäbe sind durch eine dünne Silizium-Karbid-Platte geschützt, so daß auf dieser Platte das Behandlungsgut abgestellt werden kann. Es ist jedoch darauf Rücksicht zu nehmen, daß die unteren Heizstäbe infolge Wärmestauung nicht überhitzt werden. In Abb. 6 ist die Ansicht des Ofens dargestellt. Interessant ist die Bedienung der Türe mittels einer Fuß-leiste, die diese durch zwei Zugseile betätigt. Das an den Seiten des Ofens befindliche perforierte Blech gestattet eine Übersicht der Strom-anschlüsse, der Wasserkühlung und ein Entweichen der Wärme, die durch Leitung von den Heizstäben hervorgerufen wird.

Abb. 6. Ansicht des im Schnitt in Abb. 5 dargestellten Muffelofens Bauart Ruß der „Industrie" Elektroofen G. m. b. H., Köln.

Sollen noch höhere Temperaturen von beispielsweise 1500⁰ ange-wandt werden und die Bruchgefahr wie bei gepreßten Stäben ausge-schlossen sein, so benutzt man gekörnte reine Kohle oder ein Gemisch aus Karborundum, Ton und Graphit, welches unter dem Namen Kryptol bekannt ist, oder schließlich eine Masse aus Kohle und Silizium mit der Bezeichnung Silundum. Bei allen diesen Kohlewiderständen ist jedoch unbedingte Voraussetzung, daß der Baustoff im glühenden Zustande nicht der atmosphärischen Luft ausgesetzt wird; denn sonst würde infolge des Sauerstoffes der Luft eine rasche Verbrennung eintreten und der Ofen schon nach kurzer Zeit unbrauchbar werden.

Das Kryptol ist von den eben erwähnten Kohlewiderständen das älteste technisch hergestellte Material und von Völker in Bremen im Jahre 1904 eingeführt worden. Trotzdem sich dieses Widerstandsmaterial in der Praxis nicht recht einführen konnte und auch heute nur beschränkt in Anwendung ist, hat es zweifellos die erwünschte Anregung für andere Widerstandsmassen gegeben. Kryptol kann nur unter völligem Luftabschluß benutzt werden, und selbst dann noch unterliegt es einem starken Abbrand. Es setzt also für den Bau elektrischer Öfen besondere Konstruktionen voraus und erfordert ferner eine sachliche und genaue Behandlung beim Einbau. Kryptol dürfte deshalb für die hier in Frage kommenden Öfen ausscheiden.

Silundum wurde im Jahre 1908 von Bölling in Frankfurt a. M. entdeckt. Es handelt sich hierbei um Stäbe — allenfalls auch um Rohre — aus Kohle, die auf hohe Temperaturen gebracht werden. Bei dieser Gelegenheit vollzieht sich ein Umwandlungsprozeß; es bildet sich auf der Oberfläche Siliziumkarbid, welches bei weiterer Glühung mehr und mehr in den Stab eindringt. Silundum ist unverbrennlich und für Hitzegrade bis 1700° verwendbar. Bis zu dieser Temperatur ist es luftbeständig und keinem Abbrand unterworfen, so daß man Silundum als ein brauchbares und dazu billiges Widerstandsmaterial ansprechen kann.

3. Heizkörper-Anordnung.

Bestimmend für die Art der Heizkörper-Anordnung sind: Form, Länge und Querschnitt, Höchsttemperatur, Belastung, Heizraumgestaltung, Auswechselbarkeit und Stromanschlüsse.

Runde Heizleiter haben die größte physikalische Festigkeit, aber die kleinste Abstrahlungsoberfläche. Ihre Herstellung z. B. als gezogene oder gewalzte Drähte macht die wenigsten Schwierigkeiten. Heizbänder entsprechender Abmessungen können genügende mechanische Festigkeit haben und bieten dabei eine größere Nutzheizfläche. Ihre Anfertigung ist schwieriger; der Verschnitt und der Verschleiß an Werkzeugen ist größer. Der höhere Preis der Bänder rechtfertigt jedoch bei weitem die Vorteile, zumal in wärmetechnischer Hinsicht. Die Ansichten sind geteilt. Auffällig ist nur, daß die Amerikaner mit ihrer großen Erfahrung sehr wenig Drähte, sondern vorwiegend Bänder verwenden.

Gegossene Heizkörper sind in Deutschland noch nicht eingeführt, im Gegensatz zu Amerika. Sie sind, wie alle schweren Querschnitte, von besonderem Vorteil: mechanisch fest, gegen Überhitzungen weniger empfindlich, in der Anordnung einfach und allenfalls auswechselbar. Ähnlich verhalten sich dicke Stäbe oder schwere Profile. Bei großen Anschlußleistungen kann durch Hintereinander- oder teilweise Parallelschaltung der schweren Heizkörper noch ein unmittelbarer Anschluß ans Netz erfolgen. Bei kleineren Öfen werden Transformatoren bzw. Spannungen von 30 bis 100 V nötig sein, um in Anpassung an den verhältnismäßig kleinen Widerstand auch die entsprechende Leistung zu erreichen.

Für die Anbringung der Heizkörper sind Baustoffe notwendig, die bei den jeweiligen Höchsttemperaturen auch noch als elektrische Isolatoren gelten. Bei niedrigen Temperaturen wird Asbest, Glimmer, Porzellan, Mikanit, Steatit usw. bevorzugt. Dagegen kommen bei hohen Temperaturen bewährte feuerfeste Baustoffe, wie Schamotte, Silika (bestimmte Vorkommen bzw. Mischungen) u. dgl. in Frage. Diese Stoffe müssen Temperaturwechsel vertragen.

Von den vielen Glimmersorten werden vorwiegend die beiden Sorten Muskowit und Phlogopit verwendet. Muskowit kalziniert bei Temperaturen über 600⁰ und Phlogopit erst über 900⁰. Der Kalzinierungspunkt darf nicht erreicht werden, weil sonst der Glimmer an mechanischer Festigkeit und elektrischer Isolationsfähigkeit verliert.

Das Mikanit ist ein Kunststoff aus Naturglimmer. Es besteht aus feingespaltenen Glimmerplättchen, die schuppenförmig aneinandergereiht und durch einen Klebstoff, wie Schellack und Isolierlack, zusammengehalten werden. Das Mikanit kann nahezu als vollwertiger Ersatz für den Naturglimmer angesehen werden und hat ihm gegenüber, abgesehen vom geringeren Preis, noch den Vorteil, daß es sich in großen Abmessungen herstellen läßt. Als Nachteil ist die beim ersten Einschalten des Heizkörpers auftretende Rauch- und Gasentwicklung zu erwähnen, die durch das Verbrennen des im Mikanit befindlichen Bindemittels verursacht wird.

Porzellan ist als Träger für den Heizleiter nur dann brauchbar, wenn die Heizleitertemperatur weit unter 300⁰ liegt, weil es sonst bereits merkbar leitend wird. Bei Temperaturen über 100⁰ ist an Stelle des Porzellans das Steatit zu verwenden, dessen Isolierfähigkeit viel langsamer mit steigender Temperatur abnimmt. Der Heizleiter wird auch oft in einem Isolierzement, vor allem Magnesitzement bis 1000⁰, eingebettet und unter hohem Druck festgepreßt. · Da alle Zemente hygroskopisch sind, darf in diesem Fall nur ein geringer Feuchtigkeitszutritt möglich sein.

Als Träger für den Heizleiter bei flexiblen Heizkörpern ist noch Asbest (weißer) zu nennen. Er ist stark hygroskopisch, wird bei Temperaturen von 300 bis 400⁰ nach kurzer Betriebsdauer bereits brüchig und ist nur in beschränktem Maße als elektrischer Isolierstoff anzusprechen. Bei der sog. Heizkordel ist der Heizleiter auf einen Asbestfaden aufgewickelt. Die sog. Heizgitter sind ein Gewebe, bei dem die Kette durch Asbestfäden und der Schuß durch den Heizleiter gebildet wird.

Für hohe Temperaturen sollten als Heizkörperträger nur beste feuerfeste Steine benutzt werden; wenn eben möglich werden sie nach dem Konstantverfahren[1]) so vollkommen gleichmäßig hergestellt, daß beim Einbau keinerlei Bearbeitung, die den Isolier- und Festigkeitswert herabsetzen würde, nötig ist.

Die Anordnung der Heizkörper bei niedrigen Temperaturen geschieht auf verschiedene Weise. Abb. 7 zeigt einen Rahmenheizkörper,

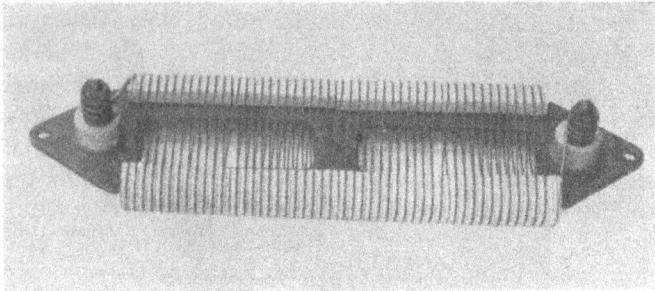

Abb. 7. Rahmenheizkörper.

wie er hauptsächlich bei Raumöfen, Trockeneinrichtungen, Lufterhitzern, Beizbändern und Spezialkonstruktionen verwendet wird. Auf einem Eisenrahmen ist eine Anzahl keramischer Formstücke befestigt, auf denen die Wicklung liegt. Die Wicklungsenden sind fest mit den Anschlußklemmen für die Stromzuführungen verbunden. Zur Beheizung von Maschinen, Platten, Rohren und Apparaten mit geringem Raum für die Unterbringung von Heizkörpern nimmt man Flachheizkörper, bei denen eine starke Blechumkleidung den zwischen einer Isolation liegenden Widerstand schützt.

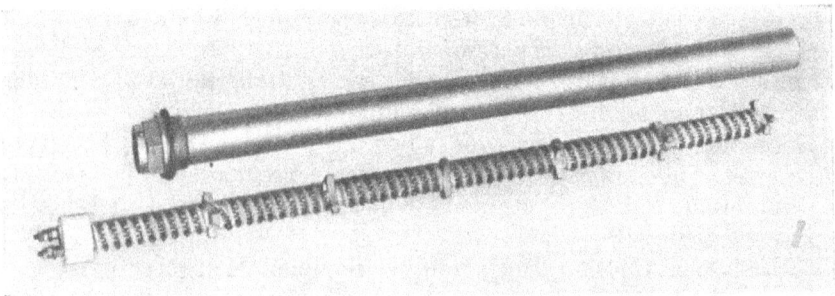

Abb. 8. Heizpatrone mit wasserdichtem Schutzrohr.

Die Heizpatronen oder Heizscheiden nach Abb. 8 werden zur Erhitzung von Flüssigkeiten bevorzugt. Sie finden dort Verwendung, wo bei großen Leistungen und starker Beanspruchung besonderer Wert auf einen Heizkörper mit gutem Wirkungsgrad und stabiler Konstruktion

---

[1]) Vgl. „Feuerfeste Baustoffe", S. 56 u. f.

gelegt wird. Diese Heizkörper können dauernd unter Druck arbeiten. In flachen, verzinnten Messingrohren, die hart gelötet sind, befindet sich die Heizwicklung. Diese Heizscheiden werden in den zu beheizen- den Raum mit Schrauben und Dichtungen eingebaut; die Stromzu- führungen werden über Klemmen am Scheidenkopf angeschlossen.

Mit Rücksicht auf die gleichmäßige Belastung bei Drehstrom- anschluß und auf eine vielstufige Regelbarkeit ist die Anzahl der Heiz- körper möglichst zu 6 oder 12 oder einem Vielfachen davon zu wählen, um eine gute Unterteilung zu ermöglichen. Wenn die Heizflächen größere Abmessungen haben, als der Länge der größten Heizkörper entspricht, so sind 2 oder mehrere solcher Heizkörper, allenfalls auch längere und kürzere, aneinanderzurei- hen, um die Heizfläche ganz zu bedecken.

Heizdrähte für höhere Temperaturen kann man derart längs der inneren Ofenwandungen einbauen, daß man sie auf Quarzröhren od. dgl. aufwickelt und diese in schräge Ausschnitte von Trägern legt, die an den Seitenwänden angeordnet werden. Diese Heizkörper-

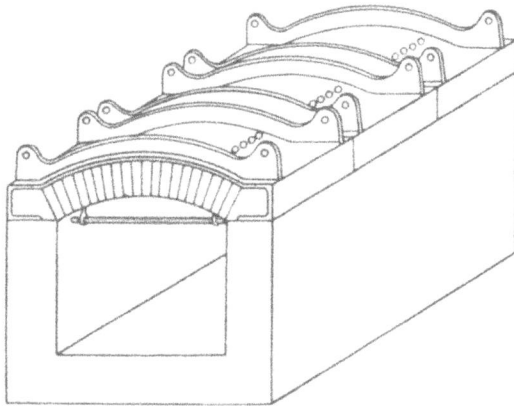

Abb. 9. Mit den Gewölbesteinen auswechselbare Heizkörper.

träger können an dem abnehmbaren Deckel des Ofens befestigt werden, so daß man sie mitsamt dem Deckel herausheben kann.

Für eine offene Deckenbeheizung, bei der die Heizkörper und die Deckel selbst auswechselbar gestaltet sind, wird ein Vorschlag nach Abb. 9 gemacht[1]). Der Deckel ist unterteilt und an den einzelnen Deckel- teilen sind die Heizkörper aufgehängt.

Um schraubenförmige, kernlos gewickelte Widerstände (sog. Wendel, Spulen, Windungen) auswechselbar im Ofen anzuordnen, gibt es ver- schiedene Verfahren. So werden z. B. die Wendeln mittels Hänger an Trägern befestigt, die mit einem Ende durch die Ofenwandung reichen. An dieser Stelle ist in der Ofenwandung eine verschließbare Öffnung vorgesehen, durch die der Träger samt den an ihm aufgehängten Wendeln entfernt und wieder eingeführt werden kann[2]). Eine ganz ähnliche Aus- führung[3]) zeigt Abb. 10 nur mit dem Unterschied, daß in den Decken- steinen Tragrohre untergebracht sind, an denen die Heizelemente hängen.

---

[1]) DRP. 442258.
[2]) DRP. 485287.
[3]) DRP. 505384.

Eine andere Lösung, um die Auswechselung solcher Spulen zu erleichtern, besteht darin, daß die Heizwiderstände in lauter Wendel mit geraden Achsen unterteilt sind[1]). Die Wendel werden außerhalb des Ofens miteinander je nach der gewünschten Schaltung verbunden; die Stromanschlußbolzen reichen durch die Ofenwandungen hindurch. In

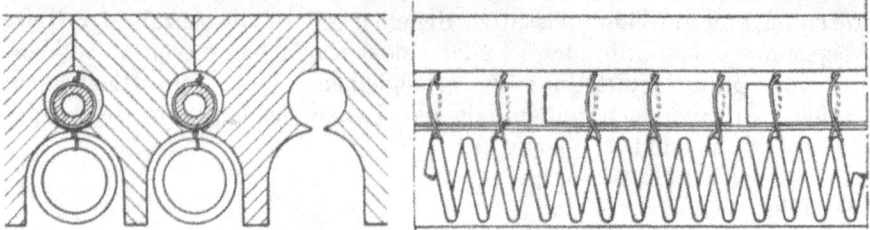

Abb. 10. An Tragrohren angebrachte Heizspulen, insbesondere für Deckenheizung.

den Ofenwänden ist ferner für jede Spule eine Auswechselöffnung vorgesehen. Diese Öffnungen sind normalerweise durch kleine Füllsteine verschlossen. Bei der Auswechselung werden die Öffnungen freigelegt und das ganze Wendel wird durch die Öffnung herausgezogen. Da es keine eigene Stabilität besitzt und auch im heißen Zustand ausgewechselt werden soll, wobei seine Festigkeit besonders gering ist, wird eine besondere Hilfsvorrichtung bei der Auswechselung benutzt, die das Wendel stützt und trägt. Die Hilfsvorrichtung besteht aus einem Tragkörper von annähernd zylindrischer Form und veränderbarem Durchmesser. Der Tragkörper wird mit kleinem Durchmesser in die Spule eingeschoben; durch Verdrehung eines Hebels wird dann der Durchmesser des Tragkörpers so weit vergrößert, bis er die Spulenwindungen stützt und spannt, worauf das Wendel samt der Vorrichtung aus dem Ofen gezogen werden kann. Durch Verdrehung des Hebels im entgegengesetzten Sinne wird der Durchmesser des Tragkörpers wieder verkleinert, so daß das Wendel

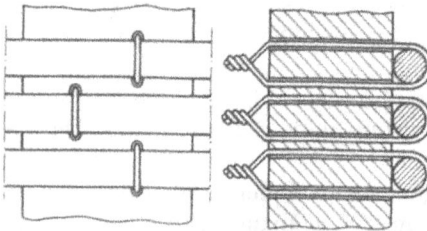

Abb. 11. Einfache Drahtaufhängung von Heizkörpern.

von ihm abgenommen werden kann. Beim Einführen eines neuen Wendels in den Ofen wird in umgekehrter Weise vorgegangen.

Ein anderes Verfahren zum Einbringen von schraubenförmigen Heizwiderständen[2]), und zwar in Nuten, die wenigstens stellenweise in der Mündung verengt sind, ist folgendes. Die Wendel werden unter

----

[1]) DRP. 508191.
[2]) DRP. 497643.

Vorspannung in die Nuten eingebracht; bei der Entspannung federn sie auf, schmiegen sich enger an die Nutenwände an und werden dadurch gegen Herausfallen gesichert. Derartige Drahtschrauben werden zweckmäßig in der Weise hergestellt, daß auf eine Lehre, zum Beispiel auf eine Hülse mit kreisförmigem Querschnitt, der Widerstandsdraht unter Vorspannung zu einer Schraube aufgewickelt, hierauf unter Beibehaltung der Vorspannung der kreisförmige Querschnitt elliptisch gequetscht und hierauf die Lehre aus der Schraube herausgezogen wird. Nach der Entspannung der Schraube sind dann die Ellipsenachsen radial gegeneinander verdreht. Solche Schrauben mit elliptischen Windungselementen werden bequem und billig hergestellt und leicht in die Nuten eingebracht. Das

Abb. 12. Einfacher, auswechselbarer Heizkörperträger, Patent Ruß.

Verfahren macht besondere Befestigungsmittel für die Heizkörper entbehrlich.

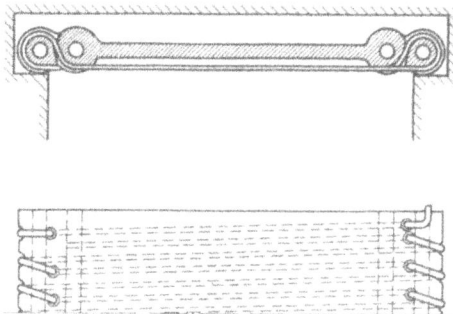

Für die Anordnung geradliniger Stangen wird eine einfache Art der Befestigung empfohlen[1]). Die Heizleiter für hohe Temperatur und lange Lebensdauer werden nach Abb. 11 auf den inneren Wandflächen des Ofens mit Draht- oder Bandbügeln aus ähnlichem Material wie der Heizleiter selbst festgebunden.

Ein herausnehmbarer Heizkörperträger[2]) nach Abb. 12 besteht aus einer dünnen Tragplatte, deren Längskanten mit je zwei Reihen gegeneinander versetzter Durchbrechungen versehen sind. Die langen Heizdrahtwindungen liegen alle auf der einen Seite der Platte; auf der anderen Seite der Platte wird der Heizdraht stets nur in kurzen Windungen von unten nach oben und von oben wieder nach unten durch zwei benachbarte Durchbrechungen hindurchgewunden. Dadurch wird unter Vermeidung aller zusätzlichen Befestigungsteile bei direkt beheizten Öfen eine günstige Heizbandlagerung erreicht, die den Vorzug besitzt, daß der Tragkörper

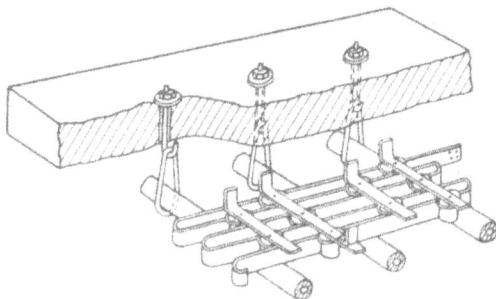

Abb. 13. Freitragende Heizbandaufhängung.

---

[1]) DRP. 498500.
[2]) DRP. 527046.

in einer Länge ausgeführt werden kann, die sich über den ganzen oder einen erheblichen Teil des Ofens erstreckt; das erleichtert das Auswechseln oder Erneuern des Heizbandes, da das umständliche Aneinanderfügen einzelner Trägerteile wegfällt.

Eine freie Aufhängung von Heizbändern unter der Decke ist in Abb. 13 dargestellt[1]). Das Heizband ist hochkantig auf einem Rost aus rohrförmigen Isolierstäben gelegt, der an der Ofendecke aufgehängt ist. Die Isolierstäbe können z. B. aus einer Mischung von Aluminiumoxyd und feuerfestem Ton hergestellt sein. Nach der Abbildung ist der Heizwiderstand mit dem Tragrost nicht fest verbunden und daher in seinen

Abb. 14. Heizbandanordnung mit Nockensteinen in einem Muffelofen.

Wärmedehnungen nicht behindert. Um Kurzschlüsse zwischen den parallelen Stücken des schlangenförmigen Widerstandes zu verhindern, sind Abstandskörper vorgesehen.

In den Abb. 14 bis 16 wird der Aufbau der Formsteine, die Anordnung der Heizbänder und der Bodenplatte eines Muffelofens mit Seiten-, Decken- und Bodenheizung gezeigt. Die zu Schleifen gewundenen Heizbänder ruhen in Nocken oder Nasen, die an auswechselbaren Steinleisten angebracht sind[2]). Diese dienen gleichzeitig zum mechanischen Schutz der Heizkörper, während die dünnwandige Bodenplatte die untere Heizung schützt.

Man kann auch Tragstützen in Löcher stecken, die im Ofenmauerwerk angebracht werden, und hieran die Heizelemente aufhängen[3]). Statt Tragstützen aus feuerfestem Baustoff, die verhältnismäßig schwer

---

[1]) DRP. 489581. — [2]) DRP. 513762. — [3]) DRP. 485084.

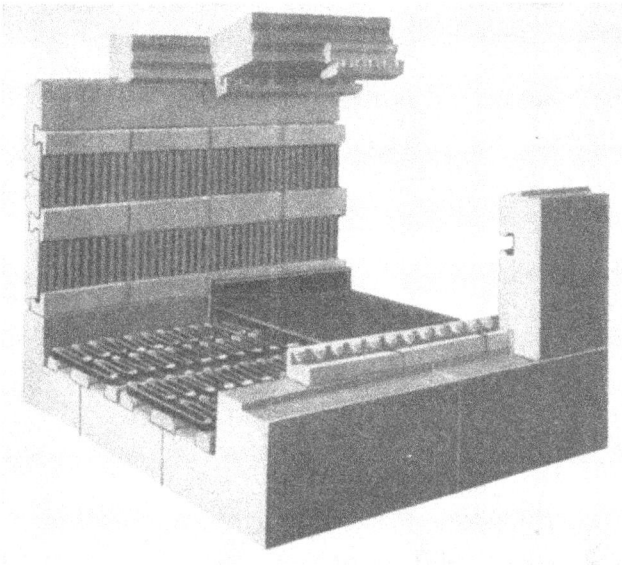

Abb. 15. Andere Ansicht von Abb. 14.

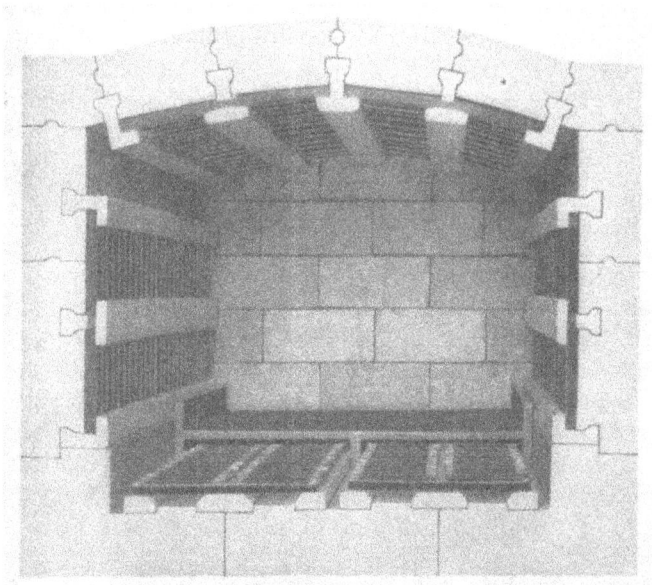

Abb. 16. Fertig zusammengesetzte Muffel mit Heizband in Decke, Seiten und Boden.

ausfallen, können auch einfache Winkel oder Haken aus rundem und flachem Chromnickelmaterial benutzt werden; siehe Abb. 17. Der Ofen

4*

wird entweder fertig gemauert, und es werden später so viele Löcher wie nötig in die Ofenwände gebohrt, oder die Löcher werden bei Herstellung der Steine vorgesehen oder während der Ausmauerungsarbeiten angebracht. Erst dann werden die Heizschleifen eingehängt. Zum besseren

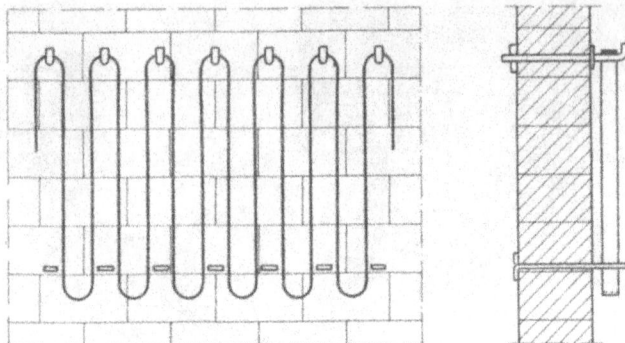

Abb. 17. Einfache Heizband-Anordnung nach Vorschlägen des Verfassers.

Halt sind die Haken entgegengesetzt dem Heizraum umgeschlagen, fassen also hinter die Steinmauer des Ofens; oder die Enden der Haken ragen nach hinten heraus und haben ein Schlitzloch, durch welches ein Splint gesteckt wird. Bei guter Vermauerung hält die Befestigung vorzüglich und ist einfach und billig. Zu allem Überfluß kann noch ein Ring am Hakenschaft angeschweißt werden, der die Entfernung der Heizbandbreite zwischen Haken und Mauerwerk bestimmt.

Um an den Schleifen, die auf Tragstützen aufruhen, lokale Überhitzungen zu vermeiden, kann man einen bandförmigen

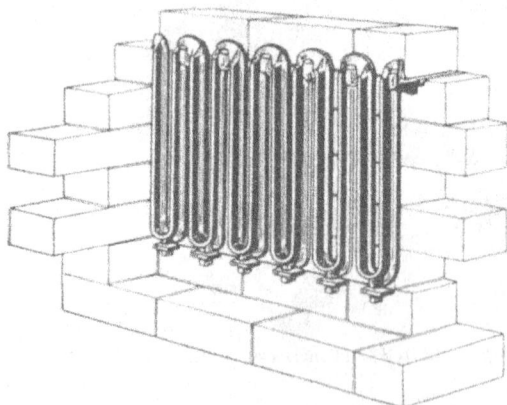

Abb. 18. Gegossene Heizkörper und deren Anbringung.

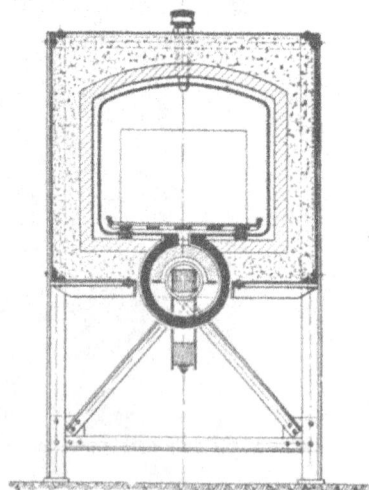

Abb. 19. Aufbau eines Induktions-Muffelofens Bauart Ruß.

Leiter an den Biegungsstellen mittels Drahtschlingen an Stangen aus Isoliermaterial hängen[1]).

Die Anordnung gegossener Heizkörper bietet nach Abb. 18 keinerlei Schwierigkeiten. Die profilartigen Schleifen haben unten Ansätze, die in die eckigen Löcher flacher Befestigungseisen eingreifen. Oben sind gleichfalls im Mauerwerk kräftige Haken vorgesehen, in welche die Heiz-

Abb. 20. Induktions-Muffelofen, ausgeführt von der „Industrie" Elektroofen G. m. b. H., Köln.

schleifen von oben eingehängt werden. Die Schleifen selbst werden in 4 oder 6 Windungen gegossen. Da meistens mehr als 4 oder 6 Schleifen notwendig sind, wird Anfang und Ende einer neuen Schleife schräg abgefeilt oder abgeschliffen und gut verschweißt.

Bei Anwendung der Induktionsheizung[2]) kann man Bänder oder Bleche in mannigfacher Form als Heizkörper[3]) verwenden; siehe Abb. 19.

[1]) DRP. 493894. — [2]) Ruß, „Industrieöfen mit Induktionsheizung, 1927, Centralblatt der Hütten- und Walzwerke, Nr. 42. — [3]) DRP. 434620.

Der Heizkörper bildet die Innenwände der Muffel und ist schleifenartig aus einem Stück hergestellt. Die Enden dieser Schleife stehen sich am Muffelboden in engem Abstand gegenüber und sind hier mit den beiden Enden eines starken Metallringes verbunden. Für den Heizkörper wählt man einen dünnwandigen Mantel oder dünnes Band oder Blech aus schlecht leitendem Metall (Chromnickel-Legierung), so daß er dem Strom einen hohen Widerstand entgegensetzt und dementsprechend hoch erhitzt wird. Der ringförmige Körper dagegen wird aus gut leitendem Stoff (z. B. Kupfer) und mit großem Querschnitt hergestellt, um einen niedrigen Widerstand zu erhalten. Er soll nur zur Stromübertragung auf den Heizkörper dienen und erwärmt sich im Gegensatz zu diesem nur unwesentlich. Beide Körper sind von feuerfesten, wärmeisolierenden Baustoffen umschlossen; hierbei kann sogar auf teure Formsteine verzichtet werden; es genügt ein gewöhnlicher Wärmeschutz, z. B. Isolierpulver, um das Heizband.

Die Ansicht eines Induktions-Muffelofens zeigt Abb. 20. Der Verfasser hat sich bereits im Jahre 1926 mit dieser Ofenheizung befaßt und dürfte wohl der erste gewesen sein, den induktiven Strom auf diese Weise für industrielle Wärmebehandlung benutzt zu haben.

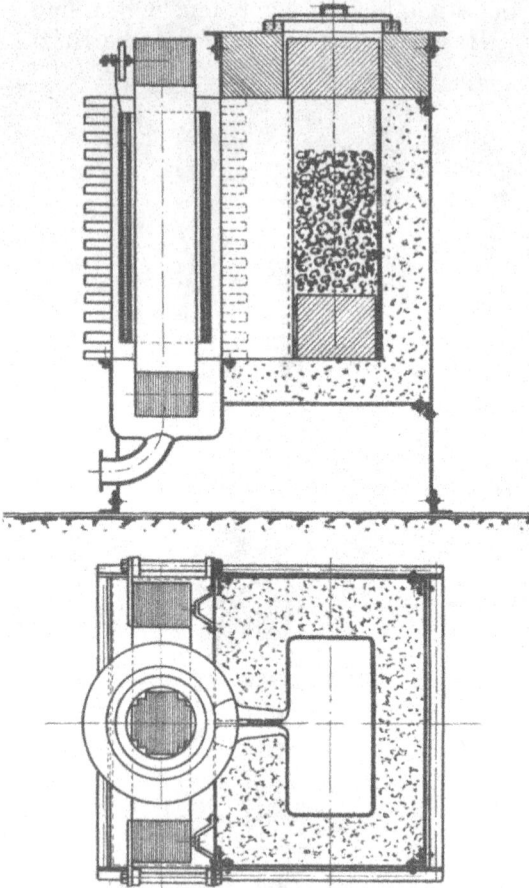

Abb. 21. Aufbau eines Induktionsofens mit Tiegel oder Retorte für nicht flüssiges Gut, Bauart Ruß.

Bei runden Öfen, zumal solchen mit drehbarem Träger für das Gut, kann die Induktionsheizung zweckmäßig benutzt werden[1]). Die Primärwicklung liegt um den zugleich die Mittelachse des Ofens bildenden Transformatorkern, um den sich konzentrisch der Ofenraum mit dem kreisförmigen Träger schließt. Die Bewegung des Trägers erfolgt auf

---

[1]) DRP. 545404.

Rollen durch Zahnradantrieb. Auf dem Träger ist der heizende, als kreisringförmiges Blech ausgebildete Sekundärkörper angeordnet, der sonst die Drehbewegung des Trägers mitmacht und durch die Induktions-wirkung von unten her das aufgesetzte Ofengut beheizt.

Um ein beliebiges Gut in einer Retorte, einem Tiegel oder dergl. induktiv zu erwärmen, kann auch eine Ausführung nach Abb. 21 gewählt werden. Hiernach ist der Transformator seitlich und zwar parallel zum Heizraum angeordnet. Die durch den Windstutzen geblasene Luft be-wirkt eine gute Kühlung der Pri-märspule.

Damit sind selbstverständlich nicht alle Heizkörperanordnungen erschöpft. So wurden eine An-

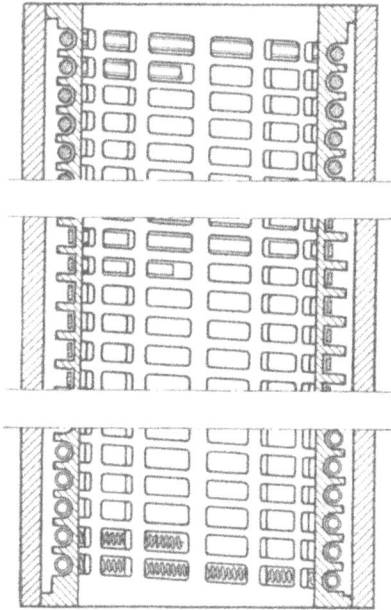

Abb. 22. Verschiedenartige Heizkörper-Anordnungen für runde Heizräume, Bau-art Ruß.

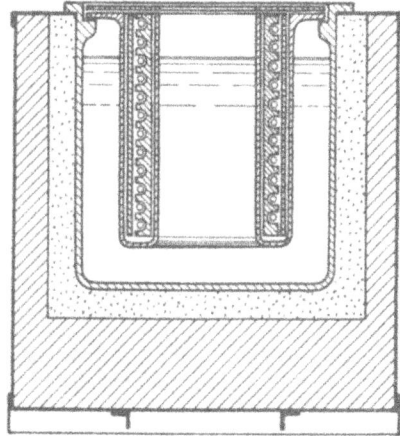

Abb. 23. Tiegelheizung, Patent und Bauart Ruß.

zahl Aufhängungen übergangen, die überholt sind oder besondere Nach-teile haben. Zweifellos werden aber noch viele brauchbare Lösungen ge-funden werden, zu deren Anregung obige Darstellungen beitragen mögen.

Um runde Heizräume zweckmäßig mit Heizkörpern auszurüsten, sind besondere Anordnungen nötig. So sei beispielsweise auf Abb. 22 verwiesen[1]; dort ist die innere Wandung eines zylindrischen Körpers mit Rinnen zur Aufnahme der Heizwiderstände versehen, während die äußere Wandung als Isolierwand dient. Für eine gute Wärmeabstrahlung sind in dem Körper Fenster vorgesehen.

Der in Abb. 23 dargestellte Tiegelofen[1] ist insofern interessant, als der zylindrische Heizkörper konzentrisch zum Tiegel, aber nicht außer-

---

[1] DRP. 434620.

halb sondern innerhalb des Tiegels untergebracht ist. Der Heizkörper teilt dadurch den geräumigen Tiegel in eine äußere Kammer und gibt an beide seine Wärme ab; die Heizwiderstände werden daher beiderseits von gut wärmeleitenden Wandungen eingeschlossen. Außerdem wird der Heizkörper, da er unmittelbar in das Gut eintaucht, noch mit einem feuerfesten Mantel umgeben. Der Tiegel ist mit seinem Rand in den Ofenkörper eingehängt, während sich der Heizkörper mit seinem oberen

Abb. 24. Innerer Aufbau eines Tiegelofens mit Ringsteinen und angebrachten Nocken

Rand auf einen Ringwulst des Tiegels auflegt, also frei hängend in das Gut eintaucht.

In Abb. 24 wird von oben der innere Heizraum eines im Zusammenbau befindlichen Tiegelofens gezeigt. Der Heizraum wird durch Ringsteine gebildet, die auf der Innenseite eine Anzahl Nocken oder Nasen zum Aufhängen der Heizbänder haben. Umgeben sind die Rundsteine von der Isolierschicht und diese wieder vom Ofenmantel. Die Stromzuführungsleitungen liegen in feuerfesten Rohren, ebenso die Pyrometer zum Messen der Heizraum- oder Heizbandtemperatur.

Die bekannte Bandaufhängung, beispielsweise bei einem Tiegelofen, ist in Abb. 25 zu sehen. An den zur Vermeidung großer Wärmeaufspeicherung dünnwandigen Ringsteinen sind oben Aufhängenasen und unten Abstandnocken vorgesehen. In diese werden die Heizbänder

eingehängt. Sogleich hinter den feuerfesten Ringsteinen folgen wärmeisolierende Steine für höhere Temperaturen. Anschließend daran wird
vorteilhaft Isolierwolle oder -pulver benutzt.

Den Einbau schraubenförmiger Heizdrähte in runde Öfen zeigt
Abb. 26. Die Ringsteine mit den schräg angesetzten Leisten nehmen
die Heizelemente auf; die Wärme wird nach oben hin abgeleitet. Die
Anschlüsse jeder Schleife sind nach außen geführt, um jede gewünschte
Schaltungsmöglichkeit zu haben. In der Mitte des Glühraumes ist noch

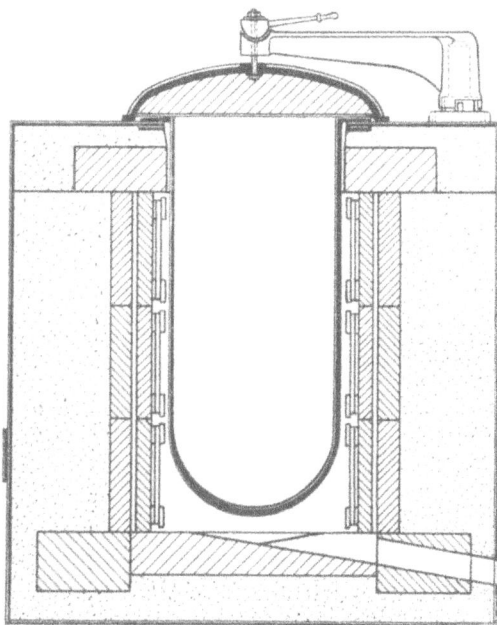

Abb. 25. Normale Heizbandaufhängung in einem Tiegelofen.

eine besondere Heizung vorgesehen, die zum Erwärmen eines Einsatz-
topfes auch von innen dient; dieser Einsatztopf hat in der Mitte ein
Rohr, um das das Glühgut liegt.

Gewundene Heizdrähte für niedrige Temperaturen können bei
zylindrischen Öfen in einfacher Weise angebracht werden. So zeigt
Abb. 27 die Ausführung an einem Luftumwälzofen; die Drähte sind an
Porzellanisolatoren und diese wiederum am Ofengerüst befestigt.

Eigenartig sind bei einem runden Tiegelofen nach Abb. 28 die Heizbänder angeordnet. In die den Heizraum darstellenden Steine sind
einfache Haken aus Chromnickel-Runddraht eingelassen; damit die
Heizbandschleifen fest anliegen, sind fischgrätenartige Steinchen mit
einem Loch benutzt worden. Ein Haken greift in das Loch, während das
spitze Ende der Gräte zwischen dem Heizband und dem anderen Haken

festsitzt. Diese Montage ist schwierig und setzt ein genaues Arbeiten, zumal der Haken voraus. Um die Steine sind Isolierpulver gelegt.

Es ist nicht unbedingt notwendig, den vom Tiegel umgebenen Heizraum zylindrisch zu machen. Bei Temperaturen bis 700⁰ kann beispielsweise ein vier-, sechs- oder achteckiger Heizraum aus dünnen Steinplatten gebildet werden. In diesen Platten sind Heizdrähte oder -spulen untergebracht. Wird ein Heizkörper beschädigt, so kann eine einwand-

Abb. 26. In ringförmigen Nuten eingelegte Heizwindungen; in der Mitte Heizhaarnadeln zu einer Heizkerze ausgebildet. Ausführung „Industrie" Elektroofen G. m. b. H., Köln.

freie Platte eingesetzt werden, nachdem die alte entfernt ist, ohne daß hierdurch große Störungen oder Kosten entstehen.

Schließlich noch einige Beispiele für die Anordnung von Heizstäben. Abb. 29 zeigt den Schnitt eines Muffelofens mit Globarstäben. Die Stäbe sind oben fast unter der Decke der Muffel waagerecht angeordnet. Bei der linken Ofenhälfte handelt es sich um Temperaturen bis 1400⁰ mit wesentlich stärkerer Isolation als rechts auf dem Bilde, wo es sich um Temperaturen von nur 1000⁰ handelt.

Wie der Einbau von Heizstäben in das umgebende Mauerwerk erfolgt, zeigt Abb. 30. Tunlichst werden Normalsteine benutzt; dagegen sind für Steine mit Ausschnitten oder Bohrungen zum Durchstecken der Kohlestäbe Spezialformsteine angebracht.

Es können auch Heizstäbe mit ihren freien Enden in lockeres, den Stromdurchgang vermittelndes Widerstandsmaterial eingeführt werden[1]). Eine Erweiterung, und zwar mit senkrechten Heizstäben zeigt Abb. 31. Hier werden zwei Heizwirkungen angestrebt[2]). Die Heizstäbe sind auf den Umfang des Tiegels verteilt, und zwar, um ihre Wärmeübertragung noch intensiver zu bekommen, in Nischen angeordnet, die ihnen nicht nur einen mechanischen Schutz bieten, sondern auch als Reflektoren wirken und gleichzeitig eine Wärmeaufnahme durch den feuerfesten Baustoff möglichst verhindern. Die unteren Enden der Heizstäbe ragen mehr oder weniger tief in ein staubförmiges Kohlengemisch oder in ein anderes stromleitendes Material. Dieses Gemisch wird von einer feuerfesten Mulde eingeschlossen und dient zur Herstellung der Strombrücke.

Abb. 27. Offene Heizdrahtanordnung in einem Anlaßofen der „Industrie" Elektroofen G. m. b. H., Köln.

Anstatt der Heizstäbe aus Kohlenstoff kann dieser auch in loser Form ausschließlich verwendet werden. So wird in Abb. 32 ein Widerstandsofen[3]) gezeigt, der mehrere im Innern des Ofens rund um den Tiegel verlaufende Rinnen hat; diese sind mit lockerem Widerstandsmaterial gefüllt, in wel-

Abb. 28. Heizbandschleifen in einem Tiegelofen eingebaut.

[1]) DRP. 409355.
[2]) DRP. 453415.
[3]) DRP. 485083.

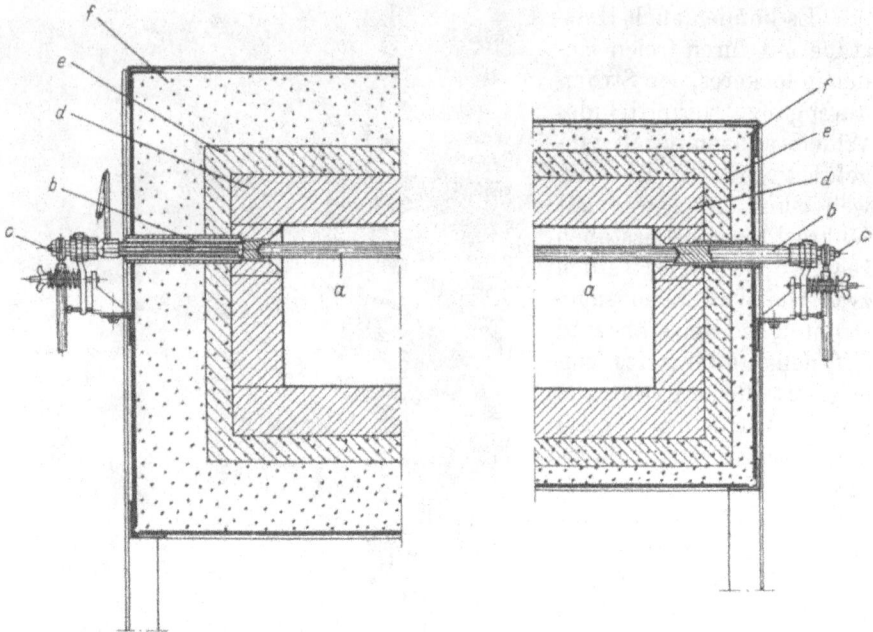

Abb. 29. Anordnung von Globarstäben (links für Temperaturen bis 1400°, rechts bis 1000°).

a Heizstab
b metallisches Zwischenstück (links wassergekühlt)
c Anschlußklemme

d hochfeuerfester Stein
e Halbisolierstein
f Wärmeisolierung

Abb. 30. Ansicht über den Einbau von Heizstäben.

ches von der Außenseite des Ofens her feste Elektroden eingeschoben werden.

Es werden auch elektrische Öfen derartig ausgebildet, daß beispielsweise eine Muffel mit halbkreisförmigem Querschnitt auf ihrem ganzen Umfang, also auf dem flachen Boden und dem Gewölbe, in eine gleich starke Widerstandsmasse, z. B. Kohlengrieß, eingebettet wird, während die stromzuführenden Elektroden seitlich in der Höhe des Muffelbodens

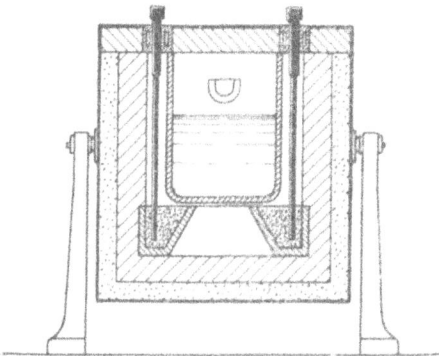

Abb. 31. Heizstäbe, deren untere Enden in Kohlepulver hineinragen, Bauart Ruß.

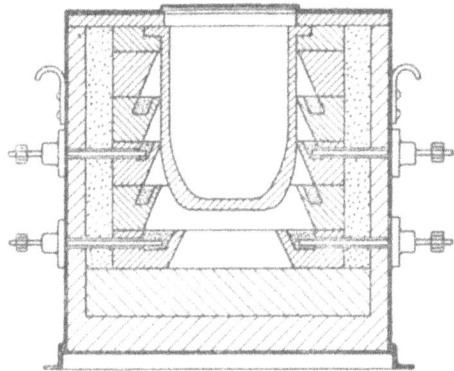

Abb. 32. Kohlenpulver in Rinnen zum Heizen, Patent Ruß.

in die Koksgrießfüllung hineinragen. Die Beheizung der Muffel ist bei Öfen dieser Art nicht gleichmäßig, so daß sich trotz großen Stromverbrauchs keine höheren Temperaturen als etwa 1400° erreichen lassen. Dies ist offenbar auf die verschiedene Länge der Stromwege zurückzuführen, die durch die eigenartige Gestalt der halbkreisförmigen Muffel bedingt sind. Um dem abzuhelfen hat man nach Abb. 33 eine Muffelbeheizung[1]) dieser Art vorgeschlagen, bei welcher der Widerstand der den Muffelboden bedeckenden Widerstandsmasse den Widerstand der das Muffelgewölbe umschließenden Widerstandsmasse um so viel übertrifft, wie der Stromweg am Boden kleiner ist als der Stromweg über das Gewölbe. Der an den Abzweig-

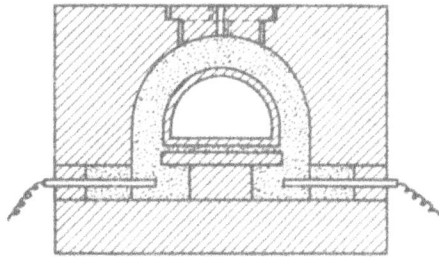

Abb. 33. Muffelofen mit Kohle-Heizplatten.

stellen der beiden Widerstandsmassen zugeleitete Strom kann dann nicht in der Hauptsache den kürzeren Weg am Muffelboden nehmen, ist vielmehr gezwungen, sich gleichmäßig über den ganzen Umfang der Muffel zu verteilen, so daß diese an allen Stellen in gleichem Maße beheizt wird.

[1]) DRP. 396573.

Bei allen bisher gebauten elektrischen Wärmeöfen mit Heizkörpern aus Kohlenstoff od. dgl. hat sich jedoch die übereinstimmende Erfahrung ergeben, daß diese Öfen für hohe Temperaturen (über 1100 bis 1400°) nicht restlos befriedigen konnten. Alle erdenklichen Maßnahmen, die Kohlenwiderstände gegen atmosphärische oder andere Angriffe zu schützen, haben versagt. Selbst der Einbau von Kohlenwiderständen in Rohren[1]) sollte, auf wissenschaftlicher Grundlage entwickelt, ein Erfolg sein, der bis heute nicht eingetroffen ist. Gelingt es, Heizkörper aus Metallen oder anderen Baustoffen für hohe Temperaturen bis 1500° C herzustellen, die jahrelang halten, so hat die Elektrowärme ein weiteres nicht übersehbares Betätigungsfeld zu erwarten.

4. Feuerfeste Baustoffe.

Für den Ausbau elektrischer Öfen werden feuerfeste Baustoffe benötigt, die je nach Zweck und Ofentemperatur gewählt werden müssen. Bevorzugt werden Steine, möglichst Normalsteine; wenn diese aber behauen werden müssen, nimmt man besser Formsteine, allenfalls Stampfmasse bestimmter Zusammensetzung. Die Baustoffe dürfen bei höchster betriebsmäßiger Erhitzung nicht elektrisch leiten. Sie sollen mechanisch fest, gegen Temperaturwechsel unempfindlich, indifferent gegen chemische Angriffe, allenfalls gasdicht sein. Weiter wird geringe Wärmeleitfähigkeit und Formbeständigkeit angestrebt.

Man unterscheidet basische und saure Baustoffe. Basische (Schwerschmelzbarkeit des Gehaltes an Oxyden der Metalle oder Erdalkalien) sind: Bauxit, Magnesit, Korund, Dolomit, Chromerz, also solche ohne oder mit geringem Kieselsäuregehalt. Saure (Schwerschmelzbarkeit des Gehaltes an SiO_2) sind: Quarzit, Silika, Dinas usw.; Ton- und Quarzschamottesteine sind halbsauer oder neutral.

Die Feuerfestigkeit sowie andere Eigenschaften einer Masse hängen von ihrer chemischen und physikalischen Zusammensetzung ab. Aus fabrikationstechnischen Gründen werden die Rohstoffe meist gemischt verarbeitet. Grobkörnige und großporige Masse bietet große Angriffsmöglichkeit, zumal in chemischer Hinsicht. Für schroffen Temperaturwechsel ist die Zahl der Baustoffe beschränkt; hierzu zählen Quarzglas, Zirkonoxyd, dann folgen Tonerde und Kieselsäure. In gewissen Fällen werden hier Spezial-Schamottesteine mit 1 bis 1,2 Raumgewicht gewählt werden können. Je dichter das Gebilde, um so höher ist die mechanische Festigkeit. Unterstützend wirkt gute Sinterung und gute Glasur.

Die Wärmeleitfähigkeit ist in bezug auf die Wärmebilanz eines Ofens von ausschlaggebender Bedeutung. Genauere Untersuchungsmethoden und zuverlässige Resultate kennt man bis jetzt nur für die „innere"

---

[1]) DRGM. 1069329.

Wärmeleitfähigkeitszahl, welche die Wärmemenge in Kalorien angibt, die im Material von einer Fläche von 1 cm² bei einem Temperaturgefälle von 1⁰ auf 1 cm Dicke je Sekunde geleitet wird. Über die äußere Wärmeleitfähigkeit, d. h. die Wärmeabgabe an das umgebende Medium (z. B. die Luft) liegen noch keine befriedigenden Untersuchungen vor.

Einen Überblick[1]) über das Wärmeleitvermögen der wichtigsten feuerfesten Stoffe bietet die Zahlentafel 1.

Zahlentafel 1.

Material	Leitfähigkeit in kcal	Brenntemperatur in ⁰C
Feuerfeste Erde	0,0042	1300
Retortenmasse	0,0038	1300
Bauxit	0,0031	1050
Kieselsäure	0,0020	1050
Kieselgur	0,0018	1050
Schamottestein 53,9 % SiO₂, 40,2 % Al₂O₃	0,0022 (0—100⁰) 0,0027 (0—1000⁰)	. . . . .
Silikastein 96 % SiO₂	0,0028 (0—100⁰) 0,0031 (0—1000⁰)	. . . . . .
Silikastein (amerik.)	0,0020	
Magnesit	0,0065	1300
Magnesit	0,0071	—
Magnesit	0,0089 (900⁰) 0,0140 (500⁰) 0,0187 (300⁰)	. . . .
Glashafen	0,0025 0,0045	1200 1600
Karborundum	0,0415 0,0231	1050 1300
Karborundum („Refrax")	0,0275	—
Karborundstein mit Ton	0,0243	—
Graphit	0,0185	1300
Steinzeug	0,0032 0,0040	1050 1300
Hartporzellan	0,0043	1400

Als Baustoffe der elektrischen Öfen, deren Temperaturen hauptsächlich zwischen 500 und 1400⁰ liegen, bevorzugt man Silika (Dinas) und Schamotte. Silika hat jedoch im Gegensatz zu Schamotte, einen höheren Ausdehnungskoeffizienten, worauf beim Einbau der Steine durch Einschaltung von Dehnungsfugen Rücksicht zu nehmen ist. Dafür ist Silika gegen chemische Angriffe (zumal gegen Salze), widerstandsfähiger als tongebundene Baustoffe.

In allen Bedarfsfällen sind Anfragen unter Angabe der Beanspruchungen bei Herstellern feuerfester Erzeugnisse angebracht. Nach genauer Klarstellung, wie der Ofen gedacht ist, und welchem Verwendungszweck

---

[1]) S c h w a r z , Feuerfeste und hochfeuerfeste Stoffe, 1922, Verlag Friedr. Vieweg & Sohn, A.-G., Braunschweig.

er dienen soll, werden die Lieferanten ihre Erfahrungen bereitwilligst bekanntgeben.

Stampfmassen, also feuerfeste Baustoffe in loser Form, sind in einem gewissen Umfange bereits in Anwendung. Ihre einfache Verarbeitung und vorzügliche Anpassung an Raum, Wärmeleitfähigkeit usw. dürfte noch viele Annehmlichkeiten im Elektroofenbau bieten. Das Einstampfen muß mit größter Sorgfalt erfolgen, um Lunker- und Schalenbildung zu vermeiden.

Komplizierte Formsteine sollen tunlichst vermieden werden. Auch im Querschnitt wesentlich abweichende Steine, zumal solche mit Nocken, Nasen usw., beeinflussen die Dauerfestigkeit ungünstig. Auf rasche und einfache Einbauweise der Steine ist zu achten. Reservesteine auf auswärtigen Montagen sind unerläßlich, damit keine Arbeitsunterbrechungen eintreten, falls Steine zerbrochen sind; eine Neuanfertigung setzt 6 bis 8 Wochen voraus.

Formsteine, die besonders sauber und gleichmäßig ausgebildet sein sollen, können nach dem Konstantverfahren hergestellt werden. Dieses beruht darauf, daß eigens für den Formstein Formen angefertigt werden, die unter hohem Druck den feuerfesten Baustoff zu einem haltbaren Stein gestalten, der allerdings wie jeder andere Stein noch im Ofen gebrannt wird. Da aber in den Formsteinen infolge des Preßdrucks keine oder nur sehr wenig Feuchtigkeit zurückbleibt, können beim Brennen keine Formveränderungen auftreten. Den Herstellungskosten der Formen muß allerdings der Bedarf an Steinen entsprechen, sonst werden diese zu teuer.

Allgemein gültige Tafeln für Schmelz- und Erweichungspunkte feuerfester Baustoffe bestehen nicht. Die großen Ausführungsfirmen haben solche für ihre Erzeugnisse und schließlich müßte jeder Hersteller für die werkseignen Qualitäten solche haben. Das ist aber nicht überall der Fall. Es ist zu berücksichtigen, daß bei feuerfesten Erzeugnissen Erweichung und Schmelzung von der Art der verwendeten Rohstoffe abhängen und diese Rohstoffe sind örtlich und dementsprechend in den einzelnen Fabriken unterschiedlich. Es besteht wohl eine maßgebende Tafel von Segerkegel; das sind die Maßkegel, mit denen die Feuerfestigkeit der Steine gemessen wird.

5. Isolierstoffe.

Bei allen elektrisch beheizten industriellen Öfen ist die Frage der Wärmeisolierung von besonderer Wichtigkeit. Es liegt in der Natur des Elektroofens, daß die Abgasverluste vollkommen fortfallen; die Ausstrahlungsverluste werden somit zur Hauptverlustquelle. Dadurch gewinnt ihre Verringerung erhöhte Bedeutung. Hinzukommt, daß bei allen elektrischen Wärmequellen der Preis für die Wärmeeinheit sehr hoch ist, so daß sich jede Isolierung in kürzester Zeit bezahlt macht.

Als Isolierstoffe für Ofenanlagen, die mit Temperaturen bis 1100°
arbeiten, kommen nur die aus Kieselgur oder Molererde gebrannten
Isoliersteine oder Isolierpulver in Frage; allenfalls auch noch die amerikanischen Isoliersteine, die ein ungebranntes Naturerzeugnis darstellen.
Für Deutschland kommen in erster Linie die heimischen Erzeugnisse
aus Kieselgur und Molererde in Betracht.

Was ist Kieselgur? Ein Erzeugnis, welches uns die Natur in
der Lüneburger Heide und anderswo in reichem Maße gibt. Ein Gebilde,
entstanden in Eiszeiten, als durch Auflösung von Riesengletschern
Seen gebildet, Täler und Mulden mit klarem, kalkfreiem Wasser reich
an Kieselsäure angefüllt wurden. In diesen entwickelten sich Kieselalgen oder Diatomeen; ihre Reste bleiben uns als Diatomeenschlamm
erhalten. Diese Lagerstätten, an denen wir heute die Kieselgur abtragen,
sind uns im Ofenbau sehr wertvoll geworden. Kieselgur ist ein vorzüglicher Isolierstoff gegen Kälte und Wärme, Schall und Elektrizität.
Ferner ist sie schwer schmelzbar, leicht und raumbeständig.

Steine mit einem Raumgewicht von etwa 450 kg/m³ haben bei den
in Frage kommenden Temperaturen die günstigste Wärmeschutzwirkung
und außerdem eine gewisse Druckfestigkeit, die auch nicht außer acht
gelassen werden darf. Die Verwendung leichterer Steine empfiehlt sich
nicht, da diese infolge ihres größeren Porenvolumens bei höheren Temperaturen ungünstigere Wärmeleitzahlen als die etwas schwereren Steine
mit entsprechend kleinerem Porenvolumen besitzen, wenn auch die
leichteren Steine bei niedrigen Temperaturen also 100 bis 200°, teilweise
günstigere Wärmeleitzahlen aufweisen. Die Temperaturbeständigkeit
der gebrannten Steine beträgt durchschnittlich bis 900°, was wohl häufig
ausreichend ist.

Die Molererde ist im Gegensatz zur Kieselgur eine Ablagerung
von Kieselalgen maritimen Ursprungs, die durch Ton verunreinigt ist.
Diese Tonbeimengung ist für die Herstellung von gebrannten Steinen
von großem Vorteil; der normalen deutschen Kieselgur muß für den
Brennvorgang erst künstlich Ton beigemengt werden. Die aus Molererde
gebrannten Steine sind ein besonders gleichmäßiges Erzeugnis und haben
das denkbar günstigste Verhältnis zwischen Wärmeschutzwirkung und
Festigkeit.

In den Fällen, wo die Temperaturbeständigkeit der normalen aus
Kieselgur oder Molererde gebrannten Steine nicht ausreicht, muß zwischen
das feuerfeste Mauerwerk und die Isoliersteinschicht noch eine Lage
Halbisoliersteine oder Isoliersteine mit besonders hoher Temperaturbeständigkeit eingeschaltet werden. Es gibt auf dem deutschen Markt
verschiedene sog. feuerfeste Isoliersteine, die eine Feuerstandfestigkeit von 1100 bis 1200° besitzen. Zu erwähnen sind hier die Feuerleicht-
und Cristobalitsteine der Sterchamolwerke G.m.b.H., deren Eigenschafts-
werte aus Zahlentafel 2 zu ersehen sind.

Zahlentafel 2. Erweichungsbeginn der Sterchamolsteine bei verschiedenen Belastungen.

Marke	Raum-gewicht kg/m³	An-wendungs-grenze °C	Druck-festigkeit kg/cm²	Wärmeleitzahlen in kcal/m h °C Mitteltemperaturen °C				1 kg/cm²	1¹/₂ kg/cm²	2 kg/cm²
				200	400	600	800			
20	900	1000	80—100	0,162	0,172	0,184	0,196	1000	950	920
21	700	960	30—45	0,144	0,156	0,171	0,186	960	930	915
22	450	950	6—12	0,094	0,112	0,129	0,148	950	920	910
23	380	930	3—5	0,087	0,113	0,139	0,168	930	910	905
Feuerleicht	900	1200	30	0,210	0,240	0,280	0,310	1160	1100	1040
Superior	550	1000	8—12	0,108	0,120	0,131	0,143	1000	990	985
Cristobalit	600	1160	12—15	0,163	0,175	0,194	0,226	1200	1080	1050

Von den verschiedenen Marken. ist im allgemeinen zu sagen: Je höher das Raumgewicht desto geringer die Wärmeschutzwirkung und desto höher die Druckfestigkeit. Abb. 34 zeigt die gegenseitige Abhängigkeit dieser drei Eigenschaften. Seinem Zweck entsprechend muß von einem Isolierstein in erster Linie eine gute Wärmeschutzwirkung verlangt werden. Da Druckfestigkeit und Wärmeschutzwirkung aber im umgekehrten Verhältnis zueinander stehen, darf man von einem Isolierstein keine höhere Druckfestigkeit verlangen als die im Betrieb auftretenden Beanspruchungen erfordern. Andererseits ist die Druckfestigkeit im Interesse der Betriebssicherheit auch nicht außer acht zu lassen. Die in Abb. 34 schraffierte Fläche stellt den Bereich des für die meisten Fälle richtigen Verhältnisses zwischen Wärmeschutz und Druckfestigkeit dar. In diesem Bereich liegt die Marke 22.

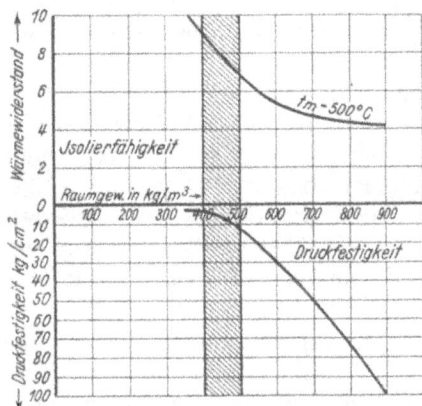

Abb. 34. Gegenseitige Abhängigkeit des Raumgewichtes zum Wärmewiderstand und zur Druckfestigkeit der Sterchamolsteine.

Die Forderung des modernen Ofenbaues nach möglichst geringen Wandstärken mit niedriger Wärmespeicherung und guter Isolierwirkung auch bei hohen Ofentemperaturen erfüllen die Marken: Cristobalit, Superior und Feuerleicht. Cristobalitsteine zeichnen sich durch die hohe Temperaturbeständigkeit bis 1160° bei niedriger Wärmeleitzahl aus. Sie sind durch eine dünne feuerfeste Vermauerung gegen besonders starke Temperaturschwankungen zu schützen. Vor allem für elektrisch geheizte Öfen, deren Wände wegen des hohen Wärmepreises eine äußerst sorgfältige Isolierung und geringste Wärmespeicherung verlangen, ist

Cristobalit der geeignete Isolierstein; siehe auch Abb. 35. Bisher war man häufig gezwungen, bei Industrieöfen die den hohen Temperaturen ausgesetzten Wände zunächst mit normalem feuerfestem Baustoff zu mauern; erst hinter diesem Material ist dann die Anwendung von handelsüblichen Isoliersteinen möglich. Durch geeignete Verbindung von feuerfestem und Isoliermaterial kann man die Wandstärke verringern und außerdem noch einen Wärmegewinn erzielen. Um die Wandstärken

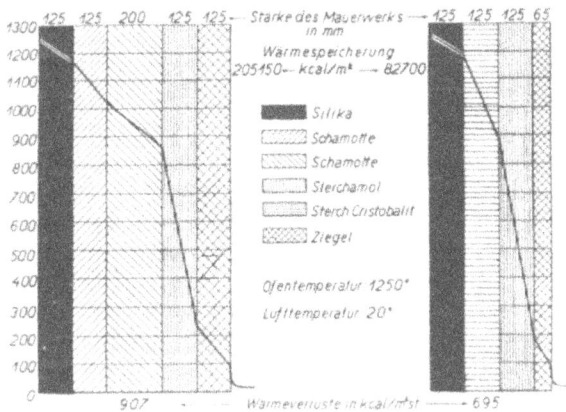

Abb. 35. Graphische Darstellung über die Eigenschaften der Christobalitsteine.

noch schwächer zu halten und die Wärmebilanz noch günstiger zu gestalten, wurden Hochtemperatur-Leichtsteine geschaffen, die direkt den höheren Temperaturen ausgesetzt werden können. Solche Steine werden unter dem Namen „Superporill" von der Vereinigte Großalmeroder Thonwerke A.-G. hergestellt. Diese hoch feuerfeste, stark poröse Qualität verringert das Ofengewicht bedeutend. Da aber das Material stark porös (feinporig) ist, ergibt sich gleichzeitig eine Wärmeersparnis, die besonders bei elektrisch beheizten Öfen wegen der geringeren Wärmekapazität vorteilhaft in Erscheinung tritt. Infolge der verringerten Wärmeleitfähigkeit kann man die Wandstärken noch schwächer halten, so daß hierdurch eine weitere Gewichts- und Raumersparnis eintritt. „Superporill" wird in drei Sorten hergestellt, die sich durch ihr Raumgewicht unterscheiden; siehe Zahlentafel 3.

Zahlentafel 3.

	Gebrauchs-temperatur	S.K.	Raum-gewicht	Gewicht Stück
Superporill 11	1500⁰ C	34	ca. 1,1	ca. 2,2 kg
Superporill 9	1400⁰ C	33	ca. 0,9	ca. 1,8 kg
Superporill 7	1400⁰ C	32	ca. 0,7	ca. 1,4 kg

Auch die Firma Rheinhold & Co. G.m.b.H. liefert unter dem Namen „Superdia" Steine von hohem Isolierwert für Temperaturen bis 1350⁰.

Bei einem Vergleich mit Schamottesteinen müssen diese beispielsweise in einer Stärke von 250 mm ausgeführt werden, während die Superdiasteine nur 100 mm stark genommen werden können. Durch diese geringere Wandstärke kann entweder das Volumen des Ofens besser ausgenutzt oder die Konstruktion kleiner gestaltet werden. Ferner beträgt die aufgespeicherte Wärme in Superdia-Baustoff wegen des geringen Raumgewichtes und der geringen Isolierstärke nur etwa $\frac{1}{5}$ der Speicherwärme im Schamottematerial. Infolgedessen zeigte es sich z. B. bei zwei gleichwertig konstruierten Öfen, bei denen der eine mit Schamottesteinen und der andere mit Superdiasteinen ausgemauert war, daß der Ofen mit letzteren in ca. $\frac{1}{2}$ h auf voller Temperatur war, der Ofen mit Schamottesteinen aber etwa $\frac{5}{4}$ h dazu brauchte. Durch die geringe Speicherwärme steigert sich natürlich auch der Wirkungsgrad des Ofens.

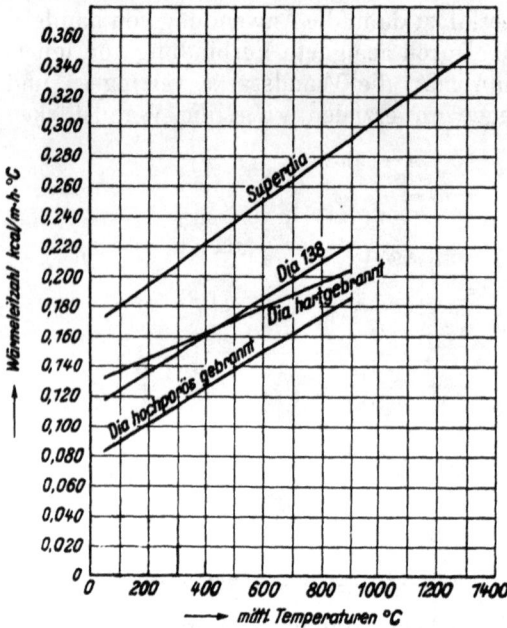

Abb. 36. Graphische Angaben über die Eigenschaften von Superdiasteinen.

Die in Abb. 36 dargestellten Kurven und ferner die folgenden technischen Daten geben über Superdiasteine weitere Auskunft:

Wärmeleitzahlen:	Mittl. Temp. in der Isolierung in °C:	Wärmeleitzahl in kcal/mh °C:
	100	0,180
	300	0,208
	500	0,236
	700	0,264
	900	0,292
	1100	0,320
	1300	0,348

Raumgewicht des Steines 700 bis 750 kg/m³,
Spezifische Wärme 0,22 kcal/kg°C,
Druckfestigkeit bei 20° C 16 bis 20 kg/cm²,
bei 1000° C 20 bis 25 kg/cm².
Temperaturbeständigkeit 1350° C.

Die amerikanische Firma Johns Manville Corporation, bringt unter dem Namen Sil-o-cel verschiedene Wärmeisolierstoffe auf den Markt, die allerdings sehr teuer sind. Die Sil-o-cel-Steine Marke „Normal" besitzen eine Feuerstandfestigkeit von 850°. Ihre Wärmeleitzahl ist zwar günstiger als diejenige aller gebrannten Isoliersteine.

Abb. 37 zeigt die Wärmeleitfähigkeit der Sil-o-cel-Wärmeisolierstoffe in fester wie in Pulverform. Hieraus ist zu ersehen, daß Sil-o-cel-Materialien bei hoher Hitzebeständigkeit niedrige Wärmeleitzahlen aufweisen. Dies ist dem Umstande zuzuschreiben, daß Sil-o-cel zu etwa 85% aus vielen kleinen Luftzellen besteht. In einem Kubikdezimeter des natürlichen Minerals Celite, aus dem Sil-o-cel hergestellt ist, sollen etwa 1½ Milliarden solcher Luftzellen enthalten sein.

Den Vergleich zwischen dem Wärmeleitvermögen von Sil-o-cel einerseits und Silika-, Schamotte- und Ziegelsteinen anderseits zeigt das in die Abb. 37 eingeschaltete kleinere Schaubild. Hieraus ist zu ersehen, daß Sil-o-cel-Steine etwa zehnmal so wirksam sind in bezug auf Hemmung des Wärmedurchganges, als die normalen feuerfesten Steine.

Neben Steinen und Pulver wird neuerdings mit Erfolg Isolierbeton angewandt. Dieser ist einzig in seiner Art und hat infolge seiner vielseitigen Verwendbarkeit große Verbreitung gefunden. Dieser Beton erlaubt in vielen Fällen eine wirksame Isolierung anzubringen, wo bisher mangels einer geeigneten Materialform die Möglichkeit hierzu nicht gegeben war. Der Beton ist im Verarbeitungszustand plastisch und läßt sich genau so handhaben, wie gewöhnlicher Kies-Zement-Beton; dieser Isolierstoff läßt sich — wo erforderlich, unter Anwendung von Eisenarmierung — in jede beliebige Form gießen und stampfen.

Durch seine hohe Druckfestigkeit eignet sich der Beton besonders für die Isolierung von stark belasteten Ofenfundamenten und Herdwagenplatten sowie von Wänden versenkter Öfen oder für Ofentüren aller Art. Diese können fugenlos aus einem Stück bis zu den größten Ausmaßen hergestellt werden. Das geringe Raumgewicht — es beträgt nur die Hälfte des Gewichtes von Schamotte — gestattet leichte Konstruktion und bequeme Handhabung der Tür. Da der Beton halbfeuerfest ist, erübrigt sich ein besonders feuerfestes Futter; die Betontür kann direkter Beheizung ausgesetzt werden.

Auch als Abschluß auf dem Ofengewölbe bei kleinen wie großen Muffel- oder anderen Öfen ist Isolierbeton vorzüglich anwendbar. Er ist billiger als Vermauerung oder Eisenkonstruktion und bietet die Möglichkeit eines raschen Ofenausbruches.

Sil-o-cel-Isolierbeton z. B. wird hergestellt durch Mischen von vier Volumenteilen Sil-o-cel-C_3-Masse mit einem Teil Portlandzement und einer entsprechenden Menge Wasser, wobei eine plastische Form erreicht wird. Dieser Beton wirkt nach dem Abbinden über dreimal so stark isolierend wie Schamotte und hält direkte Beheizung bis zu 980° aus.

Der Beton hat eine Druckfestigkeit von 70 kg/cm² und wiegt 950 kg/m³. Für 1 m³ Isolierbeton werden 510 kg Sil-o-cel-C₃-Masse benötigt.

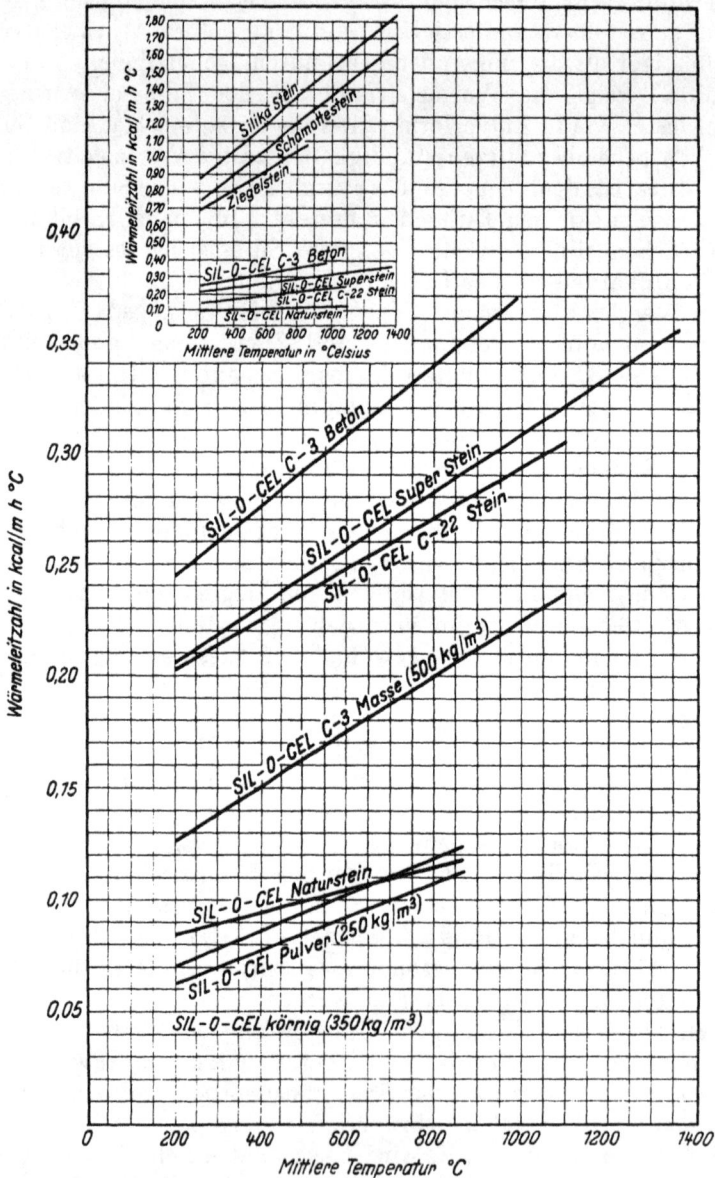

Abb. 37. Graphische Gegenüberstellung über das Wärmeleitvermögen von Sil-o-cel-, Silika-, Schamotte- und Ziegelsteinen.

Für niedrige Temperaturen, wie solche bei Trockenöfen in Frage kommen, werden billige Baustoffe genommen. So eignet sich neben

Sand und Backsteinen, zumal in Stücken, besonders Schlackenwolle. Diese zeichnet sich durch niedrige Wärmeleitzahlen, vollständige Feuerbeständigkeit (unentflammbar) geringstes Raumgewicht, Gleichmäßigkeit in Struktur und weiße Farbe aus. Für eine gute Schlackenwolle gelten folgende technischen Angaben:

Wärmeleitzahlen:

$= 0,028$ bei 0^0 C Mitteltemperatur
$= 0,034$,, 50^0 C ,,
$= 0,040$,, 100^0 C ,,
$= 0,053$,, 200^0 C ,,
$= 0,066$,, 300^0 C ,,
$= 0,069$,, 400^0 C ,,

Raumgewicht: ca. 115—140 kg je m³.

Feuerfestigkeit: 950⁰ C unentflammbar.

Zum Schluß sei in diesem Abschnitt nicht vergessen, daß hochhitzebeständige Anstriche in Heizräumen empfehlenswert sind. So kann beispielsweise ein Zirkonanstrich von 1 mm Stärke, der im Verhältnis zu der teuren Auskleidung billig ist, zur Haltbarkeit der Ofenauskleidung wesentlich beitragen.

6. Schaltung und Temperaturregelung.

Für elektrische Industrieöfen können die normalen Stromarten (Gleich-, Wechsel- und Drehstrom) sowie alle Niederspannungen von 50 bis 500 Volt benutzt werden; vorherrschend ist Drehstrom 220/380 V bei 50 Hertz. Bei kleinen Öfen und niedrigem Anschlußwert muß häufig die Anschlußspannung auf 110 oder 220 V begrenzt oder die Öfen müssen einphasig an Drehstrom angeschlossen werden. Dies hängt damit zusammen, daß es bei kleinen Heizräumen an Platz mangelt, um die bei höheren Spannungen entsprechend größere Wicklungslänge unterzubringen. Ähnlich verhält es sich mit Heizkörpern entsprechend großer Querschnitte, die infolge ihres kleineren Widerstandes auch nur eine niedrige Spannung zulassen. Bei größeren Öfen kann die Netzspannung bis 500 V betragen, sofern hierbei der Heizwiderstand mit der Anschlußleistung in Übereinstimmung gebracht werden kann. Es sei aber auf die Gefahr hingewiesen, die bei Berührung höherer Spannungen durch das Ofenpersonal an ungeschützten Heizkörpern auftreten können. Eine gute Erdung bei allen elektrischen Ofenanlagen ist unbedingte Voraussetzung.

Bei Drehstrom sieht man in den meisten Fällen eine Umschaltmöglichkeit von Stern auf Dreieck vor, wodurch die Heizleistung der betreffenden Gruppe im Verhältnis 1 : $\sqrt{3}$ verändert werden kann, ohne die Gleichmäßigkeit der Heizung zu stören; alle eingebauten Heizelemente bleiben eingeschaltet.

Neben normalen Netzschaltungen können im Ofen selbst beliebige Schaltungen Anwendung finden. Die Heizkörper werden je nach ihrer Lage oder je nach den gestellten Anforderungen in Gruppen zusammengestellt und auf das Leitungsnetz verteilt. Die Schaltmöglichkeiten sind hierbei so, daß eine oder mehrere Gruppen zusammen oder unabhängig voneinander geschaltet werden. Gewisse Beschränkungen sind insoweit gegeben, als die jeweilige Gebrauchstemperatur bei entsprechender Heizleistung die Länge des Widerstandes vorschreibt, der im Ofen untergebracht wird.

In engem Zusammenhang mit den Schaltungen steht die Temperaturregelung, für die es viele Möglichkeiten gibt. Es sei vorweg bemerkt, daß bestimmte Richtlinien begrüßenswert wären; aber die bereits vorhandenen Anschauungen und die dadurch entstandenen verschiedenen Ausführungen erschweren dahingehende Bestrebungen. Auch ist nicht zu vergessen, daß die Entwicklung elektrischer Industrieöfen teilweise in Händen von Unternehmern liegt, die ein Interesse am Absatz ihrer übrigen elektrischen Erzeugnisse haben. Daher kann es vorkommen, daß neben dem Elektroofen Einrichtungen empfohlen werden, die nicht unbedingt notwendig sind oder daß sich mit einfacheren Mitteln der gleiche Zweck erreichen ließe.

Zur Ermittlung der Temperatur dienen Meßeinrichtungen. Diese können gleichzeitig zum Regeln der Temperatur bzw. der Leistung des Ofens ausgebildet werden. Für Temperaturen bis 400° können Gas-, Dampf- oder Flüssigkeits-Thermometer benutzt werden. Quecksilberfeder-Thermometer, die darauf beruhen, daß der Druck des Siedepunktes von Quecksilber ausgenutzt und auf eine Kompensationsfeder übertragen wird, zeigen bis 600° an. Thermostate, die auf der unterschiedlichen Ausdehnung zweier verschiedener Metalle beruhen, finden bevorzugte Anwendung. Die daraus entwickelten Bimetallregler sind billig, einfach und beanspruchen wenig Raum. Ihre Arbeitsweise beruht darauf, daß infolge Wärmeausdehnung der beiden Metalle ein Knickschalter od. dgl. betätigt wird, der den Heizstrom bei einer bestimmten Temperatur ein- und ausschaltet; siehe Abb. 38. Die regelbaren Thermometer werden dagegen mit Kontakten ausgerüstet, die den Heizstromkreis schließen oder öffnen, je nach Einstellung der Kontakte.

Für höhere Temperaturen und selbst für solche unter 400° werden in Verbindung mit Thermoelementen elektrische Meßeinrichtungen

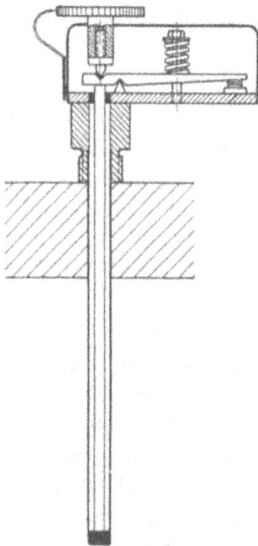

Abb. 38. Bimetallregler mit Knickschalter.

weitaus bevorzugt. Diese sind am zuverlässigsten, vorausgesetzt, daß die Einrichtung, zumal das Thermoelement, in Ordnung gehalten wird.

Die thermoelektrischen Fernthermometer und Pyrometer führen die Temperaturmessung auf ein elektrisches Meßverfahren zurück. Die Temperaturbestimmung läßt sich daher mit der den elektrischen Methoden innewohnenden Einfachheit ausführen und kann mit der gleichen Genauigkeit sowohl an Ort des Wärmevorganges als auch in beliebiger Entfernung erfolgen. Die zur Erzeugung der Thermoelektrizität erforderlichen Thermoelemente bestehen in ihrer einfachsten Gestalt aus zwei Drähten verschiedener Metalle, deren freie Enden durch Verlöten oder Verschweißen miteinander verbunden sind. Durch Erhitzen oder Abkühlen der Verbindungsstelle entsteht an den freien Enden ein Spannungsunterschied, der durch Verbindung mit einem Spannungsmesser von hoher elektrischer Empfindlichkeit gemessen werden kann; gibt man diesem an Stelle der Millivoltskala eine Temperaturskala, so bildet seine Ver-

Abb. 39. Schema eines Pyrometers.

einigung mit dem Thermoelement ein thermoelektrisches Pyrometer. Ein thermoelektrisches Fernthermometer oder -pyrometer setzt sich demnach, wie Abb. 39 zeigt, aus Thermoelement, Temperaturzeiger und Verbindungsleitung zusammen.

Es ist nun zu berücksichtigen, daß man mit dem Thermoelement nicht die an der Vereinigungsstelle der beiden Elementenschenkel herrschende Temperatur mißt, sondern nur ihren Unterschied gegenüber den freien Enden des Elementes. Die Temperatur der letzteren, der sog. kalten Lötstelle, muß daher bei der Messung berücksichtigt werden. Falls sie gering und konstant ist, wird bei offener Leitung der Temperaturzeiger mit Hilfe der Regelschraube für die Zeigerlage auf den der Temperatur der kalten Lötstelle entsprechenden Skalenwert eingestellt. Diese Richtigstellung ist aber im allgemeinen nicht durchführbar, sobald die Temperatur der kalten Lötstelle erhebliche Schwankungen erfährt; man verwendet dann als Verbindungsleitung zwischen Element und Temperaturzeiger die Kompensationsleitung, mit der man die kalte Lötstelle der warmen Umgebung des Ofens oder des heißen Mauerwerks entzieht und an eine Stelle verlegt, an der annähernd Raumtemperatur herrscht. In den meisten Fällen genügt hierzu eine Länge von etwa 4 m; der weitere Anschluß von ihren Enden bis zu den Klemmen des Temperaturzeigers kann durch gut isolierte Kupferleitung erfolgen.

Die Thermoelemente werden entsprechend der Arbeitstemperatur aus verschiedenen Metallen hergestellt. Im allgemeinen werden verwendet:

bis 600°   Konstantan-Silber, Kupfer oder Chromnickel,
bis 1000° Nickel-Nickelchrom,
bis 1200° Platin-Goldlegierung,
bis 1600° Platin-Platinrhodium.

Zur Isolation der Meßdrähte (Thermoelement) gegeneinander und zum Schutz gegen äußere Einwirkungen werden die Elemente im allgemeinen mit Schutzrohren versehen und durch eine Armatur zu einem leicht zu handhabenden Gebilde zusammengefaßt. Von der richtigen Wahl der Einrichtung hängt die Haltbarkeit der Elemente in hohem Maße ab. Im allgemeinen verwendet man Armaturen mit geraden Schutzrohren. Zum Eintauchen in Metall- und Salzbäder werden vielfach auch Rohre rechtwinklig gebogen, um die Klemmen der Strahlung des Bades und der aufsteigenden Dämpfe zu entziehen. Die Klemmen sind, falls es sich um ortsfeste Verwendung der Elemente handelt, in einem gußeisernen, durch Deckel verschließbaren Anschlußkopf untergebracht; außerdem ist die Zuleitung an ihrer Eintrittsstelle durch Metallschlauch geschützt. Hierdurch werden Schmutz und Staub von den Klemmen ferngehalten und die Kontaktstellen bei Montage der Elemente im Freien vor Einwirkung der Witterung bewahrt.

Der sachgemäße Einbau eines Thermoelementes ist ebenfalls von besonderer Wichtigkeit. Die Elemente sind tunlichst, zumal, wenn sie dauernd Rotgluttemperaturen auszuhalten haben, in senkrechter Lage in die betreffende Heizzone einzuführen, um ein Durchbiegen der Schutzrohre zu vermeiden. Falls die örtlichen Verhältnisse einen solchen Einbau nicht zulassen, kann man ausnahmsweise Elemente mit eisernen Schutzrohren auch waagerecht einführen, wenn durch eine Stütze ein Durchbiegen sicher vermieden wird. Die Elemente werden durch eine Öffnung in der Ofendecke mittels eines verstellbaren Flansches oder Stellringes eingehängt. Die Tauchrohrlänge läßt sich hierbei in weiten Grenzen verändern und durch eine Druckschraube fixieren. Die Verwendung der Stellringe ist zu empfehlen, da man hierbei an keine bestimmte Tauchrohrlänge gebunden ist. Um die Armaturen, namentlich bei höheren Temperaturen, gegen chemische Einwirkungen oder schroffe Temperaturwechsel zu schützen, verwendet man Schutzverkleidungen. Diese bestehen meistens aus besonders feuerfestem Baustoff und sind röhrenartig ausgebildet, so daß sie sich in ähnlicher Weise wie die Thermoelemente in die Heizzone einführen lassen. Da diese Schutzrohre, zumal bei hohen Temperaturen und bei Gasen mit schädlichen Bestandteilen dem natürlichen Verschleiß mehr oder weniger ausgesetzt sind, ist eine öftere Kontrolle erforderlich. Beschädigungen sind frühzeitig zu beseitigen, sofern nicht das Element beschädigt werden oder falsch anzeigen soll.

Das Anzeigeinstrument ist ein Millivoltmeter, welches für hohe Präzision nach dem Drehspulprinzip bevorzugt wird. Hierbei wird der Thermo- oder Meßstrom in ein Drahträhmchen geleitet, welches leicht gelagert zwischen den Polen eines starken Magneten sich bewegt. An dem Rähmchen befindet sich ein Zeiger, der auf der Meßskala die Temperatur anzeigt.

Zur selbsttätigen Regelung der Temperatur ist die einfachste Arbeitsweise das Zu- und Abschalten des Heizstromes bzw. einer oder mehrerer Heizkörpergruppen. Diese Art der Schaltung findet weitaus die größte Anwendung, zumal in Verbindung mit der Stern-Dreieckschaltung bei Drehstrom. Die gute Wärmeausnutzung bei elektrischen Öfen gestattet diese Schaltungsweise. Denn die Schalthäufigkeit ist bei gut durchgebildeten Öfen geringer, als im allgemeinen angenommen wird.

Der Stufentransformator regelt die Leistung in bestimmten Grenzen, allerdings nicht so fein, daß auf eine besondere Temperaturregeleinrichtung verzichtet werden könnte. Diese muß noch dazu angeschafft werden.

Anders verhält es sich mit der stufenlosen Regelung mittels eines Induktionsreglers. Dieser Drehtransformator regelt die Netzspannung und demzufolge die Leistung bis zu 100% der Netzspannung hinauf und hinunter. Da sich die Leistungsaufnahme der Heizwiderstände mit dem Quadrat der Spannung ändert, ergibt sich schon mit kleineren Induktionsreglern eine sehr große Regulierfähigkeit der Temperatur.

Ist die verfügbare Spannung im Verhältnis zu der Anschlußleistung des Ofens zu hoch, so daß der Heizwiderstand im Querschnitt zu klein, also zu wenig haltbar ausfallen würde, dann ist ein Transformator am Platze. Dieser kann mit einigen Spannungsstufen ausgerüstet werden.

Die selbsttätige Temperaturregelung besteht, unter Zuhilfenahme der Thermospannung eines Pyrometers, aus einem elektrischen Meßinstrument und einer besonderen Kontaktvorrichtung, durch die bei Erreichung eines oberen oder unteren Grenzwertes entsprechende Schaltorgane betätigt werden.

Die Drehmomente, die auf den Zeiger eines elektrischen Meßinstrumentes, ganz besonders bei Temperaturmessungen, wirken, sind durchweg zu klein, um durch den Zeiger unmittelbar Kontakte sicher betätigen zu können. Zeigerkontakt-Galvanometer allein ermöglichen daher keinen zuverlässigen Betrieb. Bei anderen Temperaturreglern wird die Kontaktvorrichtung durch einen Fallbügel betätigt. Durch das Eigengewicht des Fallbügels ist ein einwandfreier Kontaktschluß gewährleistet, so daß Unsicherheiten vermieden werden.

Die Kontaktvorrichtung wird von Hand auf die einzuhaltende Temperatur eingestellt. In kurzen Zeitabständen wird der Zeiger des Temperaturreglers durch einen Fallbügel niedergedrückt und schließt dabei je nach seiner Stellung einen Minimal- oder Maximalkontakt. Hierdurch werden Schaltrelais ausgelöst, die dann die Zufuhr von elektrischer

Energie durch Aus- oder Einschalten von Widerständen so regeln, daß die am Regler eingestellte Temperatur mit großer Genauigkeit konstant bleibt.

Die Kontakt-Einstellvorrichtungen beim Siemens-Regler besteht aus zwei unabhängig voneinander von Hand verstellbaren Dreharmen, von denen jeder einen Kontakt und einen roten Zeiger zur Anzeige der jeweilig eingestellten Temperatur trägt. Der linke Kontakt (Abb. 40 und 41) entspricht der unteren Temperaturgrenze und dient zum Einschalten der Leistung, während der rechte Kontakt dem oberen Grenzwert entspricht und die Leistung abschaltet. Bei dieser Anordnung kann die zu regelnde Temperatur in beliebigen Grenzen eingestellt werden. Ein dritter Kontakt ist fest an der rechten Seite des Systemblocks angebracht. Er wird erforderlich, wenn der Regler neben der selbsttätigen Reglung den jeweiligen Betriebszustand durch Lampensignale anzeigen soll; hier dient er zum Einschalten einer weißen Lampe, die anzeigt, daß der Sollwert erreicht ist. Bei Reglung ohne Lampensignale dient er demselben Zweck wie der untere Grenzkontakt.

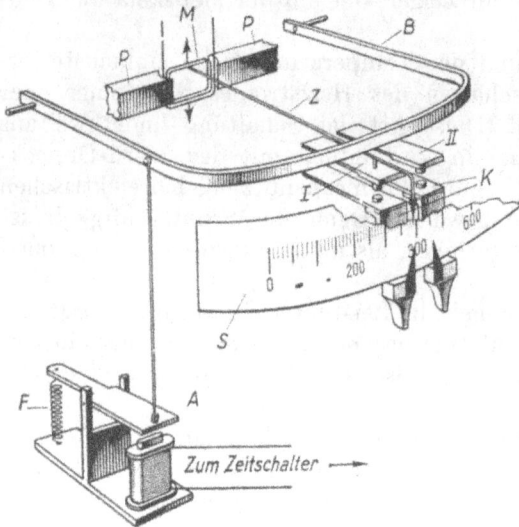

Abb. 40. Aufbau des Siemens-Reglers.

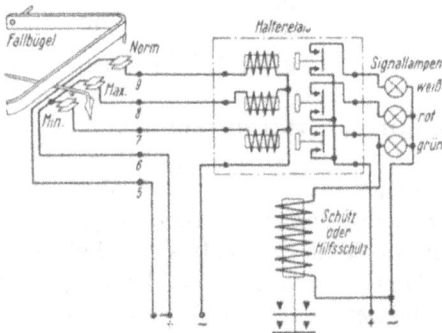

Abb. 41. Schaltung des Siemens-Reglers.

Der Fallbügel wird durch einen Antriebsmagneten betätigt, der von einem Zeitschalter gesteuert wird; Abb. 40. Der Zeitschalter besteht im wesentlichen aus einem elektrisch erwärmten Bimetallstreifen. Das eine Ende des Bimetallstreifens ist fest eingeklemmt, während an dem anderen frei beweglichen Ende ein Kontakt angebracht ist. Da die Magnetwicklung und die Wicklung des Bimetallstreifens parallelgeschaltet sind, unterbricht und schließt dieser Kontakt gleichzeitig den Strom des Zeitschalters und des Antriebsmagneten. Der Bimetallstreifen ist zwischen den Schenkeln eines permanenten Magneten angeordnet, wodurch erreicht wird, daß sowohl das Einschalten als auch das Ausschalten der Stromkreise augenblicklich erfolgt. In stromlosem Zustand ist der Anker des Antriebsmagneten und mit ihm der Fallbügel durch eine Feder gehoben. Der Kontakt des Bimetallstreifens ist zunächst geschlossen

Abb. 42. Hartmann & Braun-Regler.

und der Anker des Antriebsmagneten angezogen, so daß der Fallbügel auf dem Zeiger liegt. Durch die Stromwärme erwärmt sich der Bimetallstreifen und öffnet nach einer bestimmten Zeit den Kontakt. Dadurch wird auch der Magnet stromlos. Sein Anker wird durch die Feder abgezogen und der Fallbügel gehoben. Beim Erkalten streckt sich der Bimetallstreifen und schließt wieder seinen Kontakt. Infolgedessen wird

auch der Magnet wieder erregt, sein Anker angezogen und der Fallbügel legt sich auf den Zeiger. Es entsteht so ein periodisches Auf-
und Niedergehen des Fallbügels.

Der Regler von Hartmann & Braun A.-G. entspricht ebenfalls
dem Fallbügelprinzip. Nur ist der Bügel in Rahmenkonstruktion besonders kräftig durchgebildet worden; siehe Abb. 42.

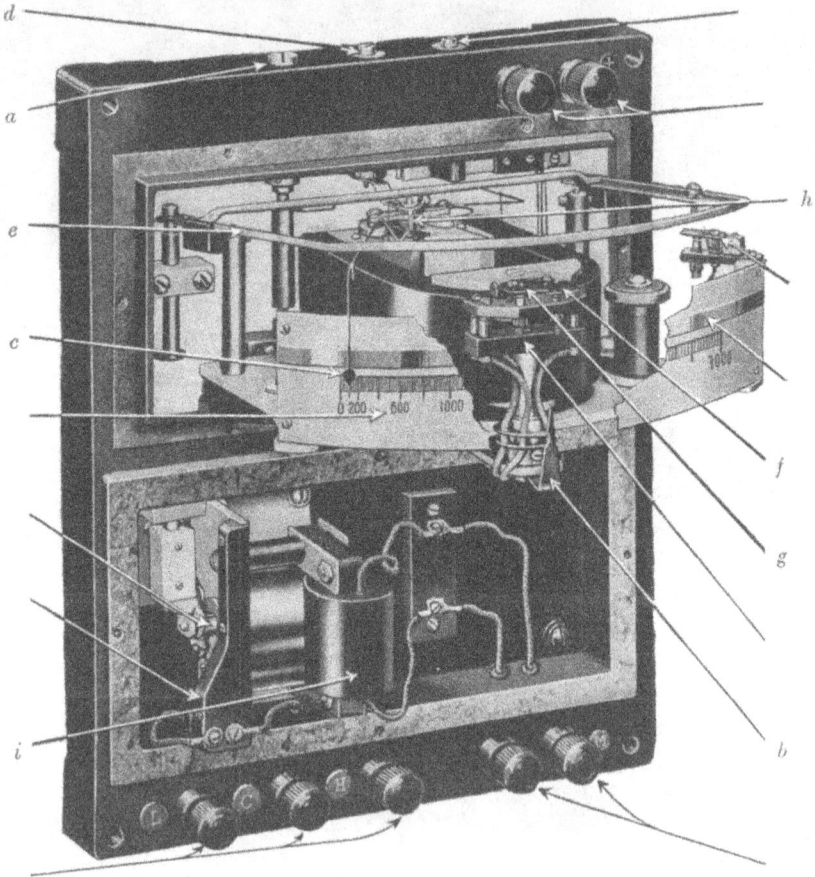

Abb. 43. Brown-Regler.

a = Stellschraube für Temperaturzeiger. *b* = Zeiger für die Temperatureinstellung. *c* = beweglicher Zeiger. *d* = Stellschraube für Nullpunkt. *e* = Rahmen für periodische Einstellung des
beweglichen Zeigers. *f* = Wolframkontakt. *g* = Wolframkontakt. *h* = Drehspulgerät. *i* = Syn-
chron-Motor.

Der älteste Regler dieser Art dürfte der von Brown sein. Dieser
Regler ist in Abb. 43 zu sehen. Die Stellschraube dient zur Einstellung
der Temperatur, die im Ofen gewünscht wird. Der Zeiger ist durch die
Stellschraube auf die auf der Skala sichtbare, jeweils gewünschte Tem-
peraturzahl eingestellt. Der bewegliche Zeiger muß vorher mittels der

Stellschraube in Nullstellung gebracht werden. Während des Betriebes wird der bewegliche Zeiger durch den Rahmenbügel entweder gesperrt oder freigegeben, je nachdem, ob der bewegliche Zeiger mit dem anderen zusammenfällt oder nicht. Hieraus kann man bereits die Wirkungsweise der Einrichtung erkennen. Die Kontakte f und g werden durch das Thermoelement über das Drehspulgerät und den beweglichen Zeiger betätigt. Von hier aus erfolgt der eigentliche Schaltvorgang über einen Synchronmotor auf die Schaltschütze, die auf einer besonderen Schalt-

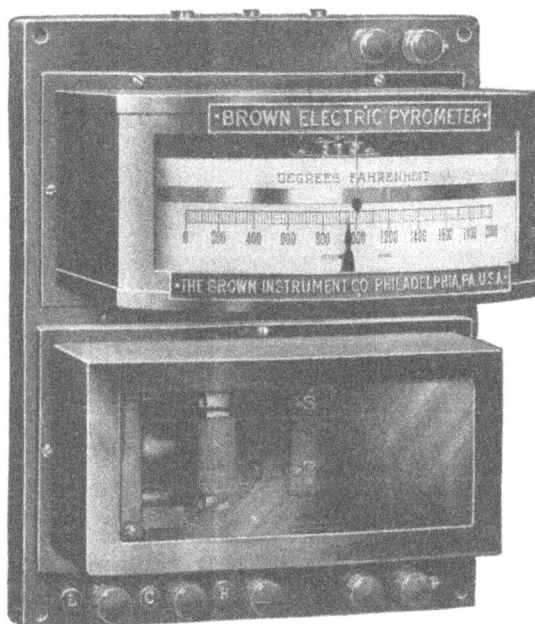

Abb. 44. Ansicht des Brown-Reglers nach dem Fallbügelprinzip.

tafel mit den erforderlichen Nebengeräten aufgebaut sind. Solange also der bewegliche Zeiger den Kontakt nicht erreicht hat, bleiben die Heizelemente eingeschaltet. Sobald aber die Ofentemperatur vorhanden ist, gelangt der bewegliche Zeiger in den Bereich des Kontaktes f und schaltet den Ofen aus. Sinkt die Wärme unter die mittels des Einstellzeigers festgesetzte Temperatur, so werden die Heizelemente des Ofens sofort wieder eingeschaltet.

Die Ansicht des Reglers von Brown Instrument Co. wird in Abb. 44 gezeigt.

Ein Regler von besonders großer Genauigkeit ist der nach der Potentiometermethode. Dies ist eine Nullmethode, die die elektromotorische Kraft des Thermoelementes und damit die Temperatur genau angibt. Die Eichung der Instrumente ist unabhängig von dem äußeren Widerstand des Meßkreises, d. h. von Länge und Widerstand des Thermoelementes, der Verbindungsleitungen zwischen Thermoelement und Instrument und irgendwelcher Schalter im Meßkreis. Es können also Meßfehler durch Änderung der Widerstände im Meßkreis außerhalb des Instrumentes nicht entstehen. Die Entfernung zwischen Thermoelement und Meßinstrument braucht bei der Eichung der Instrumente nicht berücksichtigt zu werden. Das Potentiometer ist ein Instrument, mit dem man ein bekanntes, genau einstellbares Potential und ein unbekanntes, in unserem Falle die elektromotorische Kraft eines Thermoelementes, miteinander vergleichen kann. Die beiden Potentiale sind elektrisch so geschaltet, daß eins dem andern entgegenwirkt. Solange das eine größer als das andere ist, fließt ein Strom durch das Thermoelement, sind dagegen beide gleich, so fließt kein Strom.

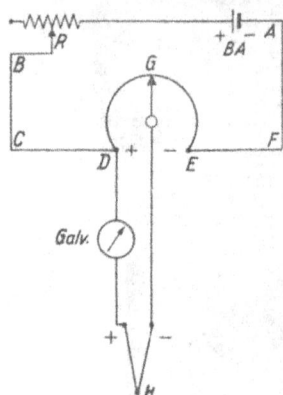

Abb. 45. Schaltung des Potentiometers
in einfacher Form.

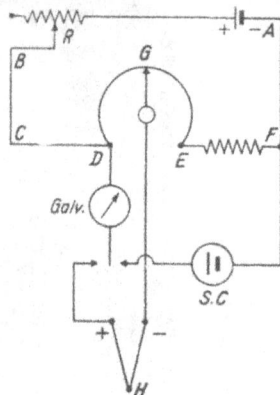

Abb. 46. Schaltung des Potentiometers
mit Normalelement.

Abb. 45 zeigt die Schaltung des Potentiometers in seiner einfachsten Form. *H* ist das Thermoelement. Seine Pole sind mit + und — bezeichnet. Es ist mit dem Hauptstromkreis des Potentiometers an dem festen Punkt *D* und dem beweglichen Punkt *G* verbunden. Bewegt man *G* an dem Gleitwiderstand *DE* entlang, so kommt man an einen Punkt, an dem das Potential *D* bis *G* im Gleitwiderstand genau gleich der elektromotorischen Kraft des Thermoelementes ist. Ein Galvanometer im Thermoelementenkreis zeigt an, wann der Ausgleichspunkt erreicht ist, da in diesem Punkt die Galvanometernadel keine Ablenkung erfährt.

Das Potential im Gleitwiderstand ist abhängig von dem Strom, der aus dem Element *BA* durch ihn hindurchfließt. Deshalb ist eine Vorrichtung vorhanden, um diesen konstant zu halten. *SC* in Abb. 46 ist ein Weston-Normalelement, dessen Spannung konstant ist. Wenn der Potentiometerstrom nachgeregelt werden soll, wird das Galvanometer in Reihe mit *SC* geschaltet. Der veränderliche Widerstand *R* wird nachgestellt, bis der Strom in dem Gleitwiderstand *DGE* und dem konstanten Widerstand *EF* zwischen *D* und *F* ein Potential erzeugt, das der Spannung des Normalelementes *SC* gleich ist. In diesem Augenblick zeigt das Galvanometer genau so, als ob es mit dem Thermoelement zusammen benutzt wird, keinen Ausschlag. Durch diesen Vergleich mit dem Normalelement wird der Strom in dem Gleitwiderstand *DGE* konstant gehalten. Das Normalelement wird jetzt wieder aus- und das Thermoelement eingeschaltet.

Abb. 47. Ansicht des neuen Potentiometers von Leeds & Northrup mit Kurvenschreiber.

Das neue Potentiometer von Leeds & Northrup ist in Ansicht in Abb. 47 zu sehen. Dieses sog. Micromax-Modell ist durch ein älteres ersetzt worden und zeichnet sich durch seine rasche Arbeitsweise aus. Die Registrierfeder legt in weniger als 22 s die ganze Breite des Registrierstreifens von 250 mm zurück. Die automatische Abgleichung des Meßstromes gegen das Normalelement erfolgt wenigstens alle 45 min. Ungenauigkeiten, die bei den alten Modellen auftreten konnten, wenn die Abgleichung von Hand vergessen wurde, sind ausgeschaltet. Außerdem kann der Meßstromkreis auch von Hand abgeglichen werden. Die Reibungskupplung, die die Bewegungen des Abgleichmechanismus auf den Schleifdraht im Potentiometerkreis und die Registrierfeder überträgt, kann nicht mehr schleifen, was bei dem alten Modell eintreten konnte. Endanschläge verhindern ebenfalls ein Schleifen der Kupplung, wenn die Temperatur über die Grenzen des Meßbereiches nach oben oder unten hinausgeht.

Den Aufbau eines anderen neuartigen Potentiometers von der Brown Instrument Co. zeigt Abb. 48. Die Arbeitsweise des Apparates ist im einzelnen folgende: In Abständen von wenigen Sekunden wird der Zeiger B des Kompensationsgalvanometers durch einen Fallbügel festgelegt. Eine dem Zeigerausschlag entsprechende Stufe der Treppenschablone C

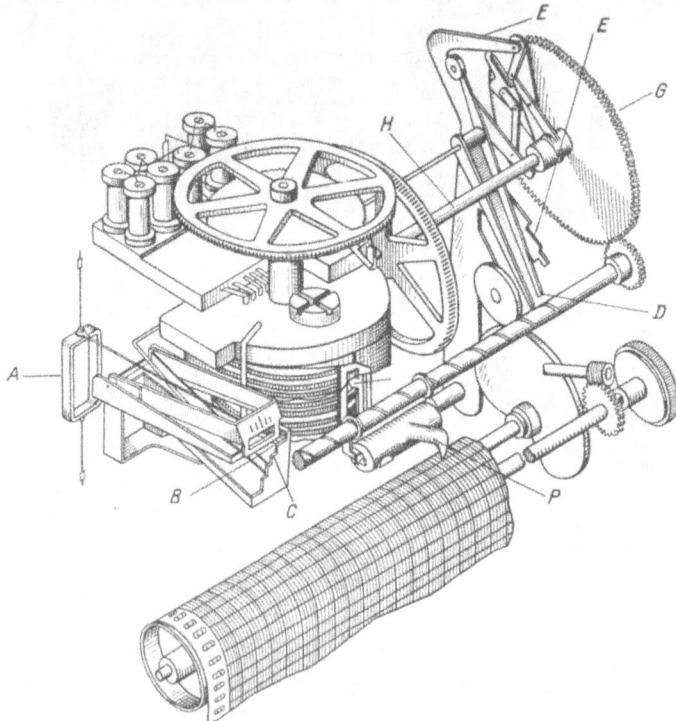

Abb. 48. Aufbau des Brown-Potentiometers.

legt sich leicht gegen den Zeiger und steuert dabei die Stellung eines kräftigen Sekundärzeigers D. Der Stufenhebel E bewegt sich in regelmäßigen Zeitabständen abwärts bis zur Berührung mit dem Sekundärzeiger; gleichzeitig dreht er das auf der Welle H befestigte Zahnrad G. Die Größe des Drehwinkels hängt von der Stellung des Sekundärzeigers und daher auch des Galvanometerzeigers ab. Die Drehung der Welle H bewegt den Schleifkontakt J und verschiebt gleichzeitig die Schreibfeder P so lange, bis B wieder auf seinem Nullpunkt steht.

Wesentlich bei diesem Vorgang ist, daß der Zeiger des eigentlichen Anzeigeinstrumentes keine Arbeit zu leisten hat, sondern nur die Stellung eines Sekundäranzeigers steuert; dieser macht Ausschläge, die groß gegen die des Galvanometerzeigers sind. Infolgedessen ist eine hohe Genauigkeit erreichbar und die Gefahr, durch Abnutzung empfindlicher Teile mit der Benutzungsdauer wachsende Fehler zu bekommen, ist verhältnismäßig gering.

Die Ansicht eines Brown-Potentiometers zeigt Abb. 49.

Es ist erstrebenswert, in nächster Nähe des elektrischen Ofens unabhängig von diesem die Schaltanlage aufzustellen. Diese besteht vor-

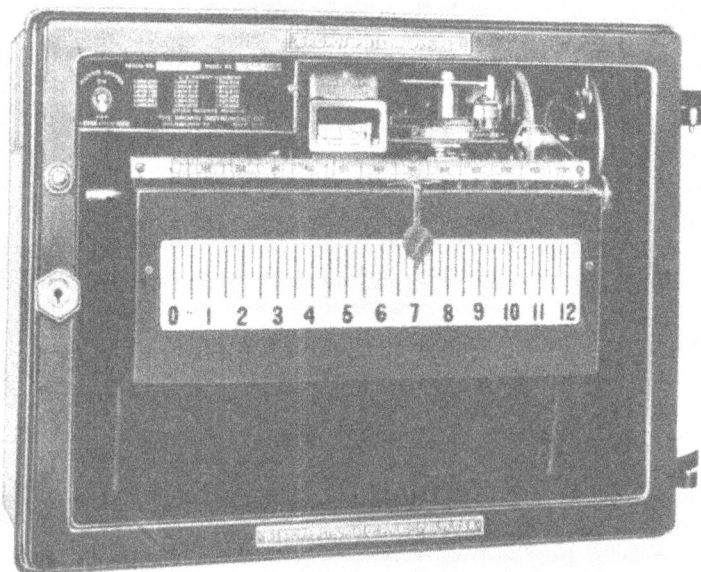

Abb. 49. Ansicht des neuen Brown-Potentiometers mit großer Skala zum Ablesen der Temperatur auch auf weite Entfernung.

zugsweise aus einem Schaltgerüst mit den erforderlichen Meßinstrumenten, Kontrolleinrichtungen, Temperaturmessern, Stromverbrauchsmessern, Sicherungen, Schaltern und deren Verbindungsleitungen mit dem Ofen. Die Schaltanlage soll übersichtlich angeordnet sein und jederzeit eine Beobachtung der Anzeigevorrichtungen ermöglichen. Auf diese Weise kann jede Kontrolle über den Wärmevorgang und über die Arbeitsweise des Ofens ausgeübt werden.

IV. Die verschiedenen Ofenarten.

1. Muffelöfen.

Der Muffelofen ist die meistverbreitete Ofenart; seine Anwendung ist fast unbeschränkt. Daher trifft man ihn auch in allen Größen und Formen, zumal in Verbindung mit dem Fabrikationsgang, häufig ausgerüstet mit Sondereinrichtungen u. dgl. an. Nicht nur die metallverarbeitende Industrie, sondern fast alle Zweige der Technik schätzen den Muffelofen.

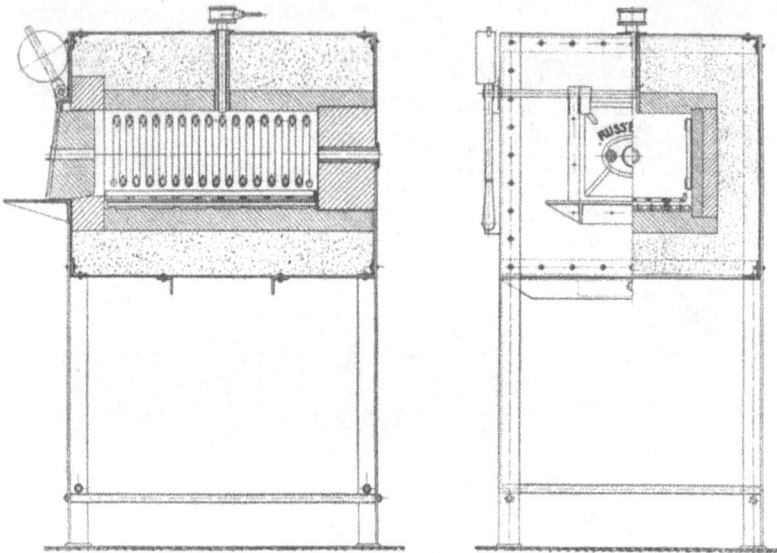

Abb. 50. Aufbau eines einfachen Muffelofens, Bauart Ruß.

Unter Muffelofen versteht man einen Ofen, dessen Heizraum in Form einer Muffel gebildet ist. Er kommt für Temperaturen bis 1400^0 in Frage. Die Muffel setzt sich entweder aus sorgfältig zusammengefügten, hochfeuerfesten Formsteinen zusammen oder besteht aus einem dünnwandigen, hochhitzebeständigen Metallmantel. Aufhängungen nehmen die Heizkörper seitlich, an der Decke oder im Boden auf, die vor mechanischen Einflüssen zu schützen sind, im übrigen aber die ausstrahlende Wärme im Glühraum vollkommen gleichmäßig verteilen sollen. Anstatt der Heizkörper aus Bändern und Drähten, die in schleifen- oder schraubenförmigen Gebilden im Heizraum untergebracht sind, kann auf erstmalige Anregung des Verfassers ein den gesamten Glühraum darstellender Heizmantel mit induktiver Erhitzung verwandt werden[1]).

[1]) Ruß, Industrieöfen mit Induktionsheizung, Centralblatt der Hütten- und Walzwerke, 1927, Nr. 42.

Zum Verschließen der Muffelöffnung dient vorteilhaft eine kräftige, gußeiserne Zug- oder Klapptüre, in die dickwandige Wärmeschutzsteine oder Isolierbeton eingebaut werden. Zur Vermeidung unnötiger Wärme-verluste ist auf ein rasches Einsetzen und Ausbringen des Glühgutes zu achten und für eine leichte Bedienung der Türen Sorge zu tragen. Bei schweren Einsätzen oder vorher zusammengestelltem Glühgut ist eine mechanische Beschickung empfehlenswert.

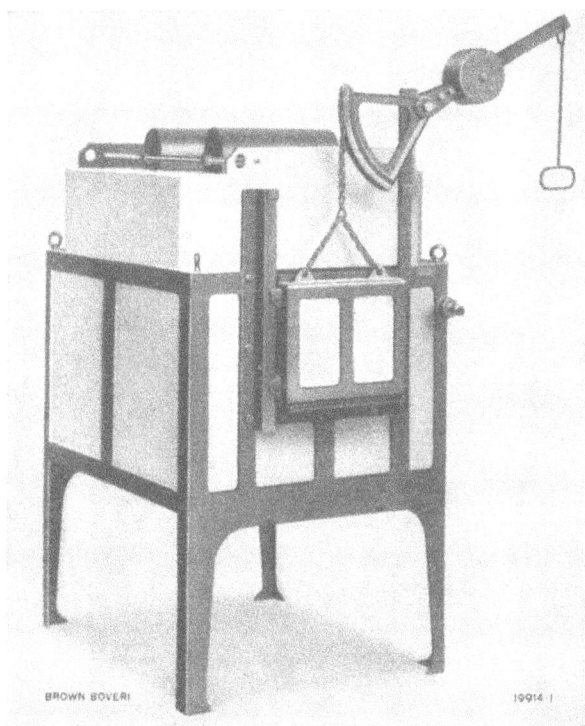

Abb. 51. Muffelofen mit Schiebetüre. Ausführungsfirma Brown, Boveri & Co., Mannheim.

Die Erwärmung eines gut gebauten Muffelofens erfolgt in kürzester Zeit, je nach Größe und Anschlußwert. Die Abkühlungsverhältnisse sind besonders günstig. Der Muffelofen braucht, wenn er 8 h betrieben wird, für die nächste Arbeitsschicht nur kurze Zeit hindurch angeheizt zu werden.

Der Aufbau eines kleinen Muffelofens ist aus Abb. 50 ersichtlich. An den Wänden hängen die Heizbänder in Nocken, während sie unter der Bodenplatte auf Leisten des Bodensteines aufliegen. Das im Schutz-rohr befindliche Pyrometer ist durch den Deckenstein geführt. Die Temperatur wird oben unter der Decke gemessen und selbsttätig ge-regelt. Im hinteren Verschlußstein ist eine Pyrometeröffnung vorge-

sehen, um die Temperatur auch im Bereich des Einsatzgutes messen zu
können. Die mit Ausgleichsgewicht ausgebildete Klapptüre hat einen
Stein mit Schauloch, der in den Muffelraum hineinragt. Ein guter Türverschluß ist von größter Bedeutung; denn die Spaltverluste stellen im
allgemeinen den größten Anteil der Wärmeverluste dar.

Klapptüren haben den Nachteil, daß beim Öffnen der Türe die
Wärme des Steines auf den Bedienungsmann in lästiger Weise abge-

Abb. 52. Türe mit Parallelverschiebung an einem Muffelofen der Birmingham Electric
Furnaces Ltd.

strahlt wird. Aus diesem Grunde werden selbst bei kleinen Muffelöfen
häufig Schiebetüren bevorzugt; siehe Abb. 51. Die Gleitbahnen für die
Türe sind mit dem Untergestellt fest verschweißt. Der Türrahmen aus
Profileisen gleitet mit verstellbaren Schrauben auf den Gleitbahnen.
Durch Einstellen der Schraubenköpfe wird bei einem guten Abschluß
der Türe ihre leichte Beweglichkeit erreicht.

Aber auch eine Klapptüre kann nach Abb. 52 so ausgebildet sein,
daß keine Wärmebelästigung eintritt. Die Diagonalkonstruktion bewirkt beim Öffnen der Türe eine Parallelverschiebung, also kein Herum-
klappen. Dieser Türverschluß steht in ähnlicher Ausführung unter

Schutz[1]). Bei diesem wird die Lage der Tür während des Öffnens durch ein Kettengetriebe zwischen dem Ofengehäuse und der Drehachse der Tür bestimmt. Durch dieses Kettengetriebe wird die Tür während des

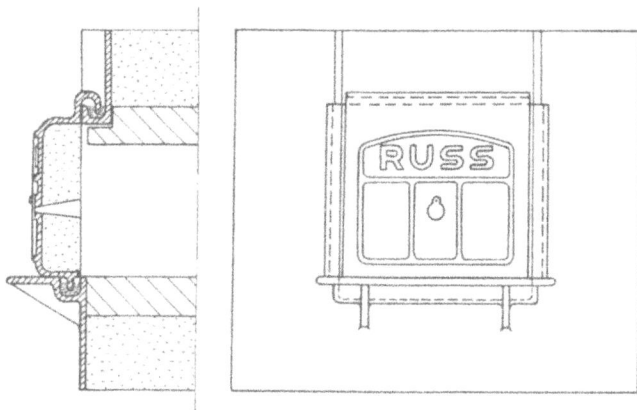

Abb. 53. Schiebetüre mit oberem und unterem Verschluß mittels Rinnenfüllung.

Öffnens und Schließens entweder parallel zur Ofenöffnung gehalten oder derart um ihre Aufhängeachse verschwenkt, daß bei der Offenstellung die heiße Fläche der Tür vor dem Arbeitsplatz vor dem Ofen abgewendet ist.

Senkrechte Türen schließen nicht vollkommen dicht, selbst bei entsprechenden Maßnahmen nicht, wie solche beispielsweise nach Vorschlägen des Verfassers in Abb. 53 gezeigt werden. Die Schiebetüre hat oben und unten Schneiden oder Schleusen, die in Rinnen oder Tassen eingreifen, sobald die Türe geschlossen wird. Die Tassen sind mit Sand, Öl od. dgl. gefüllt, um luftdicht abzuschließen. Damit auch die Seiten der Türe in etwa dicht schließen, werden sie mit dem Türrahmen zu glatten Flächen bearbeitet und mit angegossenen abgeschrägten Anpreßklötzen versehen. Beim Absenken der Türe berühren sich die konischen Flächen und sorgen beim weiteren Nachuntenschieben der Türe für einen guten Verschluß.

Der Verfasser bringt in Abb. 54 noch einen anderen, wesentlich abweichenden Türverschluß in Vorschlag. In der Muffelöffnung befindet sich ein beweglicher Tür-

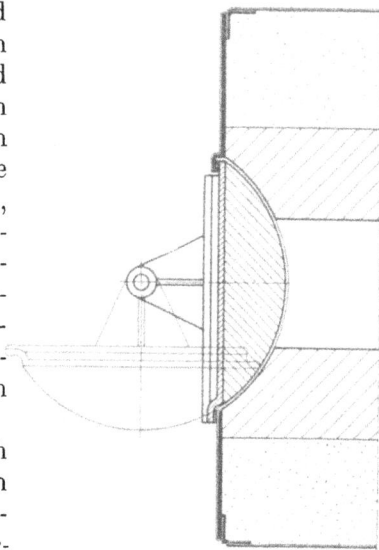

[1]) DRP. 505 691.

Abb. 54. Türverschluß nach Vorschlag des Verfassers; DRP. a.

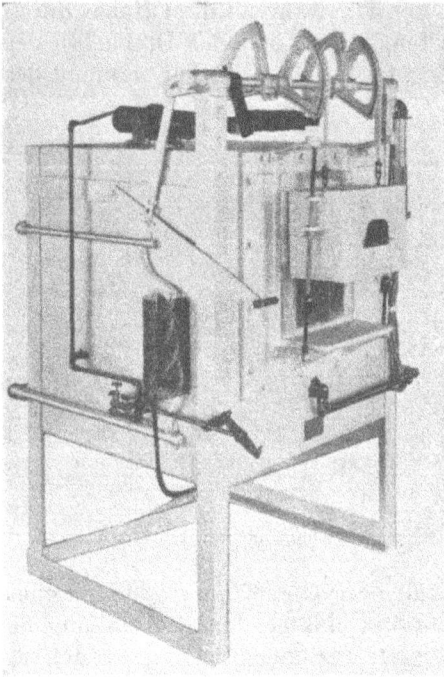

Abb. 55. Einfache Schiebetürausbildung.

Abb. 56. Türe mit Heizung der Hevi Duty
Electric Co.

stein. Letzterer stellt den Ausschnitt eines zylindrischen Körpers dar. Beim Öffnen der Türe wird die Oberfläche des Türsteins zu einem Tisch ausgebildet, so daß die Aufgabe und Entnahme des Gutes über die Auflagefläche der Türe selbst erfolgen kann. Die Türspalten werden durch entsprechenden Falz gut geschlossen.

Eine andere einfache Ausführung gibt Abb. 55 wieder. Zwei Rundstäbe links und rechts neben der Muffelöffnung führen die Türe, und zwar so, daß sie beim Senken gegen den glatten Türrahmen angepreßt wird. Interessant ist die hydraulische Betätigung der Türe mittels einer einfachen Hebelkonstruktion.

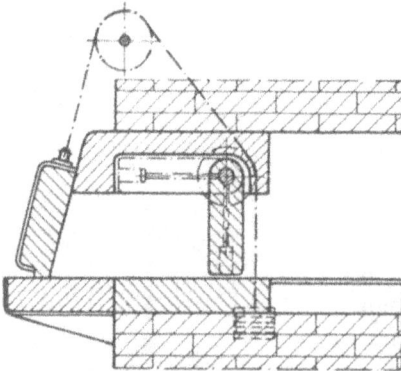

Abb. 57. Doppelter Türverschluß, Patent
Brown, Boveri & Co., Mannheim.

Bei größeren Muffelöfen müssen für eine leichte Bedienung der Türe entsprechende Maßnahmen getroffen werden, ähnlich wie schon soeben angegeben wurde und Abb. 56 dies zeigt. Hier fällt noch die Türbeheizung auf, die allerdings auch schon in Abb. 52 zu sehen war, deren Stromzuführung durch bewegliche Kabel erfolgt.

Abb. 58. Eine elektrische Glüherei mit vielen Muffelöfen, geliefert von der „Industrie" Elektroofen G. m. b. H., Köln.

Einen doppelten Türverschluß[1]) sieht Abb. 57 vor. Ein besonderer Abschlußstein ist innerhalb der Türe drehbar aufgehängt und derart

---

[1]) DRP. 461427.

mit der Türhebevorrichtung verbunden, daß er angehoben und in eine Nische geschwenkt wird, wenn sich die Türe öffnet.

Werden mit Rücksicht auf erhöhte Betriebssicherheit und gleichmäßige Erwärmung des Glühgutes mehrere, gleich große Muffelöfen benötigt, so können zur Ersparnis von Zwischenwänden und Platz die Öfen zusammengebaut werden.

Dagegen sind die in Abb. 58 dargestellten Öfen Einzelausführungen, die in Abständen voneinander Aufstellung gefunden haben, um alle vorkommenden Wärme-, zumal Härtevorgänge auch im Einsatz ohne Platzbeschränkung, durchführen zu können. Diese 12 elektrischen Muffelöfen von 800 mm Breite, 500 mm Höhe und 1800 mm Tiefe stehen in einer Automobilfabrik und haben zusammen einen Anschlußwert von 782 kW und arbeiten von 720 bis 1150^0.

Abb. 59. Muffelofen mit Kettenvorhang, ausgeführt von der „Industrie" Elektroofen G. m. b. H., Köln.

Bei dem in Abb. 59 gezeigten Muffelofen fällt der dem Verfasser geschützte Kettenvorhang auf. Dieser gibt beim Entnehmen des Gutes nur so weit die Öffnung frei, wie es die Größe des Gutes erfordert; es wird also an Wärme gespart. Der Kettenvorhang hängt an der Unterkante der Türe; sobald diese geschlossen wird, geht er durch einen Schlitz im Aufgabetisch nach unten und kühlt sich in der freien Luft wieder ab. Auffällig an diesem Ofen ist weiterhin die geringe Höhe der Seilführung für die Türbewegung. Die Seile greifen in der Mitte der Türe an und werden zu zwei Rollenpaaren am hinteren Teil des Ofens übergeleitet, an deren Enden sich das Gegengewicht der Türe befindet.

Bei anderen Öfen größerer Bauart sind zur Verringerung der Ofenbauhöhe die Gegengewichte innerhalb des Ofens angebracht und gleichzeitig mit Luftdämpfern versehen, die ein sanftes Öffnen und Schließen der Türe bewirken[1]). Die Ansicht eines solchen Ofens wird in Abb. 60 gezeigt.

Das Beschicken und Entnehmen des Glühgutes soll rasch und sicher erfolgen. Dazu dienen Beschickungsvorrichtungen; sie richten sich nach

---

[1]) DRP. 460 039.

Gut, Anzahl, Größe und Ofen. Das wesentliche an allen diesen Beschickungsvorrichtungen sollte sein, daß sie während des Glühvorganges
nicht im Ofen verbleiben, um nicht auf Kosten der Stromenergie unnütz
aufgeheizt zu werden und zu verschleißen.

Für geringes Einsatzgewicht eignet sich die Vorrichtung nach Abbildung 61[1]). Das Behandlungsgut wird auf einen fahrbaren Wagen
mit Ausleger gepackt. Letzterer wird in den Heizraum geschoben und

Abb. 60. Muffelofen mit Schiebetüre, deren Gegengewichte in Rohren der Ofenecken mit
Luftdämpfern geführt sind. Ausführung der „Industrie" Elektroofen G. m. b. H., Köln.

das Glühgut entweder mittels Transportbandes oder auf- und abwärts
beweglicher Auslegerarme in den Herd befördert und dort abgesetzt.
Anschließend wird der Ausleger mit dem Wagen vom Ofen weggefahren,
ein Arbeitsvorgang, der sich in Sekunden abspielt. Dadurch werden
unnötige Wärmeverluste vermieden, und das Glühgut erhält seinen
bestimmten vorgeschriebenen Platz im Ofen.

Eine andere neuartige Beschickung[2]) zeigt Abb. 62. Selbst kleinere
Muffelöfen lassen sich damit ausrüsten. Es handelt sich um einen Boden
oder Rost, der ohne Schienen und empfindliche Führungsteile ein- und
ausgefahren werden kann. Dieser Boden ruht auf Walzen, die sich auf
seiner Unterseite abwälzen und gleichzeitig mit fest aufgekeilten Lauf-

---

[1]) DRP. 457860. — [2]) DRP. 540757.

rollen auf dem Muffelboden laufen. Am hinteren Ende kann an dem fahrbaren Boden eine senkrechte Rückwand befestigt sein, welche die Wärme im Ofen zurückhält, während außerhalb des Ofens das Glüh-gut ohne Wärmebelästi-gung aufgesetzt oder ent-nommen wird.

Um unerwünschtes An-heben, zumal schweren Ein-satzes zu vermeiden, kann der Muffelofen versenkt im Boden des Arbeitsraumes aufgestellt werden, so daß der Muffelboden mit dem Fußboden bündig ist.

Die Erweiterungen bei Muffelöfen erstrecken sich im wesentlichen auf Ab-stellkammern. So stellt Abb. 63 einen Muffelofen mit Vorwärme-, Glüh- und Abkühlraum dar, die unter-einander durch Türen ge-

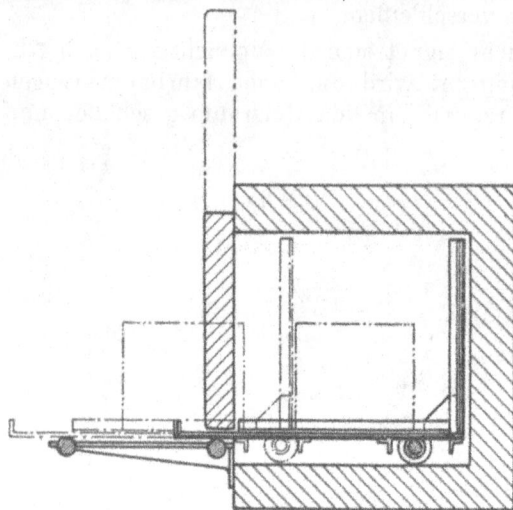

Abb. 61. Einfacher Beschickungswagen für kleine Muffelöfen, Patent Ruß.

trennt sind und unabhängig voneinander oder zusammen betrieben werden können; in dem Ofen lassen sich also drei verschiedene Arbeits-vorgänge vereinigen.

Muffelöfen nach Abb. 64 mit Abstellkammern und transportablem Boden können für alle erdenklichen Zwecke benutzt werden; sie haben den Vorteil, daß der Glühraum beim Einsetzen und Entnehmen des Gutes geschlossen bleibt. Das Gut wird durch eine Pilgerschrittvor-richtung fortbewegt; Tragschienen wandern wechselweise durch die Bodenschlitze des Ofens auf und ab, bewegen so das Glühgut vorwärts. Eine fast gleiche Vorschubvorrichtung[1] verwendet den an sich bekannten Exzenterantrieb.

Beste Wärmeausnutzung wird auch durch Ausbildung eines Gegen-stromverfahrens erstrebt, bei dem zwei Reihen sich anwärmender und wieder abkühlender Wagen mit Wärmegut aneinander vorbeibewegt werden. Die elektrische Heizung ist in der Mitte. So wird z. B. Tiefzieh-material von 6 bis 7,5 mm in einem Ofen geglüht, der aus sechs Kammern besteht, von denen die mittelsten Heizkammern sind, die anderen vier Kammern aber Vorwärme- bzw. Abkühlkammern. Das zu glühende Material wird auf Wagen, die mit feuerfesten legierten Blechen abge-deckt sind, durch eine Vorwärmkammer in die Heizkammer und von

---

[1] DRP. 476069.

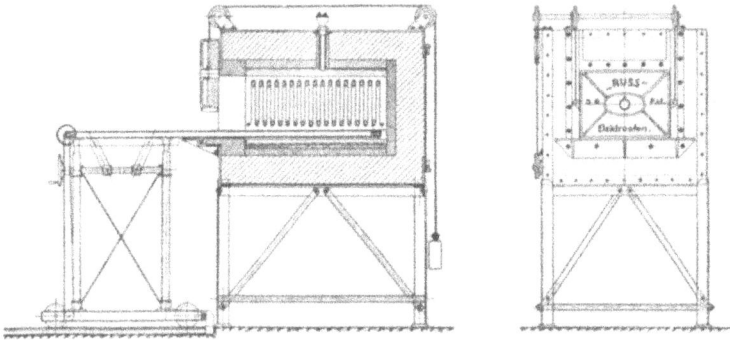

Abb. 62. Fahrbarer Beschickungswagen für kleine Muffelöfen,
Patent Ruß.

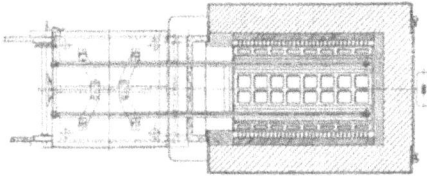

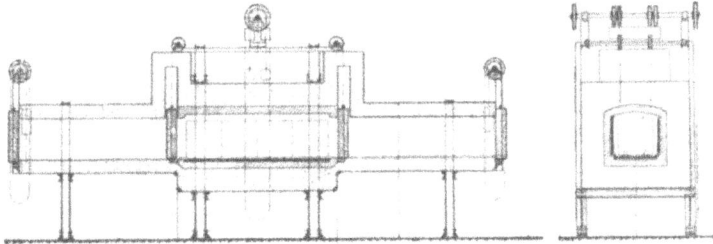

Abb. 63. Muffelofen mit Vorwärme-, Glüh-, und Abkühlraum.

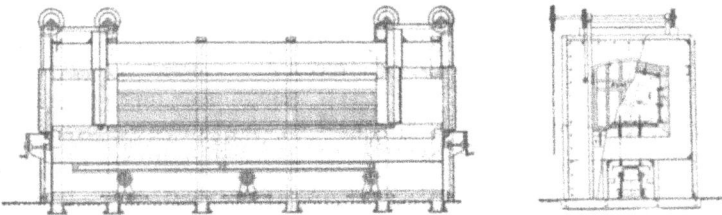

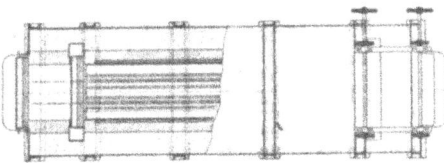

Abb. 64. Muffelofen mit
Pilgerschritt-Transport
und Vorkammern.

da in die Abkühlkammer gezogen, während im Gegenstrom ein zweiter Wagen den Ofen durchwandert und von dem ersten Wagen im Anfang vorgewärmt wird, in der letzten Kammer dagegen einen neuen Wagen, der entgegenkommt, seinerseits vorwärmt. Die Leistung des Ofens beträgt bei 300° 1100 kg/h bei einer Beladung des Wagens mit 280 kg und einer Heizzeit von 30 min. Der Stromverbrauch beträgt 145 kWh/t.

Eine Ofenanlage[1]) nach Abb. 65 wurde zum Glühen von Draht für Hufnägel gebaut. Der Draht wird auf Wagen, in Rollen gewickelt, in den Ofen eingesetzt. Die Rollen haben ein Gewicht von etwa 113 kg und die Ladung ungefähr 3400 kg. Die Wagen sind auf Drehgestellen gelagert und gut isoliert. Ringsum haben sie Sandverschlüsse zur besseren Abdichtung des Ofens. Sie werden durch ein elektrisch angetriebenes Windwerk mittels Transportkette ein- und ausgezogen.

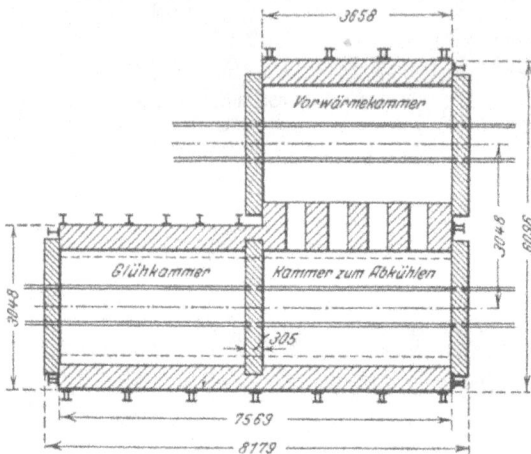

Abb. 65. Zusammengestellter Glühofen mit Abkühlkammer und Vorwärmeofen.

Der Ofen besteht, wie aus Abb. 66 ersichtlich, aus drei Kammern: der eigentlichen Glühkammer, der Kammer zum Abkühlen und der zum Vorwärmen. Die Kammer zum Abkühlen liegt direkt hinter der Glühkammer und ist von ihr nur durch eine einfache Tür getrennt. Die Vorwärmekammer liegt neben der Kammer zum Abkühlen, und die Trennungswand zwischen beiden ist durchbrochen, damit die Wärme der abkühlenden Ladung ungehindert zur kalten Ladung in der Vorwärmekammer hinüberströmen kann. Die Öfen sind mit Eisenblech und Trägern bewehrt. Hinter dem Eisenblech sind die zuerst mit 250 mm starken Isoliersteinen, dann mit den gewöhnlichen feuerfesten Steinen ausgemauert. Die Kammern sind 3,6 m lang, 2,1 m weit und 1,2 m hoch. Die Ladung bleibt in jeder der drei Kammern etwa 3 h lang. Die Glühkammer wird auf einer Temperatur von 773° gehalten. Der Ofen setzt alle 3 h 3,2 t Draht durch, die bei 650° geglüht werden. Sein Gesamtleistungsbedarf ist 200 kW, der Stromverbrauch im Durchschnitt 550 kWh je Ladung oder 170 bis 186 kWh/t.

---

[1]) Nathusius, Elektrische Öfen zur Wärmebehandlung von Eisen und Stahl in Amerika, Centralblatt der Hütten- und Walzwerke, Nr. 40, 7. Okt. 1925.

Abb. 66. Ansicht der Ofenanlage nach Abb. 65.

Abb. 67. Tunnelofen mit drei Kammern, ausgeführt von den Siemens-Schuckertwerken, Berlin.

Auch in Deutschland wurde bereits eine fast gleiche, in ihrer Anordnung noch bessere Ofenanlage geschaffen; siehe Abb. 67. Dieser ununterbrochen arbeitende Tunnelofen dient zur Behandlung von Stahl in Stabform. Dieser Ofen ist zur Aufnahme von 3 Herdwagen von je 4,8 m Länge eingerichtet und durch feuerfeste, wärmeisolierende Zwischenschieber in 3 Kammern unterteilt. Die erste dient zum Anheizen

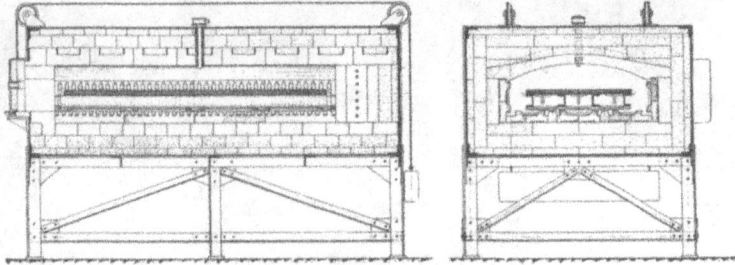

Abb. 68. Muffelofen mit niedrigem Glühraum für Bleche, Bauart Ruß.

und Glühen, in den beiden anstoßenden Kammern kühlt das Glühgut langsam ab. Ein vierter Wagen befindet sich immer außerhalb des Ofens, wo das Glühgut ganz auskühlt und umgeladen wird. Die Heizwiderstände der Glühkammer sind auf Seitenwände und Decke verteilt und für eine Leistung von 180 kW bemessen. Zum Ausgleich der an der Beschicktür auftretenden Wärmeverluste sind innen Heizwiderstände angebracht. Außerdem hat jeder Herdwagen eine Heizeinrichtung für 20 kW.

Die Herdwagen durchlaufen die Ofenkammer immer in gleicher Richtung und werden auf dem neben dem Ofen sichtbaren Geleise zurückgefahren. Auf einem Wagen sind etwa 5 bis 10 t Stabstahl bis 4,5 m Länge unterzubringen, je nachdem ob der Stahl in Glühkisten eingesetzt oder offen geglüht wird. Die Dauer eines Anheiz- und Glühvorganges beträgt etwa 15 bis 24 h je nach der Ausglühzeit, so daß alle 15 bis 24 h ein Wagen aus- und ein Wagen eingefahren wird. Der Arbeitsverbrauch beträgt bei offenem Glühen bei 800° etwa 250 bis 300 kWh/t.

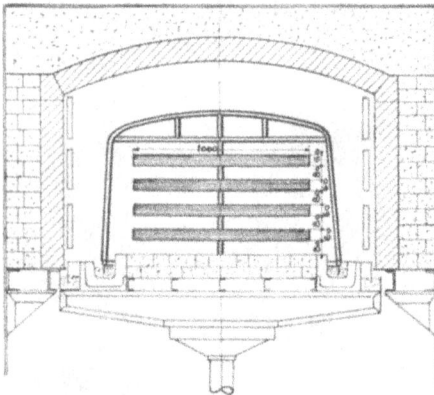

Abb. 69. Vorteilhafte Stapelung von Blechen in mehreren getrennten Schichten.

Zur Warmbehandlung von Blechen, Platten, flachem oder dünnwandigem Gut werden besondere Muffelöfen bevorzugt. Dabei ist besonders darauf zu achten, daß die Wärmedurchdringung beispielsweise bei Blechstapel auf Schwierigkeiten stößt. Anstatt des Muffelofens nach Abb. 68 mit Seiten- und Bodenheizung, bei welcher ein Auflagegestell ein Blechpaket aufnimmt und allseitig gut erhitzt, wird nach Abb. 69 eine unterteilte Anordnung der Blechstapel empfohlen, bei der die Seitenheizung ausreicht.

Ein elektrischer Muffelofen mit abnehmbarem Oberteil, um z. B. das Einsetzen von Blechen in Einsatzkästen allenfalls unter Anwendung von Schutzgas zu erleichtern, wird in Abb. 70 gezeigt. Sandtassen oder Wasserverschluß dichten den Ofen ab.

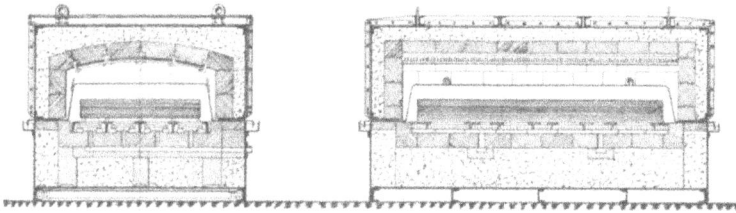

Abb. 70. Blech-Glühofen mit Schutzhaube und abnehmbarem Ofenoberteil, Bauart Ruß.

Für besondere Anwendungsgebiete wird der elektrische Muffelofen noch große Bedeutung gewinnen. So wird beispielsweise für das Härten von Sensenblättern bei Temperaturen von 800 bis 900⁰ der in Abb. 71 gezeigte Ofen mit 70 kW Anschlußwert interessieren. Die Sensen werden dem Ofen einzeln entnommen, zwischen zwei Stahlbacken auf die richtige

Abb. 71. Mehrteiliger Muffelofen zum Härten von Sensen, ausgeführt von den Siemens-Schuckertwerken, Berlin.

Form gepreßt und in das Ölbad getaucht. Ein gewöhnlicher Kammerofen, in dem mehrere Sensenblätter nebeneinander eingesetzt, erwärmt und dann nacheinander gehärtet werden könnten, wurde nicht gewählt, weil bei dem häufigen Öffnen der Tür die zuletzt entnommenen Sensen ungleiche Temperatur hätten. Wie im Bilde zu sehen ist, hat der Ofen 10 durch Schamottewände getrennte Kammern, von je 120 mm Breite und 1400 mm Tiefe mit je einer Schubtür. Durch einen mechanischen

Antrieb werden die Türen der Reihe nach in bestimmten Zeitabständen geöffnet und geschlossen, so daß Anwärmezeit und Arbeitstempo festliegen. Die Sensen werden Spitze voraus und Schneide nach oben eingesetzt. Da ihre Länge verschieden ist, sind die an Decke und Boden angeordneten Heizwiderstände quer zu den Kammern verlegt und einzeln schaltbar. Die gehärteten Sensen werden dann in einem elektrisch beheizten Bleibad bei etwa 320° nachgelassen.

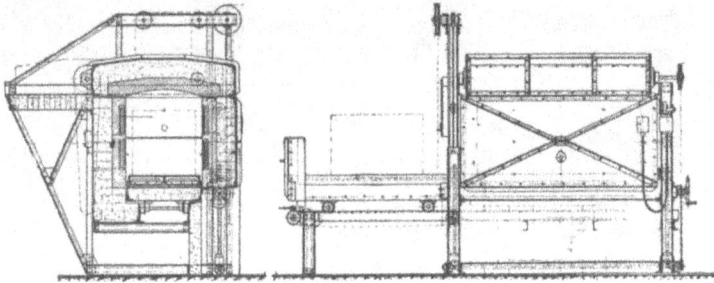

Abb. 72. Muffelofen mit verschiebbarer Seitenwand und Decke, sowie ausfahrbarem Boden, Bauart Ruß.

Die vielseitige Ausbildung elektrischer Muffelöfen beweist Abb. 72. Dieser Ofen dient zum Erwärmen von fehlgegossenen Aluminiumgehäusen. Von der Konstruktion wurde verlangt, daß man die erwärmten Gehäuse sofort im Ofen ausbessern kann. Daher erhielt der Ofen eine herablaßbare Seitenwand, einen fahrbaren Boden und eine verschiebbare Decke, damit man an den vorher erhitzten Gußkörper zum Schweißen überall gut herankommen kann.

In Abb. 73 wird eine elektrische Esse zum Erhitzen von Rohr- und Stabenden gezeigt. Ein besonderer Vorzug dieses Ofens ist, daß bei gleicher Temperatur auch die zu glühende Stab- oder Rohrlänge genau eingehalten werden kann. Diese Öfen werden mit ein oder zwei Heizbändern ausgerüstet. Im letzten Falle können die Heizbandgruppen je nach der gewünschten Wärmemenge zusammen oder einzeln geschaltet werden.

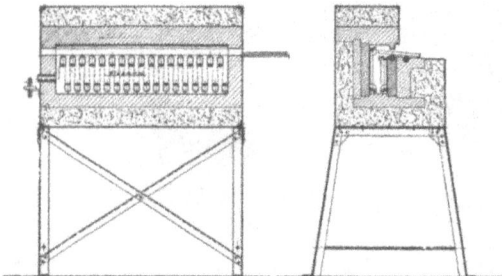

Abb. 73. Elektrische Esse zum Erhitzen von Rohr- und Stabenden, Bauart Ruß.

Ein elektrischer Ofen zum fortlaufenden Glühen von Stangen, Stäben, Bolzen, Messern od. dgl. ist in Abb. 74 zu sehen. Auf einem Abstelltisch werden die Glühkörper nebeneinander aufgereiht. Die schlitzartige Eintrittsöffnung wird allenfalls zur Vermeidung unnötiger

Wärmeverluste durch einen Kettenvorhang verdeckt. Bei runden Einsatzkörpern kann man auch die Herdöffnung schräg anordnen, so daß das Glühgut am oberen Ende in den Ofen eingeführt und am unteren Ende entnommen werden kann.

2. Langöfen.

Die Langglühöfen werden zum Glühen von Stangen, Rohren, Profilen, allenfalls Bändern benutzt. Andere Arten von Langöfen kommen als Tunnelöfen zum Brennen von Porzellan (siehe dort), Emaillierwaren

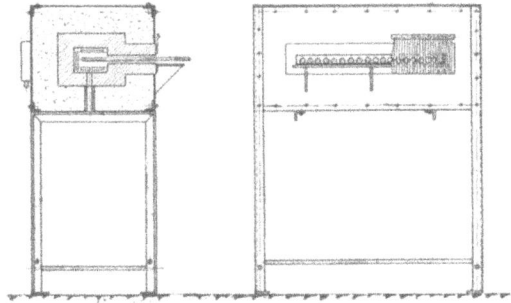

Abb. 74. Muffelofen mit seitlicher, fortlaufender Beschickung, Bauart Ruß.

(siehe dort), zum Tempern (siehe dort), von Massenteilen, Kistenglühungen, als Glaskühlöfen (siehe da) und für viele andere Zwecke in Frage.

Je nach dem Verwendungszweck werden Seiten-, Decken- oder Bodenheizung einzelnen oder vereinigt angewandt, wie ein Ofen im Schnitt nach Abb. 75 und die Ansicht hiervon Abb. 76 zeigt. Dieser Ofen hat eine Muffel von 800 mm Breite, 600 mm Höhe und 4000 mm Länge und einen Anschlußwert von 180 kW. Die Gegengewichte[1]) der

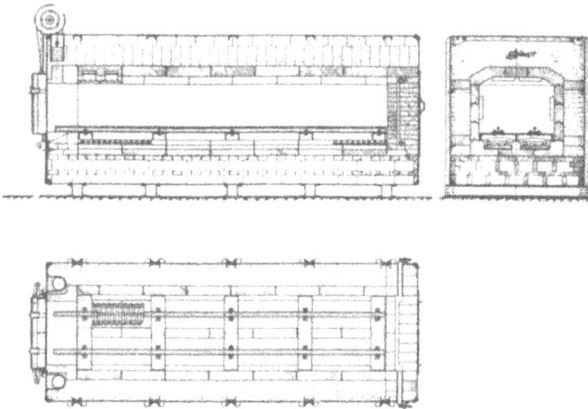

Abb. 75. Langofen mit allseitiger Beheizung, Bauart Ruß mit Schiebetüre und Gegengewichts-Anordnung nach Abb. 60, Bauart Ruß.

Tür sind nach besonderer Anordnung innerhalb des Ofens geführt, also ohne Eisenkonstruktionen außerhalb des Ofens. Die Bauhöhe des Ofens ist daher so gering, daß er überall aufgestellt werden kann, wie der niedrige Raum in Abb. 76 erkennen läßt.

[1]) DRP. 460039.

7*

Wichtig ist bei Langglühöfen eine zweckentsprechende Beschickung mit geringem Gewicht der Beschickungsvorrichtung, um große Wärmeaufwendungen hierfür zu vermeiden. Ausfahrbare Herdwagen (Abb. 77) mit ihren bedeutenden Gewichten, die häufig größer sind als das Glühgutgewicht selbst, sind nur da dienlich, wo Glühungen mit langen Glühzeiten in Frage kommen, oder wo große Einsatzgewichte in Verbindung mit schnellarbeitenden Beschickungsvorrichtungen vorhanden sind. Die Wärmeverluste werden wesentlich herabgesetzt durch Abstellvor-

Abb. 76. Langglühofenanlage. Ausführung: „Industrie Elektroofen" G. m. b. H., Köln.

richtungen, die nur das Gut im Ofen ein- und aussetzen, also nicht im Glühraum bleiben. Bei langem Gut von geringem Gewicht sind leichte Fahrgestelle, auf die das Glühgut vorher gepackt und in den Ofen gefördert wird, empfehlenswert. Diese Gerüste fertigt man heute aus hitzebeständigen Rohren an, die durch Versteifungen zusammengeschweißt werden. Bei besonders langen Öfen wird das Gestell unterteilt, wie der Langglühofen nach Abb. 78 zeigt. Die gekuppelten Gerüste mit dem Glühgut laufen auf Kugeln und diese wiederum in Schienen.

Mit dem soeben erwähnten 180-kW-Ofen wurden u. a. Messingbleche von 720 mm Breite und 1800 mm Länge geglüht. Die Stapelhöhe betrug im geglühten Zustand etwa 20 cm. Hierbei dürfte besonders interessieren, daß, was ja auch schon allgemein bekannt sein wird, die

Wärme nur in der Blechrichtung ins Innere des Materialpaketes wandert. Das Diagramm in Abb. 79 zeigt, daß man bei Blechglühungen auf Boden- und Deckenheizung verzichten kann, ja daß diese nachteilig sein kann; das zeigt der Temperaturverlauf im Innern des Paketes während der Zeit, in der die Deckenheizung mit eingeschaltet war. Aus den mit

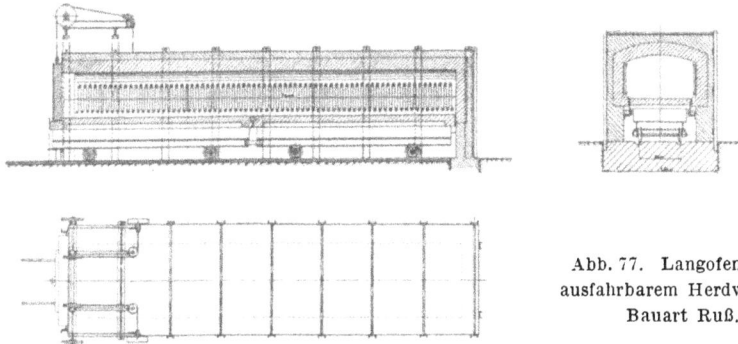

Abb. 77. Langofen mit ausfahrbarem Herdwagen, Bauart Ruß.

gleichem Material vorgenommenen Parallelversuchen ergab sich, daß eine weitere Erhöhung des Einsatzgewichtes und damit Erhöhung der Schichthöhe die Glühzeit nicht verlängert. Durch Erhöhung des Einsatzgewichtes wird allenfalls der Stromverbrauch verringert.

Das Glühen von Rohren in Langöfen bereitet gewisse Schwierigkeiten, weil auch hier ähnlich wie beim Glühen von Blechpaketen die Wärmedurchdringung sehr langsam erfolgt. Die in den Rohren ruhig stehende Luft wirkt bekanntlich so wärmeisolierend, daß innerhalb und außerhalb der Rohre oft erhebliche Temperaturunterschiede entstehen. Man ist versucht, im Heizraum eine Wärmeumwälzung anzuordnen, was bei normalen Glühtemperaturen für Rohre leicht ausführbar ist. Selbst die Überlegung, die Rohre anstatt waagerecht in schräger oder senkrechter Lage zu glühen, ist nicht von der Hand zu weisen; dann muß selbstverständlich neben der Seiten- auch eine Bodenheizung vorhanden sein. Ferner ist darauf zu achten, daß das Langgut keine Form-

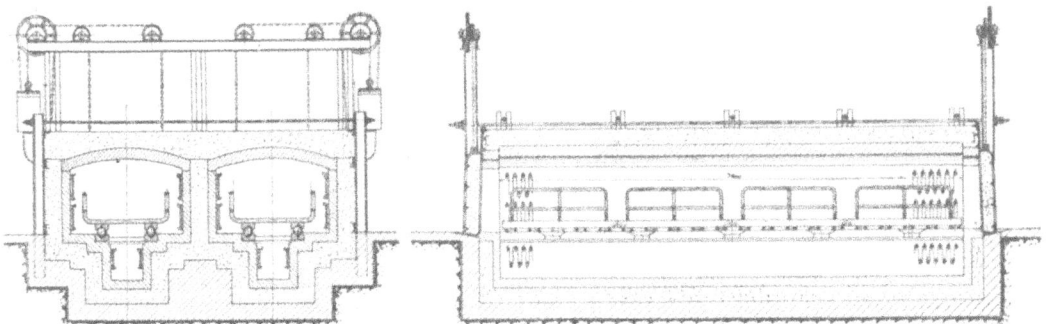

Abb. 78. Langofen mit leichtem, aneinanderzureihendem Fahrgestell, Bauart Ruß.

änderung annimmt. Schon mit Rücksicht darauf ist durch das Eigengewicht in glühendem, also in weichem Zustande, eine Warmbehandlung der Rohre in senkrechter Lage vielfach unmöglich. Zumal dünnwandige Metallrohre können nicht so behandelt werden. Die stehende Anordnung der Rohre würde aber bei Anwendung einer Bodenbeheizung den Vorzug haben, daß die aufsteigende Wärme die Rohre außen und innen gleichmäßig durchglühen würde. Eine derartige Möglichkeit war bei der waagerechten Rohrglühung bisher nicht denkbar. Ihr Nachteil besteht darin, daß die in den Rohren im Ruhezustand verweilende Luft als guter Wärmeisolator wirkt. Die von außen aufprallenden Wärme-

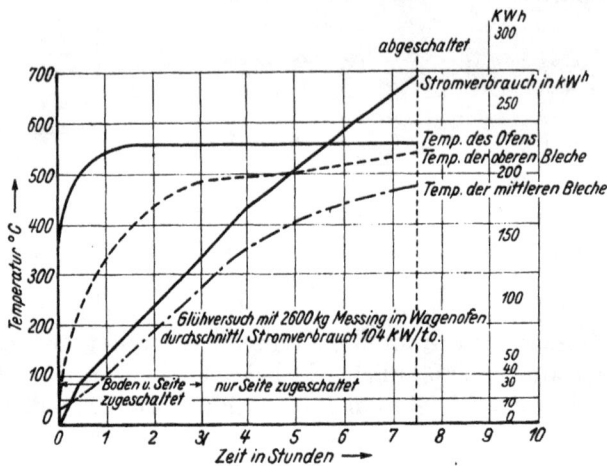

Abb. 79. Stromkurven über das Glühen von Messingbändern in Rollen im Langofen.

strahlen erleiden eine merkliche Verzögerung, wobei sich Aufheizen und Durchglühen der Rohre beträchtlich verlängert. Um diesen Nachteilen zu entgehen, sei ein Rohrglühofen besonderer Art nach Abb. 80 erwähnt.

Dieser elektrisch beheizte Rohrglühofen unterscheidet sich im wesentlichen von den bisherigen Öfen dadurch, daß die von den Heizelementen erzeugte Wärme zum größten Teil durch eine regelbare Luftbewegung auf das Glühgut in waagerechter Lage übertragen wird, während der kleinere Anteil der Wärmemenge durch Strahlung sich dem Gut in senkrechter Richtung mitteilt. Um dieser Voraussetzung zu entsprechen, werden die zu glühenden Rohre in ein dünnwandiges Rohr oder einen Kasten eingebracht, dessen Querschnitt und Länge der Ofenmuffel entspricht. Um das Beschicken zu erleichtern, kann der große Einsatzbehälter zweiteilig bzw. mit Deckel versehen sein. Das Ganze ruht in Rahmen oder Gestellen von geringem Gewicht. Ist die Beschickung fertig vorbereitet, so wird die Vordertüre des Ofens geöffnet, ebenso die dahinterliegende dicht schließende Zwischentüre. Die ganze Be-

schickung wird nun in den Ofen geschoben, wobei leichte Führungs-
rollenpaare in entsprechenden Abständen die Arbeit erleichtern. Zu
beiden Seiten innerhalb der Muffel befinden sich Vorkammern, die mit
Öffnungen entsprechend dem Rohr- oder Kastenquerschnitt versehen
sind. Die ganze Beschickung paßt genau in die Öffnungen, nachdem
dieselbe eingefahren ist. Auf der Beschickungsseite ist zum guten Abschluß der Vorkammer noch eine zweite innere Türe vorhanden. Gegenüber der Beschickungsöffnung ist in der Zwischenwand der Vorkammer
ein von außen angetriebener Propeller angebracht. Bei großem Einsatz
dienen mehrere Ventilatoren. Nachdem nun noch erklärt wird, daß
oben und unten in Rohren die Heizelemente eingebettet liegen, ergibt
sich hieraus ein geschlossenes System. Dieses dient zur Wärmeströmung,
und zwar in folgender Weise:

Sobald der Ofen beschickt und durch die beiden Türen gut verschlossen ist, beginnt das Aufheizen. Die Heizelemente erhalten ihren

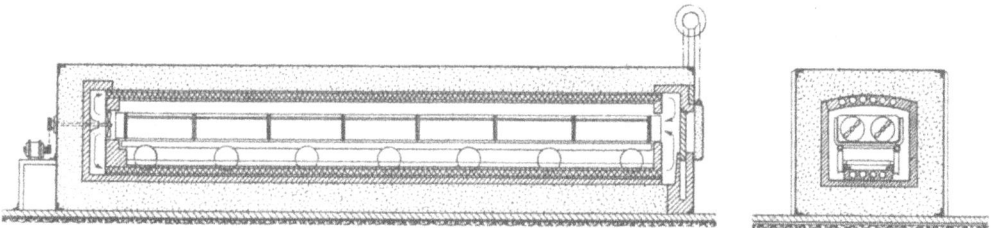

Abb. 80. Langofen für die Warmbehandlung von Rohren mit Luftströmung, Bauart Ruß.

Strom, desgleichen der motorische Ventilatorantrieb. Letzterer wechselt
selbsttätig alle 60 Sekunden seine Drehrichtung. Die oben und unten
in den Rohren erzeugte Elektrowärme wird unter der Einwirkung der
Propeller einmal von diesen weggedrückt und das andere Mal angezogen. Damit setzt eine gleichmäßige Wärmeströmung im ganzen System
ein. Die Wärme wird also wechselweise von links und rechts dem Glühgut
gleichmäßig zugeführt. Werden größere Wärmemengen entwickelt, so können diese durch die erhöhte Umlaufzahl der Propellerflügel rascher abgeführt und auf das Glühgut übertragen werden. Umgekehrt verfährt man,
falls die Wärmemengen kleiner sind. Durch die Regelung der Glühtemperatur und Wärmeströmung werden bisher nie gekannte Vorteile erzielt.

Besteht die Gefahr, daß durch Verbrennen von anhaftendem Öl
an den Rohren, zumal innen, infolge des vorangegangenen Arbeitsvorganges, die Heizkörper verschmutzt werden, so müssen diese in besondere,
abgeschlossene Kanäle untergebracht werden. Die von ihnen erzeugte
Wärme wird auf benachbarte Kanäle übertragen, durch die die heiße
Luft bewegt wird.

Die Abb. 81 zeigt normale elektrisch beheizte Rohrglühöfen von
besonders kräftiger Bauart. In diesen Öfen werden Kupfer-, Messing-

Abb. 81. Zwei Lang-Rohrglühofenanlagen mit geheizten, ausfahrbaren Herdwagen, Bauart Ruß. Ausführung: „Industrie-Elektroofen G. m. b. H., Köln.

und Kupfernickel-Rohre geglüht. Die Öfen haben Seiten- und Decken-heizung; außerdem ist auch der ausfahrbare Herd elektrisch beheizt. Der nutzbare Glühraum ist 900 mm hoch, 1800 mm breit und 7500 mm lang. Der Einsatz kann bis zu 3 t betragen. Je nach dem Einsatzgewicht ist die Glühzeit 60 bis 120 Minuten bei Glühtemperaturen bis zu 750° C. Der Anschlußwert je Ofen ist 280 kW. Die Leistung beider Öfen beträgt 60 t geglühter Metallrohre in 24 Stunden. Das Ausfahren der Wagen geschieht mit einer elektrischen Seilwinde, die zwischen beiden Öfen steht. Die nächste Beschickung ist so vorbereitet, daß der Glühgutwechsel sich in einigen Minuten abspielt. Mit dem Hochziehen der Türen schaltet sich die Glühbeheizung selbsttätig ab.

Wie ein fahrbarer Beschickungswagen aussieht, zeigt Abb. 82. Er besteht in der Hauptsache aus dem auf zwei Schienen quer zum Ofen fahrenden Unterwagen, auf dem ein Laufwagen zum Einsetzen

Abb. 82. Fahrbarer Beschickungswagen. Ausführung Fried. Krupp-Grusonwerk, A.-G., Magdeburg.

der Gestelle in den Ofen fährt. Der Laufwagen ist mit einer Hubvorrichtung versehen, um die Gestelle ohne Berührung der Ofensohle einfahren und auf der Ofensohle absetzen und dann den Laufwagen wieder ausfahren zu können. Als Führung dienen in Ofennuten liegende Schienen. Die Hubvorrichtung wird durch eine Kurbel oder einen auf dem Laufwagen aufgebauten Elektromotor angetrieben. Der Strom hierfür wird durch eine gegen Berührung geschützte Längsschleifleitung neben dem Laufwagen zugeführt. Die Hubbewegung ist genau senkrecht, so daß die Gestelle während des Hebens und Senkens nicht auf der Ofensohle rutschen. Der Unter- und der Laufwagen werden entweder mit Handkurbel oder durch einen gemeinschaftlichen Motor angetrieben, der je nach Bedarf auf den einen oder anderen Wagen umgekuppelt werden kann, weil die Fahrbewegung stets nacheinander erfolgen muß. Die Hubbewegung wird in den beiden Endstellen selbsttätig abgestellt. Die beiden Fahrbewegungen können durch eine Haltebremse vom Führer stillgesetzt werden, so daß der Wagen genau nach den am Ofen und am

Fahrgestell angebrachten Marken eingestellt werden kann. Die der Wärmestrahlung ausgesetzten empfindlichen Teile müssen besonders geschützt sein.

Die Anordnung eines fahrbaren Herdwagens mit im Herdboden eingebauter Heizkörper zeigt Abb. 83. Die Gestänge an den Seiten des Wagens dienen zum Kuppeln bzw. Entkuppeln desselben während des Aufenthaltes im Herdinnern. Gleichzeitig besteht ein Zusammenhang mit der Türbewegungseinrichtung. Der Wagen kann nicht eher ein- oder ausgefahren werden, bevor die elektrisch beheizte Tür hochgezogen ist.

Abb. 83. Langofen mit fahrbarem Herdwagen. Ausführung Hevi Duty Electric Co.

Eine Steckdose vorn links am Ofen leitet den Strom dem Wagen durch ein bewegliches Kabel zu.

In Abb. 84 ist ein ortsfester Kammerofen zum Glühen von Kupfer-, Messing- und Neusilberblechen oder -platten in einem Walzwerk dargestellt. Der Glühraum ist 4000 mm lang, 1200 mm breit und 500 mm hoch. Die Leistung beträgt 270 kW. Die Tür wird hydraulisch gehoben. Am Ofenherd sind besondere Aussparungen für den Eingriff eines Pratzenkranes, der die Platten einsetzt, vorgesehen. Diese Beschickungsweise ist da angebracht, wo mehrere Öfen gleicher oder ähnlicher Art bedient werden müssen.

Der in Abb. 85 dargestellte Langofen mit ausfahrbarem Herd bis 20 t Einsatzgewicht hat einen Anschlußwert von 350 kW bei Drehstrom 500 V. Die Heizwiderstände sind an den Seitenwänden, an der Decke

Abb. 84. Langofen, der mit Pratzenkran beschickt wird. Ausführung Brown, Boveri & Co.,
Mannheim.

und im Herdwagen angeordnet, der mit hitzebeständigen Blechen abgedeckt ist. Dieser Blockglühofen (siehe auch dort) arbeitet absatz-
weise hauptsächlich mit Nacht- und Sonntagsabfallstrom, da die Blöcke
nach beendigter Glühung im Ofen langsam erkalten müssen. Er wird
auch benutzt, um heiß eingesetzte Blöcke langsam abzukühlen. Bei
Einsatz von 20 t kalten Blöcken in den kalten Ofen dauert das Anwärmen
auf 800° etwa 14 h bei einem Stromverbrauch von etwa 250 kWh/t.
Die Abkühlung auf 300° dauert etwa 60 h.

Abb. 85. Langofen mit schwerem Herdwagen. Ausführung Siemens-Schuckertwerke, Berlin.

Ein Langofen zum Vergüten von 7 m langen Stahlstangen wird in Abb. 86 gezeigt. Um einen möglichst raschen Wärmeausgleich im Einsatz zu erzielen, wurde der Ofenraum für einen breiten und niedrigen Stapel bemessen und die Heizwiderstände auf Decke und Herdwagen

Abb. 86. Langofen mit in der Schiebetüre vorgesehene Schmaltüren zur Entnahme von Glühgut in kleinen Mengen. Ausführung Siemens-Schuckertwerke, Berlin.

für annähernd gleiche Leistung verteilt. Der Anschlußwert des Ofens ist 350 kW Drehstrom 500 V. Die Tür wurde mit besonderer Sorgfalt ausgeführt. Da die Stangen einzeln gezogen werden müssen, wurden, um dies bei möglichst geringer Türöffnung zu ermöglichen, in der großen, den ganzen Glühraum abschließenden Schiebetür zwei kleine nebenein-

Abb. 87. Zwei Langöfen mit oberer Beschickung. Ausführung Siemens-Schuckertwerke, Berlin.

ander liegende Hilfstüren angebracht. Die große Tür kann jeweils so eingestellt werden, daß die kleinen Türen in derselben Höhe wie die oberste Lage der zu ziehenden Stangen sind. Am Herdwagen ist eine tiefe Sandrinne angebracht, in die ein Dichtungsblech am unteren Rand der großen

Tür auch dann noch eingreift, wenn sich die Hilfstüren in der höchsten
Betriebsstellung befinden.

Wie bei anderen Ofengruppen, so kommen auch bei Langöfen
Sonderausführungen vor. So zeigt Abb. 87 einen doppelten Muldenofen
zum Glühen von Stahlstangen bis 7 m Länge und bis 4 t Einsatzgewicht.
Die abgebildeten Öfen haben abhebbare Deckel, die von einem gemeinsamen Verschubwagen mit Hub- und Fahrwerkantrieb angehoben und

Abb. 88. Große elektrische Glühanlage für Langgut mit 3875 kW Anschlußwert in einem
amerikanischen Werk.

beiseite gefahren werden. Eine annähernd gleiche Ausführung amerikanischen Ursprungs nebst Arbeitshalle zeigt Abb. 88. Die Anlage besteht aus einem elektrischen Langofen mit Rollenboden, Vorheiz- und
Glühraum, von 975 kW Anschlußwert für 3000 kg Stundenleistung an
Rundmaterial bis 75 mm Durchmesser, 7,5 m Länge bei 881°. Das Gut
wird entweder in Öl oder Wasser abgeschreckt oder an der Luft abgekühlt. Alle Arbeitsvorgänge erfolgen selbsttätig durch Zeit- und Kon-
trollschalter. Weiter enthält die Anlage zwei elektrische Schachtöfen
von je 1100 kW Leistungsaufnahme und 50 t Fassungsvermögen und
einen doppelherdigen Wagenofen von 700 kW Anschlußwert. Bei letzteren Öfen sind hochhitzebeständige Rohre im Heizraum mit eingebaut

worden. Durch diese wird im Bedarfsfalle Kühlluft geleitet, also eine unmittelbare Übertragung der Luft auf das Gut vermieden.

Weiterhin sei noch ein Langofen in Abb. 89 gezeigt mit nebenan angebrachter gleich großer Kammer zum Abkühlen und Vorwärmen des Gutes. Eine seitwärts fahrende Bühne bewirkt das Verfahren der Herdwagen vom Stapelplatz zur Vorwärmekammer, dann zum Ofen und von da wieder zur Kammer, die diesmal als Abkühlraum anzusprechen ist.

Abb. 89. Zwei Langöfen in Verbindung mit einer fahrbaren Bühne. Ausführung Hevi Duty Electric Co.

3. Blocköfen.

Die Blocköfen dienen zur Warmbehandlung von Blöcken aus Stahl, Eisen und Nichteisenmetallen.

In ihrem Aufbau haben Blocköfen mit Muffel- und Langöfen Ähnlichkeit. Der wesentliche Unterschied besteht in der Art, wie die Blöcke durch die Wärmezone wandern und wie sie aufgegeben und aus dem Ofen entnommen werden. Zumal die Entnahme ist häufig wichtig, da ihr ein Arbeitsvorgang folgt, der eine bestimmte und gleichmäßige Blockwärme voraussetzt. So kommt beispielsweise beim Pressen der Blöcke die unmittelbare Zusammenarbeit zwischen Glühofen und Presse besonders zur Geltung. Die gut durchglühten Bolzen werden in nächster

Nähe der Presse aus dem Ofen entnommen und sofort verpreßt. Zur Beschleunigung dieses Vorganges kann allenfalls die ·Geschwindigkeit der aus dem Ofen herausrollenden Bolzen ausgenutzt werden. Zu beachten ist nur, daß an der Ofenentnahmeseite kein Temperaturabfall eintritt, sondern daß der Bolzen mit der vorgeschriebenen Temperatur in die Presse gelangt.

Die Blocköfen können waagerechten oder schrägen Glühraum erhalten und für eine oder mehrere Blockreihen eingerichtet werden. Bei waagerechter Muffel werden die Blöcke oder Bolzen durch den Ofen hindurchgestoßen. Für kleine Leistungen und leichte Blöcke dienen einfache Vorrichtungen, bei denen das Durchdrücken des Gutes von Hand geschieht. Handelt es sich um größere Blöcke oder längere Öfen,

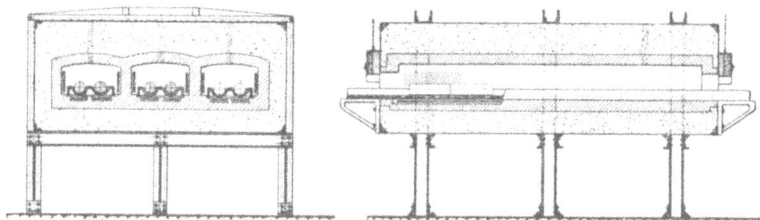

Abb. 90. Einfacher waagerechter Blockofen mit drei Muffeln, Bauart Ruß.

so müssen mechanische oder hydraulische Stoßvorrichtungen vorgesehen werden. Diese Einrichtungen kommen auch da in Frage, wo kantige, also keine runden Blöcke vorhanden sind oder bei Blöcken oder Bolzen, die in ihrer Längsrichtung durch den Ofen wandern sollen; ebenso dort, wo beim Glühen die Gefahr des Zusammenklebens der Bolzen oder Blöcke besteht, wie z. B. bei solchen aus Kupfer, aus hochprozentigen Kupfer- und anderen Legierungen. Eine genaue Prüfung nach dieser Richtung ist notwendig.

In Abb. 90 wird ein waagerechter Blockofen gezeigt, der drei Muffelräume hat, die nur durch einfache Zwischenwände voneinander getrennt sind. Jede Muffel besitzt ihre eigene Seiten- und Bodenheizung. Der Ofen kann demnach für drei Leistungen betrieben werden. Die alle drei Muffeln gemeinsam umgebende Wärmeisolation sorgt für hohen Wirkungsgrad des Ofens und beschränkt gleichzeitig seine Bau- und Aufstellungsweise. Die Bolzen werden längsseitig in zwei Reihen durch jede Muffel gedrückt. Zur Erleichterung des Durchstoßens der Bolzen können am Boden der Muffel Gleitbahnen, Führungsschienen, Profile, Rollen usw. vorgesehen werden, auf denen das Gut ruht und vorwärts bewegt wird. Nach der Abb. 90 handelt es sich um profilierte Gestelle aus Chromnickelmaterial für Glühtemperaturen bis 950⁰. Die Ansicht eines doppelreihigen, waagerechten Blockofens mit Durchstoßvorrichtungen zeigt Abb. 91.

Abb. 91. Waagerechter, doppelreihiger Blockofen. Ausführung „Industrie" Elektroofen G. m. b. H., Köln.

Um größere Bolzen ebenfalls längsseitig leicht durchstoßen zu können, hat der Ofen nach Abb. 92 einen schrägen Herd, der die Reibung des Gutes besser überwinden hilft. Auch hat diese Bauweise den Vorzug, daß die in dem ganzen Herdraum erzeugte Wärme durch ihren natürlichen Auftrieb oben an der Beschickungsseite eine höhere Temperatur

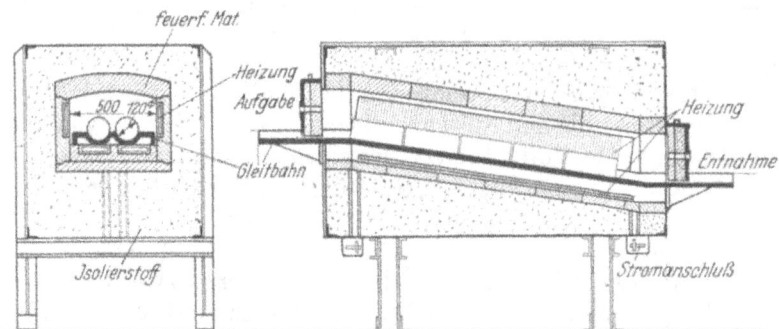

Abb. 92. Einfacher schräger Blockofen, Bauart Ruß.

annimmt. Die dort aufgegebenen kalten Blöcke nehmen die größere Wärmemenge rasch an, während im unteren Teil des Heizraumes die verlangte Arbeitstemperatur herrscht und eingehalten wird. Der Ausgleich zwischen der oberen und unteren Wärmezone erfolgt über das Gut selbst, welches im Herdraum durchgesetzt wird. Erstrebenswert ist eine gute Abdichtung der Aufgabeöffnung. Ein gleichzeitiges Arbeiten an der Aufgabe- und an der Entnahmeseite des Ofens sollte vermieden werden, damit keine unerwünschte Zugluft im Heizraum, kein unnötiger Wärmeverlust, Zunderbildung und Oxydation des Gutes entstehen.

Ein Ofen mit ebenfalls schrägem Heizraum, in dem die Blöcke quer durchrollen, ist in Abb. 93 dargestellt. Die Aufgabeseite ist noch mit einer Vorheizkammer versehen, die als Schleuse wirkt. Ein sternförmiger Körper an der Entnahmeseite gibt beim Drehen nur den letzten Bolzen frei, der sich vorher an einen Schenkel des Sternkörpers angelehnt hatte. Der Körper bildet gleichzeitig einen guten Verschluß an der Ofenaus-

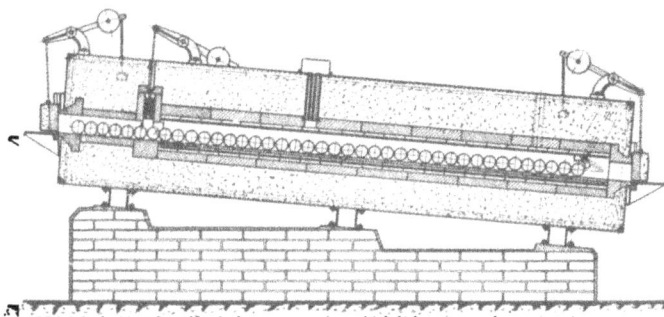

Abb. 93. Blockofen mit Vorwärmezone und Auswurfeinrichtung, Bauart Ruß.

trittseite. Die Arbeitsweise dieses Ofens ist folgende: Sobald der Heizraum und die Vorwärmekammer mit Blöcken angefüllt sind und der Heizraum gut durchwärmt und auf die verlangte Temperatur gebracht worden ist, werden die Blöcke einzeln entnommen. Nun kann entweder der eine entnommene Block durch Hochziehen der Zwischentür zwischen Heiz- und Vorwärmeraum ersetzt, also dem Glühraum zugeführt werden; dann macht es aber leicht Schwierigkeiten, die Zwischentüre wieder zu schließen, da die hintere Blockreihe dagegen drückt. Aus dem Grunde werden besser erst so viele Bolzen verarbeitet, wie im Vorraum sind, dann wird die Zwischentüre geschlossen und erst wieder geöffnet, nachdem kalte Blöcke neu in den Vorraum aufgegeben worden sind.

Der beschriebene Ofen wird in Abb. 94 in Ansicht gezeigt. Er dient zum Wärmen von Messingbolzen; die Entnahmeseite befindet sich in unmittelbarer Nähe einer Presse, die die Bolzen weiter verarbeitet.

Der Zusammenhang zwischen Ofen und Arbeitsmaschine wird besonders gut durch Abb. 95 veranschaulicht. In einem Blockofen mit schiefer Ebene werden Rundbolzen aus Messing vorgewärmt, entnommen und sofort durch einen einfachen Transport zur anderen Seite an den Rezipienten einer Strangpresse geführt, um zu Stangen verarbeitet zu werden.

Zum Anwärmen von Blöcken, die in der Erweichungszone dazu neigen, aneinander zu backen, empfiehlt sich eine schiefe Ebene mit zwei verschiedenen Neigungswinkeln; siehe Abb. 96. Das größere Gefälle

Abb. 94. Ansicht des Ofens nach Abb. 93, ausgeführt von der „Industrie" Elektroofen G. m. b. H., Köln.

setzt da ein, wo die Gefahr des Zusammenklebens beginnt. Die in zwei Reihen im Ofen eingesetzten Blöcke erwärmen sich langsam. Beim Durchrollen nimmt die Temperatur des Glühgutes zu. Nachdem die

Abb. 95. Blockofen- und Preßanlage. Ofenausführung Brown, Boveri & Co., Mannheim.

Höchsttemperatur erreicht ist, folgt die größere Neigung der Ablauffläche, um das Zusammenkleben zu verhüten. An den Seiten des Ofens sind einige gegeneinander versetzt angeordnete Türen, durch die dem

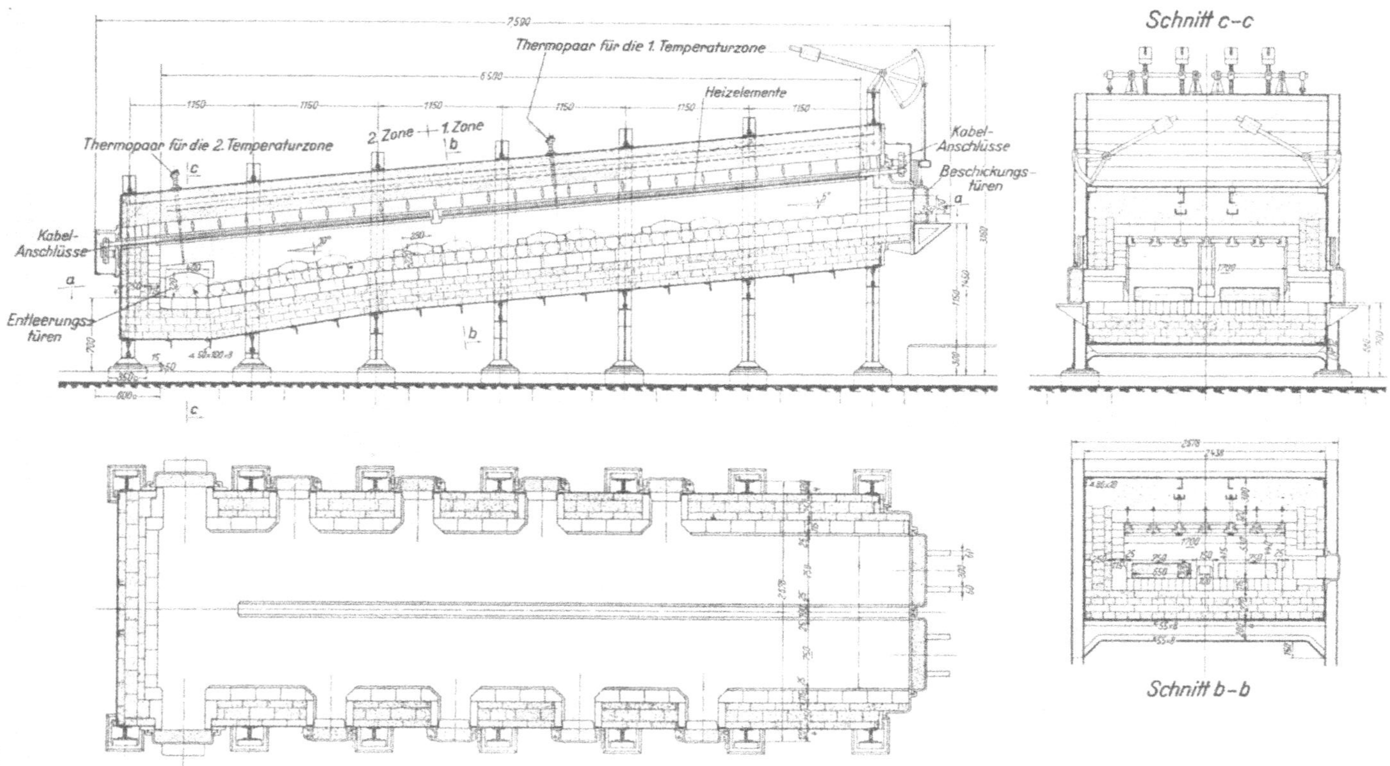

Abb. 96. Blockofen mit zwei Muffeln, Bauart Ruß. Die Ablaufflächen haben verschiedene Neigung, um bei Wärmezunahme durch das stärkere Gefälle ein Ankleben der Blöcke zu vermeiden.

Schnitt c–c

Schnitt b–b

Kabel-Anschlüsse

Beschickungs-türen

Thermopaar für die 1. Temperaturzone

Heizelemente

2. Zone — 1. Zone

Thermopaar für die 2. Temperaturzone

Kabel-Anschlüsse

Entleerungs-türen

8*

Abrollen der Bolzen nachgeholfen wird. Zur Verringerung der Spaltverluste und um eine Abkühlung des letzten preßfertigen Blockes zu ver-

Abb. 97. Doppelreihiger Blockofen mit davor stehendem Beschickungswagen.
Ausführung „Industrie" Elektroofen G.m.b.H., Köln.

meiden, können die Entnahmeöffnungen auch seitlich angeordnet werden. Das Herausnehmen der Blöcke muß rasch und ohne Schwierigkeiten
erfolgen. Mit Rücksicht auf die ansteigende Wärme im oberen Teil des

Abb. 98. Der zweite, gleiche Ofen von der Seite gesehen, mit den Nachstoßöffnungen
und Entnahmeöffnung.

schrägen Glühraumes ist auf eine zweckmäßige Verteilung der elektrischen Heizkörper besonders zu achten. Hier muß einerseits vermieden
werden, daß die Wärme durch die Aufgabeöffnungen verlorengeht,

während anderseits die im unteren Ofenteil freiwerdende Wärme an das obere kalte Glühgut restlos abgegeben wird. Dadurch kommen die Bolzen rascher auf Hitze und werden anschließend daran hinreichend durchgeglüht.

Blocköfen nach obiger Schilderung von je 6,5 m Länge mit einer Gesamtbreite von 3,2 m für beide Muffeln sind in Abb. 97 und 98 zu sehen. Jeder Ofen hat einen Anschlußwert von 360 kW und eine Leistung von 20000 kg Kupfer- oder Kupfernickelblöcken bei 8stündiger Arbeitszeit.

Unregelmäßige Bolzen oder solche mit Grat rollen nicht gleichmäßig durch einen Blockofen. Hierauf ist zu achten. Selbst Blech-

Abb. 99. Blockofen mit Transportkette. Ausführung Brown, Boveri & Co., Mannheim.

unterlagen oder glatte Steine als Ablauffläche genügen nicht; es sind nur Öfen zum Durchstoßen geeignet oder Öfen mit Transportkette, wie Abb. 99 zeigt. Dieser Ofen hat allerdings den Nachteil, daß die eine Kettenhälfte außerhalb des Wärmebereiches sich abkühlt, verzundert und immer wieder mit hochgeheizt werden muß. Ratsam ist es, wenn schon Transportorgane verwandt werden, diese so einzubauen, daß sie nicht mit der Luft in Berührung kommen, sondern in einer Kammer oder einem Schlitz innerhalb des Ofens Aufnahme finden.

Der Ofen nach Abb. 100 dient zum Glühen von Stahlbolzen und -rohren in kurzen regelmäßigen Enden. Die Anlage steht in einem Traktorenwerk und arbeitet in Abhängigkeit von Zeit und Temperatur. Die Stoßvorrichtung ist einfach und arbeitet selbsttätig. Die Türe wird nur so weit angehoben, daß das Gut noch soeben in den Herd eintreten

Abb. 100. Blockofen mit mechanischem Vorschub.

Abb. 101. Das nach Abb. 100 durchgeschobene und geglühte Gut gleitet in ein Wasserbad.

kann. Dann drückt die Stoßvorrichtung das vorher nebeneinander an-
gereihte Gut vom Beschickungstisch in den Ofen. Darauf wird die Türe
wieder geschlossen. Bei jedem Stoß wandert das Gut um seine eigene
Länge vor; ist das Ofenende erreicht, dann gleitet es auf einer schiefen
Ebene ab, wie eine andere Ansicht in Abb. 101 zeigt. Die Austrittsseite
ist kastenförmig geschlossen und taucht mit ihrem freien Ende in ein
Wasserbad. Darin ist wiederum ein Transport eingebaut, der das ab-
geschreckte Gut erst in kaltem Zustande der Außenluft zuführt. Dieser
Ofen hat 95 kW Leistungsaufnahme und leistet in der Stunde 350 bis
400 kg Glühgut.

Ein Ofen, der zur ungleichmäßigen Erhitzung von Blöcken dient,
wird in Abb. 102 gezeigt. Da bekanntlich das Verpressen von Blöcken
eine gewisse Zeit in Anspruch nimmt, ist der zuerst verpreßte Teil des

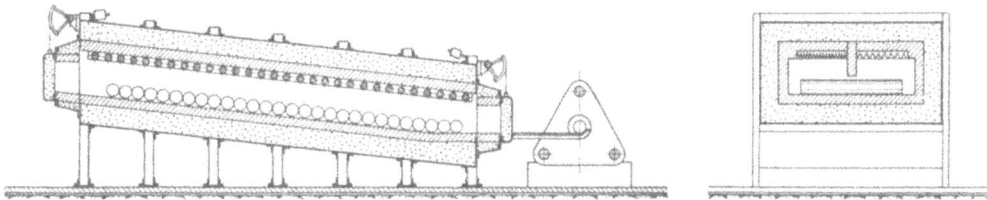

Abb. 102. Blockrollofen mit unterteilter Heizkammer für verschiedene Temperaturen, Patent
Busse. Ausführung „Industrie" Elektroofen G. m. b. H., Köln.

Blockes heißer als der Rest. Folglich entstehen im Material verschiedene
Wärmezustände. Um dies zu verhindern, wird ein elektrisch beheizter
Blockofen mit zwei Wärmezonen vorgeschlagen[1]). Die Unterteilung
erfolgt durch eine Trennwand mit einem Schlitz, durch den die Blöcke
hindurchrollen. Die ungleich erhitzten Ofenkammern erwärmen auch
die Blöcke ungleichmäßig. Diese werden mit der kühleren Seite zuerst
in den Rezipienten der Presse eingesetzt und verpreßt; der heißere
Teil des Blockes kühlt sich währenddessen bis auf die gleiche, verlangte
Temperatur ab. Der nötige Temperaturunterschied zwischen Block-
anfang und -ende wird auf Grund gewonnener Erfahrungen unter Berücksichtigung der Blockabmessungen und des Blockmaterials ermittelt;
die beiden Ofenzonen werden daraufhin eingestellt.

In der Eisenindustrie stehen den elektrischen Block- und Stoßöfen oft wirtschaftliche Bedenken entgegen. Auch brennstoffbeheizte
Öfen für fortlaufenden Betrieb arbeiten schon mit hohem Wirkungsgrad,
so daß eine elektrische Beheizung nicht immer gerechtfertigt ist. Kommen
Arbeitstemperaturen über 1100° in Frage, wie sie bei der Edelstahl-
behandlung nicht selten sind, so scheiden zumal große Block- oder Stoßöfen aus, weil alsdann Heizkörper in großer Anzahl und von bedeutenden
Abmessungen nötig werden, die nicht sachgemäß unterzubringen und

---

[1]) DRP. 548453.

nicht haltbar genug sind. Anders verhält es sich bei kleinen Blöcken oder bei solchen, die einzeln und individuell behandelt werden können. Die dafür in Betracht kommenden Elektroöfen sind durchführbar und sicherlich auch wirtschaftlich.

Bemerkenswert ist noch eine elektrische Erwärmung mittels Lichtbogen, wonach die Köpfe von Stahlblöcken nach dem Gießen durch Erwärmung offengehalten werden. Auf diese Weise wird die Lunkerbildung fast vollkommen beseitigt, was bei Nickel-, Wolfram- und anderen Edelstahlsorten sich bezahlt macht.

4. Durchziehöfen.

Unter Durchziehöfen werden Öfen verstanden, durch die das Gut in Form von Drähten oder Bändern hindurchgezogen und dabei erwärmt wird. Es handelt sich hierbei um ein durchgehendes Arbeitsverfahren. An dieses werden gewisse Voraussetzungen geknüpft. Das Gut muß, damit sich die fortlaufende Arbeitsweise lohnt, für einen bestimmten Leistungsabschnitt gleichmäßig, zumindest annähernd gleichmäßig im Querschnitt oder Gewicht sein. Die Summe mehrerer Draht- oder Bandquerschnitte kann der jeweiligen Ofenleistung entsprechen. Ferner ist auf die Arbeitstemperatur Rücksicht zu nehmen, die nicht in kurzen Zeitabschnitten geändert werden kann; das Gut darf während des Glühvorganges keinen Schwankungen ausgesetzt sein.

Aus obigen Betrachtungen folgt, daß ein Durchziehofen nur da angebracht ist, wo ein entsprechender Bedarf an Behandlungsgut vorliegt; andernfalls würde sich die Beschaffung nicht lohnen.

Man könnte Durchziehöfen in zwei Gruppen einteilen, und zwar nach der Art der Erhitzung des Gutes. Da aber die Erhitzung durch „Berührung" unter Verwendung von erhitzten Flüssigkeiten bisher wenig benutzt wurde, soll nur die durch „Strahlung" besprochen werden. Die Erhitzung durch „Berührung" hat allerdings eine bessere Wärmeübertragung; dafür stellen sich aber durch die Flüssigkeit, welche am Gut haften bleibt, Schwierigkeiten entgegen. Immerhin werden auch bei der strahlenden Erhitzung kurze Erwärmungszeiten und hohe Leistungen des Ofens erzielt.

Für den Aufbau der Durchziehöfen ergeben sich verschiedene Ausführungsformen. Die nächstliegende Form ist die, daß im ganzen Glühraum, den das Gut im Durchziehverfahren durchläuft, die Temperatur gleichgehalten wird, so daß die Temperatur über den Glühraum und damit über die Glühzeit konstant bleibt. Erfahrungsgemäß steigt dann die Temperatur im Glühgut erst schnell an, d. h. die Wärmeaufnahme ist hierbei groß. Diese läßt aber bei fortschreitendem Durchgang des Gutes durch den Ofen nach. Damit steigt entweder die Gefahr einer Überhitzung bei höher geheiztem Ofen, wie dieses häufig bei kurzen Öfen vorgeschlagen wird, oder der Ofen findet keine hinreichende Ausnutzung, d. h. er nimmt zu viel Strom auf, so daß sein Energieverbrauch zu groß wird. Daraus ergibt sich weiter, daß der Betrieb eines derart gebauten Ofens recht schwierig ist. Besonders stark treten die Schwierigkeiten beim Anheizen auf. Erfolgt die Temperaturregelung am Ende des Ofens, so nimmt der Heizraum praktisch auf der ganzen Länge gleiche Wärmemenge auf. Da nun aber die Wärmeaufnahme des Gutes verschieden ist, so herrscht infolge starker Abkühlung des eingeführten kälteren Gutes am Ofeneintritt eine niedrigere Temperatur. Regelt man den Ofen nur am Anfang, so kommt das Ende des Ofens nicht auf Temperatur. Es ist also unerläßlich, den Ofen in praktische Längeneinheiten zu unterteilen, wobei die Eintrittsseite mehr Heizelemente erhält als der hintere Teil des Ofens.

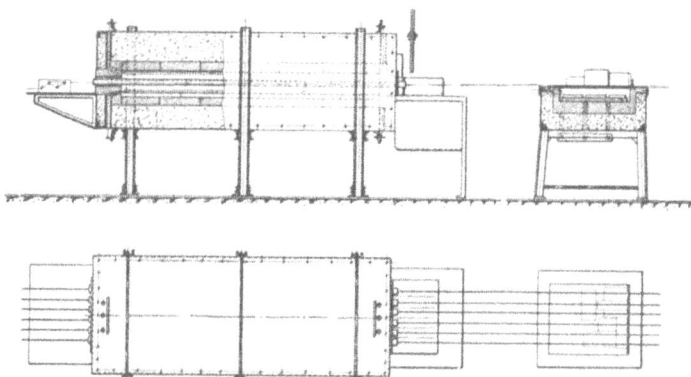

Abb. 103. Einfacher Draht-Durchziehofen, Bauart Ruß.

Eine andere Schaltmöglichkeit und Einteilung der Heizkörper[1]) ist derartig, daß die Heizelemente in zwei oder mehr voneinander unabhängigen Gruppen zusammengefaßt und diese in den einzelnen Zonen des Ofens wechselweise angeordnet sind, wobei die einzelnen Heizelemente aus mehreren Heizwindungen und dazwischenliegenden Heizbändern bestehen können. Mit einer solchen Anordnung können in dem Ofen verschiedene Heizzonen zu- und abgeschaltet werden.

Praktische Anwendung finden elektrische Durchziehöfen bereits vielfach für verschiedenartige Zwecke und in erdenklichen Abmessungen und Leistungen.

Verweilen wir erst einmal bei Durchziehöfen für Drähte. In Abb. 103 wird ein Ofen gezeigt, bei dem im Muffelraum Rohre untergebracht sind. Durch jedes Rohr wird ein Draht von entsprechendem Durchmesser hindurchgezogen. Die Erhitzung der Rohre erfolgt durch Boden- und Decken-, allenfalls durch allseitige Beheizung. Die von den Rohren aufgenommene Wärme wird auf das Gut übertragen. Wichtig ist, daß

---

[1]) DRP. 521 891.

eine Beschädigung der Drähte beim Durchziehen vermieden wird. Diese Gefahr besteht, da das Gut in geglühtem Zustand weich, also empfindlich ist. Die Rohre müssen innen vollkommen glatt und an den Enden ohne Grat sein. Wenn eben möglich sollte die Glühlänge so sein, daß die Drähte gespannt selbstverständlich ohne Querschnittsverminderung durch die Rohre gleiten. Unter Berücksichtigung des Drahtdurchhanges ist der Rohrdurchmesser groß genug zu wählen. Zu groß darf er wiederum nicht sein, um zu große Luftmengen fernzuhalten. Die Rohrenden können an der Eintrittsseite der Drähte auf ein dem Durchmesser des Drahtes entsprechendes Maß verschlossen werden.

Abb. 104. Durchziehofen für Stahldrähte. Ausführung: Siemens-Schuckertwerke, Berlin.

Wasserverschlüsse sind, falls das Glühgut dies zuläßt, in der Regel vorzuziehen. Die Rohre müssen leicht auswechselbar im Ofen angeordnet werden, denn die Verzunderung ist bei nicht hitzebeständigen Metallen und hohen Temperaturen groß, während bei keramischen Rohren die Bruchgefahr zu berücksichtigen ist.

Bei besonders breiten Öfen, um viele Drähte gleichzeitig durch den Heizraum zu leiten, ist eine Unterteilung der Muffel durch einfache Zwischenwände ratsam. Dasselbe gilt von den Heizkörpergruppen, die aber nicht breitseitig der Muffel, sondern nur in der Längsrichtung des Ofens unterteilt werden dürfen.

Der in Abb. 104 abgebildete Durchziehofen arbeitet mit indirekter Beheizung durch Rohre auf das Gut. Es werden hier 12 Drähte gleichzeitig durch den Ofen gezogen in einer Länge von 5 m für eine Anschluß-

leistung von 100 kW. Zur gleichmäßigen Erwärmung sind die Heizelemente in mehrere aufeinanderfolgende, selbsttätig geregelte Zonen
unterteilt. Die Stahldrähte treten, nachdem sie die Härtetemperatur
angenommen haben, auf einem möglichst kurzen Wege in ein Bleibad
aus, das die Aufgabe des Abschreckens und Anlassens bei etwa 500⁰
in sich vereinigt. Bei diesem Bleibad ist eine zusätzliche Heizung nur
in dem Maße erforderlich, als der Wärmebedarf durch die Wärmeabgabe
der eintretenden Stahldrähte nicht gedeckt wird. Der Vergütung in

Abb. 105. Durchziehofen, um Drähte zu Verzinnen, ausgeführt von
den Siemens-Schuckertwerken, Berlin.

solchen Öfen werden vor allem hochwertige Tiegelstahldrähte unterworfen, wie sie für die Herstellung von Drahtseilen, Klaviersaiten und
ähnliche Fälle besonders hoher Beanspruchung Verwendung finden.

Für Wärmeübertragung durch Berührung sei als Beispiel noch ein
Ofen nach Abb. 105 erwähnt. Er dient zum Verzinnen von Drähten,
wobei sich das Durchziehverfahren ausgezeichnet bewährt. Die Drähte
werden durch ein Schmelzbad hindurchgeführt. Hierbei muß die Temperatur des Bades genau geregelt werden, damit ein dichter, aber nicht
zu starker Metallüberzug gewonnen wird. Während das Verzinnen
Temperaturen von 300 bis 350⁰ erfordert, liegt beim Verzinken die
Temperatur bei etwa 480⁰. Beim Verzinken müssen Temperaturüber-

schreitungen schon deshalb vermieden werden, damit es nicht zu Hart-
zinkbildungen an den Schmelzwannen kommt, wodurch deren Lebensdauer stark herabgesetzt würde. Beim Verzinnen von Eisendraht ist
mit einem Stromverbrauch von etwa 60 kWh/t zu rechnen. Die Schmelzwannen werden meistens so ausgeführt, daß sie sich der Linienführung
des durchgezogenen Drahtes ungefähr anpassen. Auf diese Weise wird
die Wärmespeicherung im Schmelzbad herabgesetzt und eine besonders
genaue Temperaturregelung erzielt.

Damit dürften die wesentlichsten bisher bekannt gewordenen
Durchziehöfen für Drähte geschildert worden sein, so daß wir uns nunmehr den Öfen für Bänder zuwenden können.

Abb. 106. Durchziehofen zum Vergüten schmaler und dünner Stahlbänder.
Ausführung: Siemens-Schuckertwerke, Berlin.

Eine unmittelbare Übertragung des Durchziehofens von Drähten
auf Bänder kommt höchstens für schmale Bänder in Frage. Also auch
hier können Rohre zum Durchleiten des Gutes dienen; siehe Abb. 106.
Dieser Ofen dient zum Vergüten von Stahlbändern, die für die Herstellung
von Sägeblättern, Rasierklingen usw. Anwendung finden. Er besitzt
eine Länge von nahezu 3 m und eine Anschlußleitung von etwa 10 kW.
Zur Erhaltung der blanken Oberfläche der zu härtenden Bänder kann
in das Führungsrohr Schutzgas (meist Leuchtgas) eingeleitet werden. Oft
genügen die dem Band schon anhaftenden geringfügigen Ölreste zur
Aufrechterhaltung einer genügenden Schutzatmosphäre. Die Bänder
treten unmittelbar aus dem Ofen in ein Kühlbad, oder sie werden zwischen
Kühlplatten hindurchgeführt.

Ein ähnlicher Durchziehofen wird in Abb. 107 gezeigt. Das zu behandelnde Stahlband gleitet durch ein Rohr aus hitzebeständigem

Metall, das gleichzeitig auch als Heizkörper dient. Das Rohr ist an einen Transformator von niederer Spannung angeschlossen[1]). Die Öfen leisten gewöhnlich je Rohr 10 bis 15 kg Stahlband in der Stunde, bei 25 mm Breite und 0,15 mm Dicke. Die Temperatur wird durch Temperaturregler konstant gehalten. Das wirtschaftliche Ergebnis dieser Öfen soll so sein, daß nur 6 kWh verbraucht werden.

Die Benutzung der Durchziehöfen für Stahlbänder dürfte vorab auf dünne und schmale Abmessungen begrenzt bleiben. Bei breiten Bändern treten erhebliche Temperaturunterschiede in der Bandbreite auf, die auf ungünstige Wärmestrahlung und Wärmeleitung im Material zurückzuführen sind. Jedenfalls soll man hier vorsichtig mit der Durchbildung von Öfen sein und vor allem die Bandgeschwindigkeit nicht zu groß wählen. Von größter Bedeutung ist neben einem zufrieden-

Abb. 107. Ein ähnlicher Durchziehofen wie der nach Abb. 106.

stellenden Blankglühen eine geeignete Konstruktion der Durchzugseinrichtung, die der Beschaffenheit des Stahlbandes Rechnung trägt.

Für Metallbänder, zumal aus Messing und Kupfer, sind Durchziehöfen für erstaunlich hohe Leistungen und Bandbreiten erfolgreich durchgebildet worden[2]). Die Glühung ist gleichmäßig. Die Durchsatzgeschwindigkeit kann genau eingestellt werden. Außerdem vermag man den Wünschen der Kunden weitestgehend zu entsprechen, um schwachweiche oder ganz weiche Ware herzustellen. Ebenso kann man auf feinste Korngröße hinarbeiten. Die Betriebskosten werden erheblich herabgesetzt, zumal das fortlaufende Glühen jedem Bedienungsmann ein bestimmtes Arbeitspensum auferlegt. Jede Unaufmerksamkeit wird sofort festgestellt und läßt sich künftig vermeiden. Die gute Ofenausnutzung führt unverkennbar zu einer zufriedenstellenden Ofenleistung. Im Gegensatz zu Muffel- oder Topföfen mit ihrem umständlichen Ein-

---

[1]) Streng genommen handelt es sich hier um eine Induktionsheizung.

[2]) Ruß, Elektrisches Glühen von Kupfer und seinen Legierungen, Metallwirtschaft X, Heft 25/26, 1931.

und Ausbringen des Glühgutes und anderen Nachteilen, wie ungleich-
mäßiger Glühung der verschiedenen Bandlagen, muß der Durchziehofen
für diese Zwecke als ideal bezeichnet werden.

Auch diese Ofenart wird ähnlich wie die Blocköfen mit waagerechtem und schrägem Glühraum gebaut.

Der einfache Durchziehofen ist in Abb. 108 abgebildet. Die waagerechte Muffel mit ihren außengelagerten Abstützrollen gestattet eine
beliebige Heizlänge; ohne solche Abstützrollen[1]) entsteht bei entsprechendem Durchhang die Gefahr der Querschnittsverringerung infolge
Streckung und des Aufschleifens des Bandes über den Muffelboden.
Es können auch Abstützleisten oder Walzen angebracht werden, über
die das Gut hinweggleitet[1]). Zur Vermeidung von Rißbildung oder
anderen Oberflächenbeschädigungen müssen diese Abstützungen einen

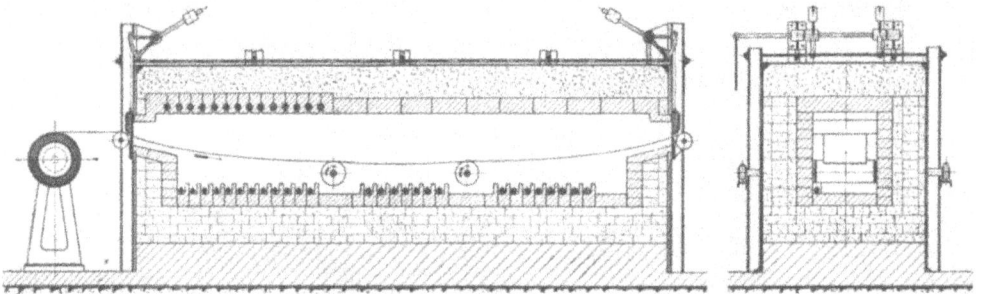

Abb. 108. Waagerechter Band-Durchziehofen mit Abstützrollen, Bauart Ruß.

weichen hitzebeständigen Schutzüberzug haben[1]). Unter diesen Voraussetzungen kann auch ein Ofen waagerechter Bauart jede Heizlänge erhalten. Zu bedenken ist, daß die Glühleistung in einem gewissen Verhältnis zur Heizlänge steht. Häufig wird mit einem zu kurzen Ofen
entweder nicht die gewünschte Leistung oder nicht die verlangte Weichheit des Gutes erreicht.

Für die richtige Wahl eines Durchziehofens gelten verschiedene
Voraussetzungen, wie Abmessungen und Legierung des Gutes, Glühtemperatur und -dauer, ferner Glühleistung in einem bestimmten Zeit-
abschnitt. So kann beispielsweise ein 4 m langer Ofen für schmale
Bänder und kleine Leistung ausreichen. Falls die Bandbreite jedoch
etwa 300 mm übersteigt, oder die verlangte Tagesproduktion größer als
etwa 6 t ist, wird dieser kurz gebaute Ofen höchst unwirtschaftlich. Die
Bänder brauchen, um innerhalb des Ofens auf Temperatur zu kommen,
eine ganz bestimmte Zeit, welche von der Temperatur der heizenden
Fläche abhängig ist. Weiter brauchen die Bänder eine bestimmte Zeit
für die Rekristallisation. Diese Zeit sollte nicht zu kurz angesetzt werden,

---

[1]) Nach Vorschlägen des Verfassers; Ausführung geschützt.

weil sonst das Gut zu ungleichmäßig in der Glühung wird. Es ergibt sich aus dem vorstehend Gesagten, daß durch die Ofenlänge auch die Tagesleistung begrenzt ist. Man kann zwar durch Steigerung der Heizflächentemperatur eine schnellere Bandaufheizung bewirken. Diese gesteigerte Heiztemperatur birgt aber die große Gefahr in sich, daß dasjenige Stück Band, welches bei einem vorübergehenden Stillstand der Durchzugseinrichtung gerade im Ofen ist, verdorben wird. Die in diesem Bandstück, z. B. aus Messing, plötzlich über den zulässigen Wert hinaus ansteigende Temperatur verursacht eine starke Ausscheidung von β-Messing, verbunden mit Kornwachstum. Die Tiefungswerte des auf diese Art überhitzten Messingstückes liegen stets niedriger als die Tiefungswerte der übrigen Glühung. Es ist sehr schwer, ein auf diese Art verdorbenes Bandstück später zu entfernen, so daß immer die Gefahr von Beanstandungen nach erfolgter Lieferung besteht. Grundsätzlich sollte die Heiztemperatur nicht höher sein als das Band auch bei einem vorübergehenden Stillstand vertragen kann. Dieses bedingt aber wiederum entweder eine längere Ofenausführung oder bei kurzen Öfen eine Verminderung der Durchzugsleistung.

Falls man hochwertiges Qualitätsmaterial erzielen muß, oder falls eine größere Glühleistung erwünscht ist, sollte die Ofenlänge stets größer als 4 m bis zu 10 m sein. Während ein Ofen mit 900 mm Muffelbreite bei 4 m Länge im Mittel 250 kg/h glüht, kann ein Ofen mit 8 m Länge bereits 600 kg/h einwandfrei glühen. Die Anschaffungskosten einer Anlage mit 8 m langem Glühofen sind nicht viel höher als die einer Glühanlage mit 4 m langem Ofen. Dagegen leistet eine Anlage mit längerem Ofen unter Umständen mehr als das Doppelte und die Glühpreise je Tonne sind wegen der gleichbleibenden Bedienungskosten und der niedrigeren Amortisations- und Stromverbrauchskosten wesentlich niedriger. Außerdem hat man bei einem längeren Glühofen eine größere Sicherheit für gleichmäßig gute Glühungen.

Wird das Glühgut im Ofen durch Walzen abgestützt, so können die Walzen von dem Leitapparat zwangläufig angetrieben werden und haben eine Umfangsgeschwindigkeit, die gleich der Durchlaufgeschwindigkeit der Bänder ist[1]). Die Bänder werden von dem Leitapparat, welcher zwei sauber geschliffene Hartgußwalzen hat, durch den Ofen gezogen. Die Bandgeschwindigkeit kann durch einen Regelmotor mit einem Regelverhältnis 1:2 und durch ein Stirnrad-Wechselgetriebe in den Grenzen von 0,8 bis 12 m/min einreguliert werden. Die Haspeln lassen sich mit dem Leitapparat zwangläufig kuppeln, jedoch werden die Aufwickeltrommeln auf ihren Wellen vorteilhaft nur durch Friktion mitgenommen. Es ist zu beachten, daß die Bänder nicht vom Haspel durch den Ofen gezogen werden, sondern von einem besonderen

---

[1]) Geschützter Vorschlag des Verfassers.

Leitapparat. Dadurch ist eine gleichmäßige Geschwindigkeit des Bandes und damit natürlich auch ein gleichmäßiges Enderzeugnis gewährleistet. Selbst beim Umwechseln der Auf- und Abwickeltrommeln sollte das Band im Ofen mit gleicher Geschwindigkeit weiterlaufen.

Wie der soeben geschilderte waagerechte Durchziehofen aussieht, zeigt Abb. 109. Dieser Ofen (rechts) dient zum Glühen von Messingbändern bis 700 mm Breite und 0,1 bis 2 mm Stärke. Sein Anschlußwert ist 85 kW und seine Glühleistung im Tag etwa 12 t Metall. Um die Anlauffarbe[1]) der Metallbänder wieder zu beseitigen (was auch beim elektrischen

Abb. 109. Zusammengebaute elektrische Band-Glüh-, Beiz-, Wasch- und Trockenanlage, ausgeführt die mechanische Ausrüstung von der Fried. Krupp-Grusonwerk A.-G., Magdeburg, die elektrischen Öfen nebst Schaltanlage von der „Industrie" Elektroofen G. m. b. H., Köln.

Glühen eintritt), empfiehlt es sich, eine kombinierte Anlage zu verwenden. Das Gut wird nach beendeter Glühung vor Austritt aus dem Glühofen in einem Wasserbad abgeschreckt, welches sich an der Endseite des Ofens befindet. Anschließend daran wird das Metallband in einem Säure-bad kurz gebeizt, denn die Anlaufschicht ist schwach. Das verdünnte Schwefelsäurebad wird durch eine Bleiwanne gebildet, die unterhalb eine elektrische Heizung hat und die Lösung auf einer Temperatur von 50 bis 80⁰ hält. Die nunmehr folgende Waschmaschine reinigt das Gut

---

[1]) Den Vorteil des Blankglühens kann man im allgemeinen nur bei unlegiertem Kupfer ausnutzen, während bei den Kupfer-Zink-Legierungen oberhalb einer Tem-peratur von etwa 500⁰ eine Zinkverdampfung eintritt, welche die Badoberfläche mit einem Niederschlag überzieht, der meistens durch Beizen wieder entfernt wird. Da also in dem letzteren Falle der Beizvorgang nicht zu umgehen ist, so verzichtet man häufig auf das Blankglühen von Messing vollkommen.

von anhaftender Säure durch Wasserberieselung, Bürsten und Abquetschen mittels Gummirollen u. dgl. Vor dem versandfähigen Aufhaspeln müssen die Bänder trocken sein, weil sonst mit Fleckenbildung zu rechnen ist; sie kommen deshalb nach dem Waschen in einen elektrisch beheizten Trockenofen. Wie die Anlage in ihrer Zusammenstellung aussieht, zeigte bereits Abb. 109, während die schematische Darstellung in Abb. 110 zu sehen ist.

Ein langer Durchziehofen kann auch eine schräge Muffel[1]) erhalten. Dann besteht ebenfalls keine Gefahr einer Längung des Gutes, da das Band auf dem Boden aufliegt und im wesentlichen durch sein eigenes Schwergewicht fortbewegt wird. Ein ganz geringer Zug genügt, um das Gut gleichmäßig ununterbrochen durch den Ofen zu führen. Hierbei wird ein Strecken oder Zerreißen des Gutes vermieden, ebenso ein absatzweises Hindurchführen der Bänder, um zu verhindern, daß abwechselnd harte oder weiche Stellen im Glühgut entstehen. Dies ist allerdings Aufgabe einer guten Aufwickelhaspel.

In diesem Zusammenhang sei kurz noch die Frage der Durchzugseinrichtung erörtert. Als die langen Bandglühöfen aufkamen, hatte man einen einfachen Durchzugsapparat, bei welchem die durch den zunehmenden Banddurchmesser auf der Haspeltrommel steigende Geschwindigkeit von Hand durch Betätigung eines konischen Riemengetriebes wieder ausgeglichen wurde. Eine genaue Einhaltung der Bandge-

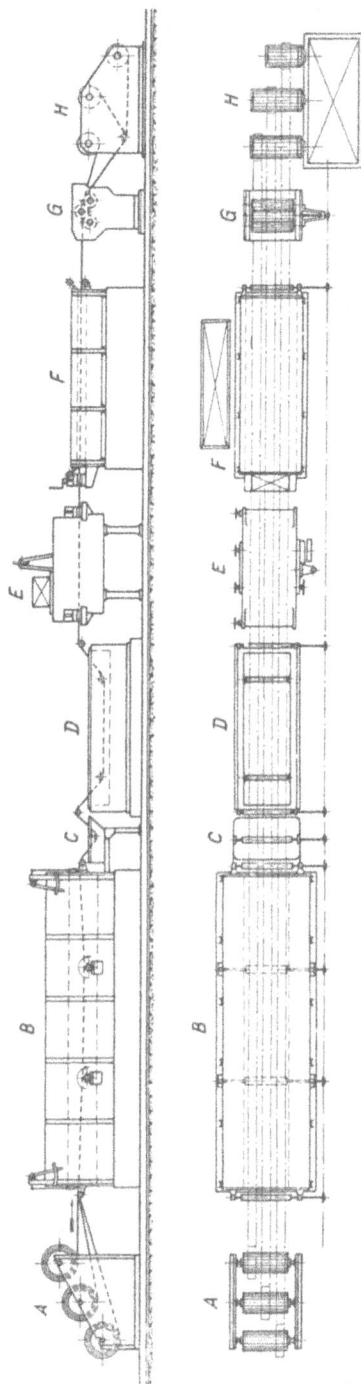

---

[1]) DRP. 369292.

Ruß, Warmbehandlung.   9

Abb. 110. Schematische Darstellung der elektrischen Bandanlage nach Abb. 109.

A Abwickelhaspel, B Glühofen, C Wasserbad, D Beizbad, E Waschmaschine, F Trockenofen, G Leitapparat, H Aufwickelapparat.

schwindigkeit war natürlich auf diese Art nicht zu erzielen. Bei späteren Ofenausführungen hat man zum Durchziehen der Bänder ein neues Vorschubsystem ausgebildet. Bei diesem System ist die Vorschubarbeit vollkommen von der Aufhaspelarbeit getrennt worden. Hinter dem Glühofen befindet sich ein Durchzugsapparat, welcher das Band zwischen zwei Walzen faßt und für einen einwandfreien Durchzug sorgt. Mit diesem Durchzugsapparat ist ein zweiter am Ofeneinlaufende zwangläufig gekuppelt. Dieser zweite Apparat ist erforderlich, um einen gleichmäßigen Durchhang der Bänder im Ofen zu erzielen. Die Aufhaspeltrommel ist ebenfalls mit dem Durchzugsgetriebe gekuppelt, jedoch unter Zwischenschaltung einer Rutschkupplung, welche verhindert, daß die Haspeltrommel einen unzulässigen Zug in bezug auf die Fortbewegung des Bandes ausübt. Das zuletzt beschriebene Durchzugssystem ist der älteren Ausführung, bei welcher die Haspeltrommel gleichzeitig den Banddurchzug bewirkt, vorzuziehen. Es hat sich jedoch eigentümlicherweise herausgestellt, daß das Band in den bereits erwähnten schrägen Öfen trotz der ungleichmäßigeren Vorschubbewegung gleichmäßiger geglüht war als bei neueren kurzen Öfen mit gleichmäßigem Bandvorschub. Diese Tatsache hat ihren Grund in der verschieden langen Ofenausführung und beweist, daß man bei der Konstruktion von Bandglühöfen keine zu kurze Ausführung wählen soll.

Im übrigen muß auch bei schrägen Bandöfen Vorsorge getroffen werden, daß beim Aufliegen der Bänder auf dem Boden des Glühraumes keine Riefen, Risse oder andere Beschädigungen entstehen. Deshalb ist ein besonderer Bodenbelag notwendig. Die Ofensohle wird mit einer schützenden Auflage aus Asbestpappe oder einem Asbestgewebe[1] belegt, auf der das Metallband aufliegt. Anstatt einer festen Auflage

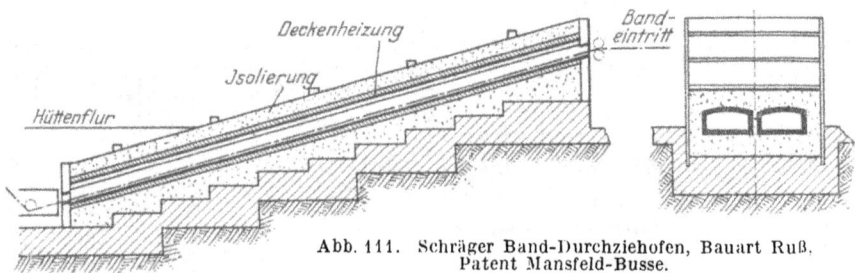

Abb. 111. Schräger Band-Durchziehofen, Bauart Ruß. Patent Mansfeld-Busse.

kann auch ein Asbestband dienen, das mit dem zu glühenden Metallband durch den Ofen hindurchwandert; nur müssen von dem Glühgut abgestoßener Metallgrat, oxydische Abfälle, Sand oder andere Verunreinigungen möglichst ferngehalten werden, um eine Beschädigung des Glühgutes zu verhindern.

---

[1] DRP. 464829 und 465883.

Ein schräger Durchziehofen mit zwei Muffeln von 10 m nutzbarer Glühlänge und einer Muffelbreite von 1200 mm für Bänder bis 1000 mm Breite ist in Abb. 111 dargestellt. Dieser Ofen hat eine Stromaufnahme von 2×120 kW und besitzt in der Decke eingebaute schwere Chromnickel-Heizbänder, die viele Jahre aushalten. Trotzdem sind die Heizbänder auswechselbar eingebaut. Die Steine sind aus Baustoffen besonders hoher Lebensdauer, um den Ofen ohne Ausbruch jahrzehntelang betreiben zu können. Am oberen Teil des Ofens sind für die Einführung des Gutes Stützwalzen vorgesehen. Um den Austritt der Wärme zu verhindern, hat die Einsatztüre eine besondere Konstruktion mit

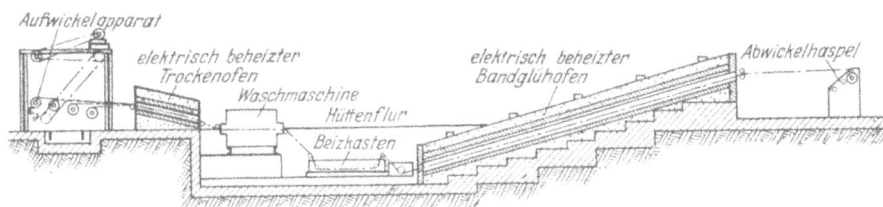

Abb. 112. Zusammengebaute Band-Glüh-, Beiz-, Wasch- und Trockenanlage mit schrägem Bandglühofen, Bauart Ruß, Patent Mansfeld-Busse.

Asbestleisten, durch die das Gut soeben hindurchlaufen kann. An der Austrittsstelle des Ofens kann an Stelle der verwendeten Wassertasse ein ähnlicher Türverschluß vorgesehen werden.

Sowohl die schräge Muffelanordnung als auch der schützende Bodenbelag sind praktische Ideen, die von Dr. Busse stammen. Dieser bekannte Messingfachmann hatte bei Leistungssteigerung seiner Betriebseinrichtungen stets das eine im Auge, große Einheiten zu schaffen, um bei gleichen Arbeitsverhältnissen auch die Leistung entsprechend zu steigern und zu verbilligen. Auf Veranlassung von Dr. Busse wurden auch die ersten elektrischen Schmelzöfen (Ruß-Induktionsöfen) von 1500 bis 2000 kg Fassungsvermögen ins Leben gerufen. Aus diesen Öfen werden Messingplatten bis 1700 kg Einzelgewicht gegossen, da dies für das Glühen längerer Bänder besonders wirtschaftlich ist. In Verbindung damit regte Dr. Busse die schon oben beschriebene zusammenhängende Glüh-, Kühlbad-, Beiz-, Wasch- und Trockenanlage erstmalig an, die in Abb. 112, und zwar mit schrägem Glühofen zu sehen ist. Alle Arbeitsvorgänge sind in dieser Anlage in gleicher Weise vereinigt. Die unverkennbaren Vorteile sind: geringe Lohn-, Beiz- und Stromkosten, hohe Ofenleistung, hervorragende Ausnutzung der Anlage, einwandfreies und gleichmäßiges Gut.

In Anbetracht der Länge eines schräg gebauten Glühofens kann die Durchgangsgeschwindigkeit wesentlich gesteigert werden, auf das Zwei- oder Dreifache gegenüber den kurzen Glühöfen. Hierbei ist nur Voraussetzung, daß möglichst lange Bänder benutzt werden, und daß ferner Einrichtungen getroffen werden, die ein rasches Anstückeln der Bänder ermöglichen. Auch die Aufwickelvorrichtungen müssen entsprechend der hohen Glühleistung durchgebildet sein, damit beim Wechseln der vollen und leeren Haspeln Betriebsunterbrechungen vermieden werden.

Für ein einwandfreies Glühen von Messing rechnet man mit einem Stromverbrauch von 75 bis 100 kWh/t je nach der Glühdauer und Temperatur. Die elektrische Beize verbraucht 2 bis 5 kWh/t. Der Trockenofen benötigt 5 bis 15 kWh/t Messing. Die Temperaturen werden selbst-

Abb. 113. Zwei elektrische Band-Glüh-, Abkühl-, Beiz-, Wasch-, Trocken- und Aufwickelanlagen. Ausführung der mechanischen Ausrüstung Friedr. Krupp-Gußwerk A.G., Magdeburg, der elektrischen Öfen und Schaltanlagen „Industrie“ Elektroofen G. m. b. H., Köln.

tätig geregelt mit einer Toleranz von ± 1 bis 5⁰. Die in Abb. 113 dargestellten zwei Anlagen können stündlich etwa 2000 kg Messingbänder von 700 mm Breite und 0,6 mm Stärke, also rd. 48 t in 24 h versandfertig glühen.

Das Glühen von Kupferbändern geschieht vorteilhaft unter Luftabschluß, allenfalls in einer Wasserdampfatmosphäre. Die Verschlüsse der Muffelenden bei einem Bandofen können nach Abb. 114 ausgebildet werden. Die Muffel selbst wird möglichst aus hitzebeständigem Blech oder einem dünnwandigen Guß hergestellt.

Ein vollkommen abweichender Bandglühofen ist dem Verfasser nach Abb. 115 patentiert[1]). Bei diesem Ofen wird das Band gegen-

[1]) DRP. Nr. 483 643.

läufig durch den Ofen geführt. Das geglühte Band gibt seine Wärme an
das zu erwärmende Band ab, wobei eine gute Wärmeausnützung erfolgt.

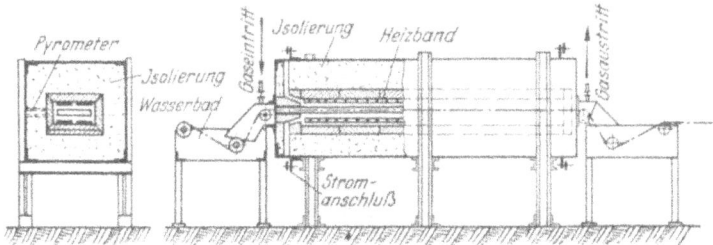

Abb. 114. Durchziehofen mit beiderseitigem Wasserverschluß zum Blankglühen
von Kupferbändern, Bauart Ruß.

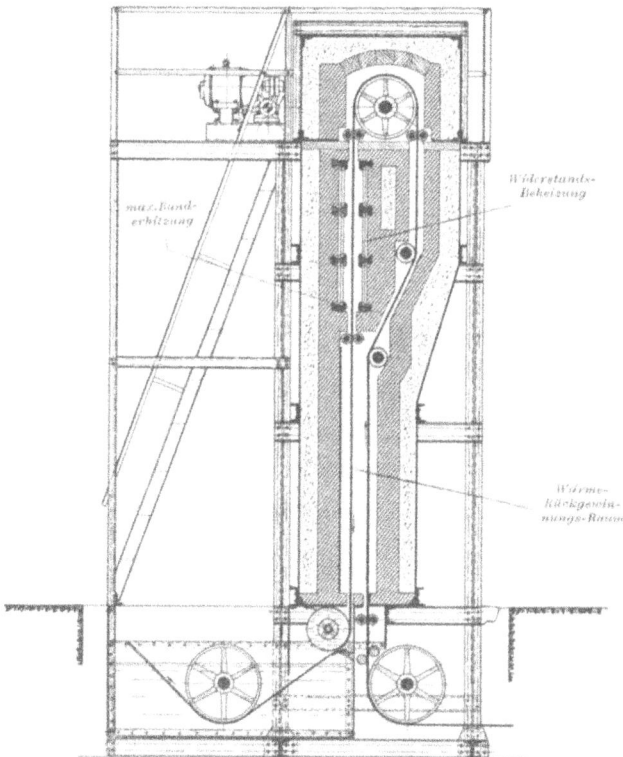

Abb. 115. Senkrecht stehender Band-Durchziehofen, Patent Ruß.

Sowohl über die Leistung als auch über den Stromverbrauch liegen
bei elektrischen Bandglühöfen widersprechende Angaben vor. Es ist
nicht gut möglich, aus einem kurzen Ofen die gleiche Leistung herauszu-
holen, wie mit einem langen Ofen erreicht wird. Dasselbe gilt vom Stromverbrauch; ein langer Ofen mit höherer Leistung muß günstiger arbeiten.

Denn auf Kosten einer ungenügenden Glühung oder Temperaturüber-
schreitung im Glühraum kann keine befriedigende Qualität hergestellt
werden. Der technisch einwandfrei gebaute Bandofen setzt eine hinreichend lange Heizzone, zumal zum Hochheizen des Gutes voraus. Die
mittlere Heizzone regelt die Übertemperatur in Anpassung an die Glühtemperatur. Die letzte Zone dagegen dient ausschließlich zum Re-
kristallisieren. Letzteres ist besonders zu beachten, falls auf gleichmäßig
geglühte Bänder Wert gelegt wird. Nach Erfahrungen des Verfassers
wurde bei einem 4 m langen Ofen fast die ganze Länge zum Hochheizen
beansprucht. Das Band erreichte erst kurz vor seinem Austritt aus dem
Ofen die gewünschte Temperatur. Soll ein kurzer Ofen besser ausgenutzt
werden, so muß die Eintrittsseite des Glühraumes stärker, und zwar
weit über die Bandtemperatur hochgeheizt werden. Bei Betriebsstill-
ständen, die häufiger vorkommen können (Bandheften, -richten, -durch-
hang ausgleichen usw.), ist jedesmal das Stück Band im Ofen vernichtet,
wodurch der Wert des Metalles entweder wesentlich herabgesetzt wird
oder überhaupt verlorengeht.

5. Durchlauföfen.

Durchlauföfen oder Öfen mit Transport, bei denen das Behandlungsgut selbsttätig durch den Ofen gefördert wird, sind in allen erdenklichen
Ausführungen in Anwendung. In Amerika haben diese Öfen eine be-

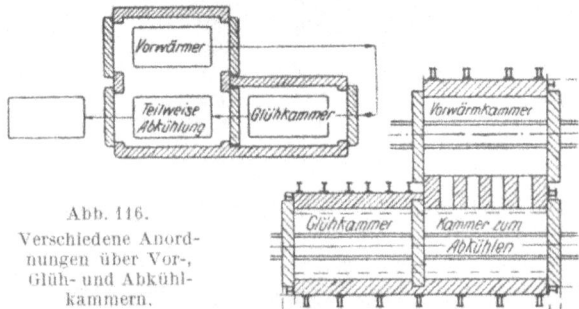

Abb. 116.
Verschiedene Anord-
nungen über Vor-,
Glüh- und Abkühl-
kammern.

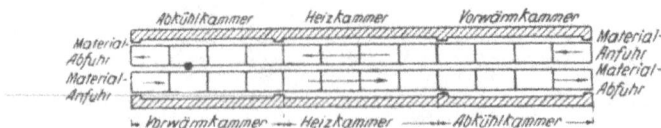

sondere Bedeutung erlangt, zumal in Verbindung mit vorangehenden
oder darauffolgenden Arbeitsvorgängen. Deutschland ist diesem Beispiel gefolgt, beschränkt sich aber vorab im wesentlichen auf Öfen einfacher Bauart. Dagegen sind in USA. Elektroöfen von überraschend

Abb. 117. Durchlaufofen für gegenläufige Beschickung mit Rollenlagerung.

zweckmäßiger und sinnreicher Bauart durchgebildet worden. Allerdings scheint in vielen Fällen die Kostenfrage keine so große Rolle gespielt zu haben, wie die Vorzüge der Ofenanlagen, um so mehr, wenn diese mit den übrigen Arbeitsvorgängen in Verbindung gebracht werden sollen. Bei genauer Überlegung und Berechnung ist ja auch vielfach eine engherzige Einstellung nicht angebracht, weil in der Regel der betriebsmäßige Wert eines kontinuierlich arbeitenden Elektrowärmeofens unvergleichlich höher ist als sein Anschaffungswert.

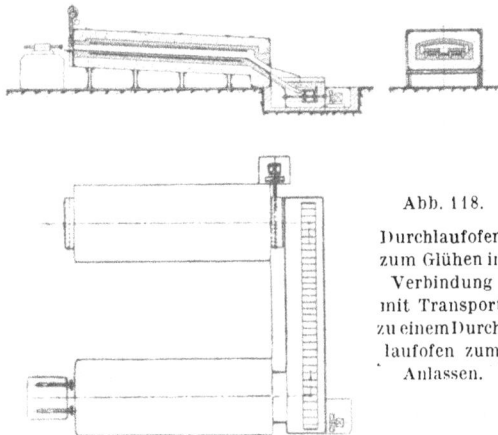

Abb. 118. Durchlaufofen zum Glühen in Verbindung mit Transport zu einem Durchlaufofen zum Anlassen.

Betrachten wir erst die einfachen Öfen und beginnen mit einem Rohrenden-Anwärmeofen. Ähnlich wie bei den schon beschriebenen Blocköfen dient diese Glüheinrichtung zum Erwärmen von Rohrenden,

Abb. 119. Durchlaufofen mit mechanischer Stoßvorrichtung.

bis 400 mm Länge. Hier sollen lediglich die beiden Rohrenden bis auf 500° erhitzt werden. Der Ofen besteht aus zwei parallelen Teilen, deren Abstand verstellbar ist mit Rücksicht auf die verschiedenen Rohrlängen.

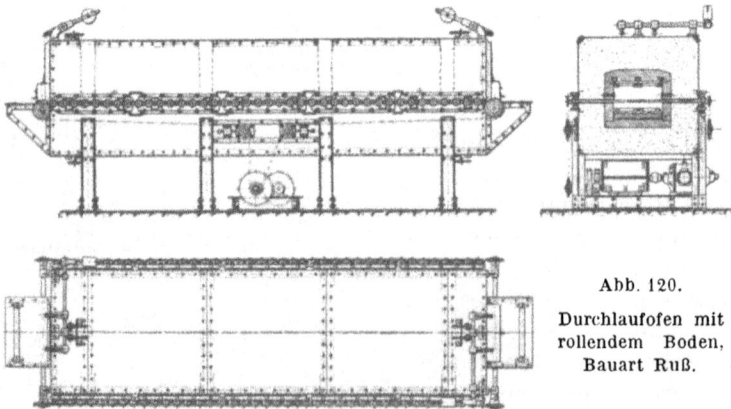

Abb. 120.

Durchlaufofen mit rollendem Boden, Bauart Ruß.

Die schräge Muffel in dem einen der beiden Teile dient als Ablauffläche der hintereinander angereihten Rohre. Ein ausgeführter Ofen für die Behandlung von Metallrohren von 10 bis 25 mm Durchmesser nimmt 20 kW auf und erwärmt stündlich 3500 Rohre von 10 mm Durchmesser.

Öfen mit Transportorganen, wie Stoßvorrichtungen wurden schon unter Blocköfen erwähnt. Immerhin verdient eine Ofenausführung besondere Beachtung. Es handelt sich um Gegenfahröfen, wie solche in der Automobilindustrie für Einsatzhärtungen bevorzugt werden. Nach dem Schema der Abb. 116 rückt eine Kastenreihe in die Vorwärmekammer, von da allmählich in die Heizzone, um alsdann durch die Abkühlkammer fertig wieder nach außen zu gelangen. Durch diesen kontinuierlichen Glühvorgang wird neben einer Stromersparnis von 20 bis 50% ein vollkommen gleichmäßiges Glühgut erzeugt.

Ein ähnlicher Ofen mit Rollenlagerung für offenen Einsatz wird in Abb. 117 gezeigt. Hier ist eine breite Muffel für reiche Beschickung vor-

Abb. 121. Rollenbodenofen, ausgeführt für eine Automobilfabrik von der „Industrie" Elektroofen G. m. b. H., Köln.

handen. In diesem Ofen wurden 2000 kg Chromnickelmaterial verwandt; aber trotz seiner hohen Anschaffungskosten macht sich der Ofen schon in einigen Jahren bezahlt.

Die Anlage nach Abb. 118 arbeitet wie folgt: Das Gut wird in Abständen durch den Glühofen geschoben; nach dem Ausglühen gelangt es auf ein Transportband, kühlt sich ab, wird vor den Anlaßofen gebracht und durch diesen (ebenfalls mit schräger Muffel und Stoßvorrichtung) in der gleichen Weise durchgelassen.

Der Stoßofen in Abb. 119 glüht zur Zeit Kolbenwellen für Automobile. Die flache Muffel mit Ober- und Unterheizung sowie die Ofenlänge gestatten ein Arbeiten mit verschiedenem Gut. Aus Platzmangel wurde die Schaltanlage mit allen Nebeneinrichtungen über dem Ofen angeordnet. Die Anschlüsse liegen übersichtlich, frei und doch geschützt hinter Drahtgeflechtabdeckung.

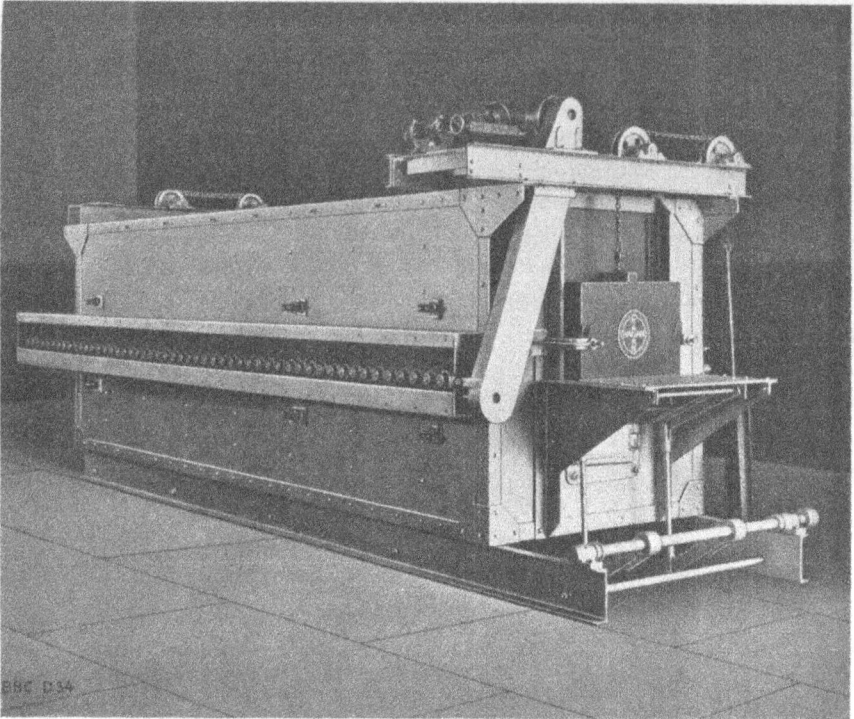

Abb. 122. Tunnelofen mit Rollenboden, Bauart Hagan.

Der Durchlaufofen mit rollendem Boden nach Abb. 120 dient zum Glühen von kurzen Platinen, Wellen, Bolzen und Kleinteilen, die auch in Einsatzkästen durch den Heizraum wandern können. Der Boden des Ofens besteht aus einer Anzahl Chromnickelstäbe, die in bestimmten Abständen gelagert sind und durch Zahntrieb oder Gallsche Kette angetrieben werden. Die rollenden Stäbe verziehen sich nicht, trotz Temperaturen bis 1000°. Der Durchsatz ist bei dieser Ofenart beträchtlich. Der rollende Boden kann auf seiner Länge auch in verschiedene Geschwindigkeiten eingeteilt werden. Ebenso können selbsttätige Beschickungs- und Entnahmevorrichtungen oder besondere Vorwärmeräume, Abkühlräume, Abschreckbäder u. dgl. mit dem Ofen verbunden werden.

Der in Ansicht in Abb. 121 dargestellte Rollenbodenofen von 100 kW Leistungsaufnahme, 4000 mm Länge und 450 mm Muffelbreite dient in einer Automobilfabrik zur Glühung und anschließenden Härtung von Differential-Zahnrädern. Seine Leistung ist 200 bis 500 kg je h.

Abb. 122 zeigt einen Tunnelofen, bei dem das Glühgut selbsttätig auf einer Rollenbahn auf Unterlagsblechen mittels Stoßmaschine durch den Glühraum befördert wird. Dieser Ofen wird hauptsächlich zur

Wärmebehandlung von kleinen unregelmäßig geformten Stücken, wie Tellerrädern und Differentialgetriebeteilen für die Hinterachsen von Automobilen, d. h. von Zahnrädern und Ritzeln verwendet, die nachher in einem Zyanbad abgeschreckt werden. Wie dieser Ofen im Innern aussieht, zeigt nach Abb. 123 ein Blick in den Glühraum.

Abb. 123. Blick in die Muffel des Ofens nach Abb. 122.

Ein Rollenbodenofen mit innerhalb der Muffel versehener Entnahmeöffnung und Rutsche, wonach das Gut unter Luftabschluß im Wasserbad abgeschreckt werden kann, zeigt Abb. 124.

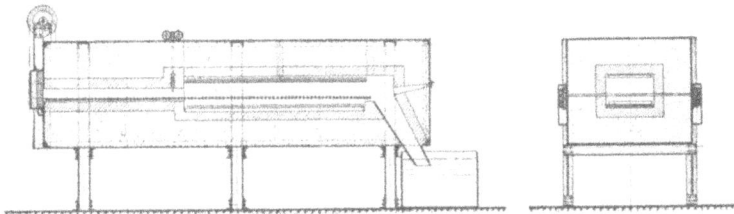

Abb. 124. Durchlaufofen mit am Ende angebrachter Rutsche, Bauart Ruß
(ähnlich wie Abb. 100).

Um breite Bleche aus Stahl oder Metall zu glühen, ist der in Abb. 125 wiedergegebene Ofen mit Rollenboden empfehlenswert. Die Rollen können aus Hohlwellen bestehen, durch die kalte Luft strömt oder Kühlwasser läuft. Auf den Wellen sind runde Scheiben aufgesetzt, die sich den Temperaturunterschieden so anpassen, daß keine Spannungen und

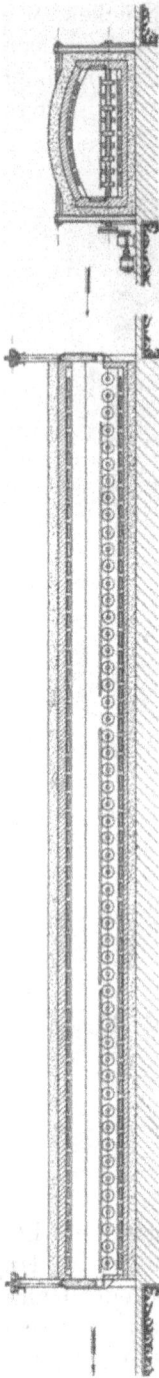

Abb. 125. Durchlaufofen, dessen Rollenboden aus Hohlwellen und aufgesetzten Scheiben besteht, über die das flache Gut hinwegläuft.

Verziehungen auftreten können. Öfen dieser Art sind teuer, dagegen im Betrieb billig.

Sollen Federblätter oder anderes langgestaltetes Gut in einem Rollenbodenofen behandelt werden, so ist darauf zu achten, daß das Gut zur Weiterverarbeitung rasch und gleichmäßig entnommen werden kann; sonst fällt es in seiner Länge verschieden aus.

Anstatt Rollen oder Wellen, die den beweglichen Herdboden darstellen, können auch hitzebeständige, unendliche Bänder oder breitseitig zur Transportrichtung schmale oder breitere Bänder nebeneinander angeordnet werden, die organisch miteinander zu einem Transportband verbunden sind. Noch besser sind Ketten oder kettenartige Gewebe, die zu einem geschlossenen Transportband ausgebildet sind. Selbstverständlich müssen die Transportorgane, da sie der Hitze unmittelbar ausgesetzt sind, entsprechend der auftretenden Temperatur aus einem Baustoff bestehen, der ohne Verzunderung oder Formänderung auf lange Zeit standhält. Vorzugsweise sollen Gliederketten aus Chromnickel gewählt werden. Die Gliedgröße richtet sich nach dem Radius, der für die Umleitung der Bänder über die Umleitrollen notwendig ist. Die Glieder selbst müssen auf der Seite abgeflacht sein, wo das Gut aufgelegt wird. Die Gliedteilung, d. h. der Abstand zwischen den einzelnen Gliedern muß dem Beschickungsgut angepaßt sein. Werden z. B. sehr kleine Gegenstände behandelt, so ist ein feinmaschiges Gewebe oder kleingliedriges Kettenband erforderlich.

In dem Ofen nach Abb. 126 übernimmt eine endlose Kette den Transport von Bändern, Platinen, Wellen usw., und zwar breitseitig, damit eine gleichmäßige Erwärmung, Abkühlung oder Abschreckung des Wärmegutes erreicht wird. Die Aufgabe und Entnahme des Gutes ist bei diesem Ofen besonders beachtenswert; das Gut erreicht das endlose Band im Ofen über einen schrägen Aufgabetisch; am Schluß der Heizzone fällt es durch eine schräge Bahn nach außen.

Sollen Kleinteile in Stapel behandelt werden, so können nach Abb. 127 zwischen den Kettengliedern Bleche oder Kästen aus Metall oder aus feuerfestem Baustoff eingebaut werden, die das Wärmegut aufnehmen.

Eine andere Art von Durchlauföfen ist die der Drehöfen. Es gibt davon zwei Gruppen; bei der einen dreht sich der ringförmige Herd, bei der anderen der Deckel. Diese Öfen haben sich ebenfalls bewährt und sind in vielen verschiedenartigen Ausführungen vorhanden. Die Bedienung ist einfach, der Wirkungsgrad hoch und die behandelten

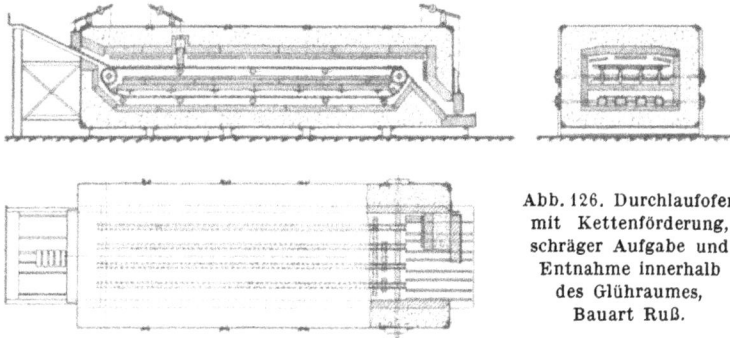

Abb. 126. Durchlaufofen mit Kettenförderung, schräger Aufgabe und Entnahme innerhalb des Glühraumes, Bauart Ruß.

Erzeugnisse sind gleichmäßig und gut. Die Öfen dienen zum Glühen, vorwiegend zur Einsatzhärtung, zum Anlassen und für viele andere Zwecke. Ihre baulichen Abmessungen können klein und unbeschränkt groß sein.

Die Ofenwände der drehbaren Rundöfen sind aus Normalsteinen hergestellt, die mit hochfeuerfestem Mörtel gemauert werden. Das Gewölbe besteht aus Formsteinen. Um das Gewölbe abhebbar zu machen,

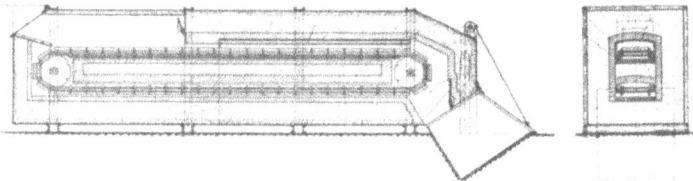

Abb. 127. Durchlaufofen mit am Förderorgan angebrachte Kästen, in denen das Kleingut Aufnahme findet; Bauart Ruß.

ohne seine Beschädigung befürchten zu müssen, empfiehlt sich eine Unterteilung. Die Heizelemente an den Seiten der Glühkammer strahlen die Wärme nach allen Seiten gleichmäßig aus. Der ganze Ofen ist gut isoliert. Außen ist der Ofen mit Eisenblechen und Trägern bewehrt. Der drehbare Tisch ist aus einzelnen Gliedern von Konstruktionsstahl hergestellt. Der Herd selbst besteht aus feuerfestem Bau- bzw. Isolierstoff. Der Antrieb des Drehtisches erfolgt auf verschiedene Weise. Der Spielraum zwischen dem drehbaren Herd und den Wänden des Ofens ist durch Sandverschluß abgedichtet, damit keine Luft in den Glühraum eintritt. Der Ofen hat eine (bei kleinen Öfen genügt eine Türe)

oder zwei nebeneinanderliegende Türen, die von Hand oder durch
Luftdruck gehoben und gesenkt werden; eine davon dient zum Beladen
und die andere zum Entladen. Ein Arbeiter kann leicht eine große
Durchsatzmenge bewältigen. Der Vorgang ist fortlaufend; beständig

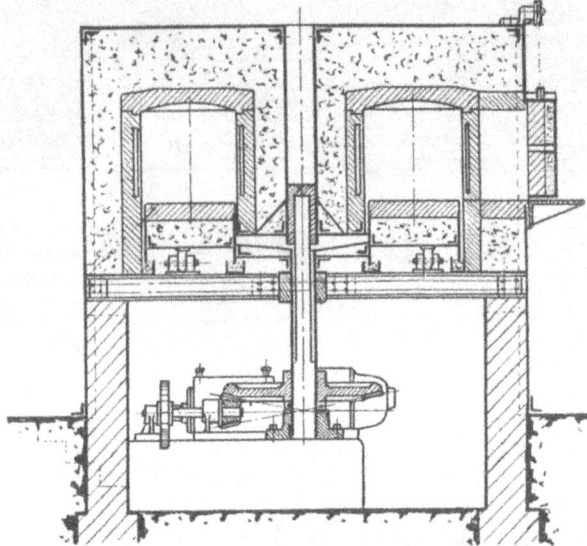

Abb. 128. Kleiner drehbarer Herdofen, Bauart Ruß.

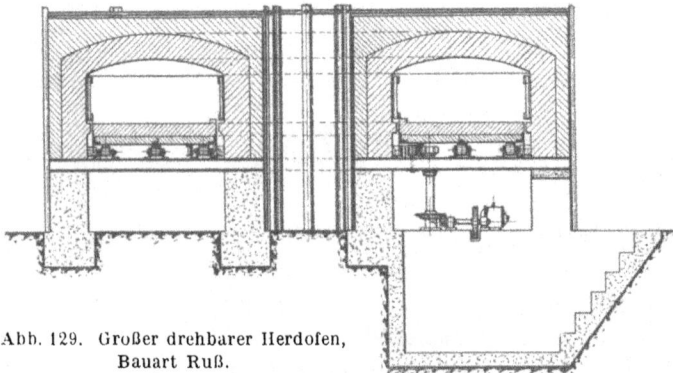

Abb. 129. Großer drehbarer Herdofen,
Bauart Ruß.

werden kalte Teile in die eine Tür eingesetzt und erhitzte aus der anderen
herausgenommen, nachdem sie einen vollständigen Kreislauf durch den
Ofen gemacht haben. Zwischen den Türen kann eine Scheidewand
quer durch die Glühkammer errichtet werden, um zu verhindern, daß
die glühenden Stücke an der Entladetür abgekühlt werden, wenn frisches
Glühgut eingesetzt wird.

Kleine drehbare Herdöfen können nach Abb. 128 mit axialem Herdantrieb ausgebildet sein. Die Übersetzung zwischen Antriebsmotor und Kegelradachse muß dann groß genug sein. Eine Rollenabstützung unterhalb der runden Herdplatte ist angebracht. Bei größeren Öfen kann der Antrieb, wie Abb. 129 zeigt, mittels Zahnkranz erfolgen.

Abb. 130 zeigt in Ansicht einen kleinen Drehofen zum Anwärmen von Schmiedestücken. Der ringförmige Herd ruht auf einem drehbaren Tisch, der an einer senkrechten Welle an einem über dem Ofen befindlichen Spurlager hängt; zur Führung dient noch ein in Tischhöhe angebrachtes Halslager. Der Ofen hat eine Tür. Der Antrieb der Schubtüre geschieht motorisch durch Betätigung von Fußhebeln. Der Bedienende hat also beide Hände für das Aus- und Einbringen der Schmiede-

Abb. 130. Kleiner drehbarer Herdofen von Siemens Schuckertwerke, Berlin.

stücke frei. Um eine Beeinflussung der schon erhitzten Stücke durch die kalt eingebrachten zu vermeiden und die Wärmeverluste beim Öffnen der Tür zu beschränken, trägt der drehbare Herd 8 Trennwände, die den Glühraum unterteilen. Der Herd wird durch einen Motor gedreht, der mittels Druckknopfes angelassen wird; das Stillsetzen geschieht selbsttätig, sobald der Herd um ein Abteil weiterbewegt wurde. Der Anschlußwert ist 65 kW. Um den Glühraum und die Heizkörper für Instandsetzung zugänglich zu machen, ist der drehbare Herd absenkbar. In diesem Drehofen können stündlich etwa 200 kg Schmiedestücke, je nach Größe, auf 1000° angewärmt werden. Der Arbeitsverbrauch beträgt etwa 250 bis 300 kWh/t.

Bei größeren drehbaren Herdöfen mit hohem Einsatzgewicht sind für den Antrieb kräftige Konstruktionen notwendig, zumal das Herdgewicht nicht unterschätzt werden darf. Ein Zwischenvorgelege, möglichst für verschiedene Geschwindigkeiten, darf nicht fehlen. Am Umfange des Herdes kann bei großen Öfen der Antrieb durch Zahnstoß erfolgen, siehe Abb. 131. Über diesen Ofen berichtet Nathusius[1]), daß drei solcher Drehöfen von 9,75 m äußerem Durchmesser 20 Ölöfen ersetzt haben, wobei eine wesentlich bessere Qualität bei $1/4$ Lohnersparnis erzielt wird. Preßluftzylinder be- und entladen den Glühherd an nebeneinanderliegenden Stellen mit Kurbelwellen. Der Ofen arbeitet im Gleichtakt mit einem selbsttätigen Abschreckbad und einem elektrischen Drehanlaßofen für Kurbelwellen.

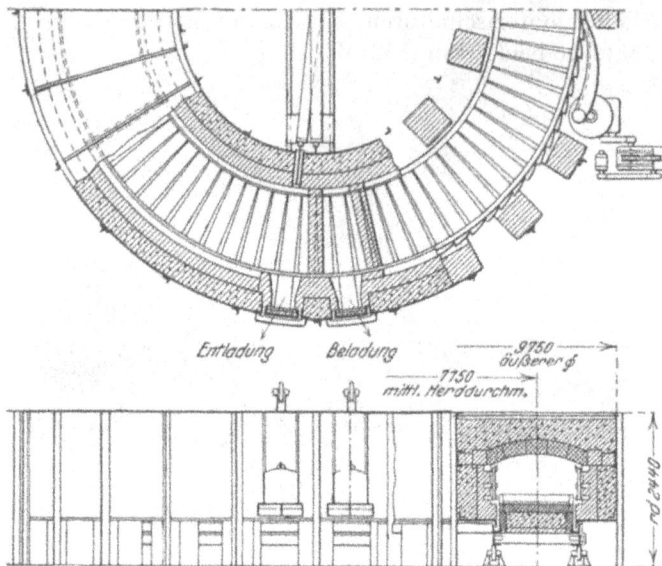

Abb. 131. Großer drehbarer Herdofen mit hydraulischer Beschickung und Entnahme, Bauart Hagan.

In Abb. 132 ist ein Ofen mit drehbarem Herdring und selbsttätiger Entladevorrichtung des Glühgutes in einem Abschreckbehälter dargestellt. Beim Ausglühen von Getriebeteilen bei 950° setzte der Ofen etwa 500 kg je h durch. Die Anordnung der Heizbänder zeigt Abb. 133.

Zwei nebeneinander stehende Drehöfen mit dazwischen liegendem Wasserbad zum Abschrecken des auf schräger Rutsche absetzenden Gutes zeigt Abb. 134.

Interessant ist auch der eckige Ofen mit Drehscheibe, der in seinem unteren Aufbau in Abb. 135 und fertig zusammengestellt in Abb. 136 zu sehen ist. Dieser Ofen nimmt 60 kW bei 110 V Drehstrom auf.

---

[1]) Nathusius, „Der Elektroglüh- und Härteofen in der amerikanischen Automobilindustrie", Zeitschrift des Reichsverbandes der Automobilindustrie, Berlin, Nr. 8, 9 u. 10, 1926.

Abb. 132. Drehbarer Herdofen mit selbsttätiger Entladung, Bauart Hagan.

Abb. 133. Anordnung der Heizbänder in einem Herdringofen, Bauart Hagan.

Abb. 134. Zwei große drehbare Herdöfen, ausgeführt von Hevi Duty Electric Co.

Abb. 135. Aufbau eines kleinen drehbaren Herdofens, links daneben die Drehscheibe.
Ausführung: Hevi Duty Electric Co.

Eine andere Art von Durchlauföfen ist die unter der Bezeichnung Trommelöfen bekannt gewordene.

Elektrische Trommelöfen können für viele Zwecke benutzt werden. Es kommt hierbei allerdings auf die Form und Lage des Behandlungsgutes an, wonach sich die Ausbildung des Ofens und zumal der Trommel richtet. Sollen Kleinteile geglüht und gehärtet werden, so sind selbsttätige Öfen mit Schneckentransport zweckmäßig, wie Abb. 137 zeigt.[1]

Abb. 136. Ofen nach Abb. 135 fertig zusammengebaut.

Falls nur geglüht wird, fällt die Schnecke in der Trommel weg, und nur ein glatter zylindrischer Einsatztopf nimmt das Glühgut auf. Die Trommel wird dann durch Deckel luftdicht verschlossen, siehe Abb. 138. Werden Stangen oder Rohre eingesetzt, so geschieht dies am besten zwischen einem sternförmigen Körper, der ebenfalls in die Trommel eingeschoben wird und der die Stangen oder Rohre zwecks guter Durchglühung in gleichmäßigem Abstand hält.

---

[1] DRP. 505 901.

Im übrigen sind die Öfen so durchgebildet, daß sie den Glüh- und Härtevorgang vollständig selbsttätig durchführen. Das zu behandelnde Gut wird nur in den Ofen gegeben. Die Mengen, die der Ofen aufnehmen soll, werden selbsttätig geregelt. Ein Haftenbleiben des Gutes oder eine ungleichmäßige Wärmebehandlung der Glühteile ist nicht denkbar, was besonders bei Kugeln für Kugellager, Laschen für Ketten, bei Hülsen, Büchsen, Gewindebohrern u. dgl. von großem Vorteil ist.

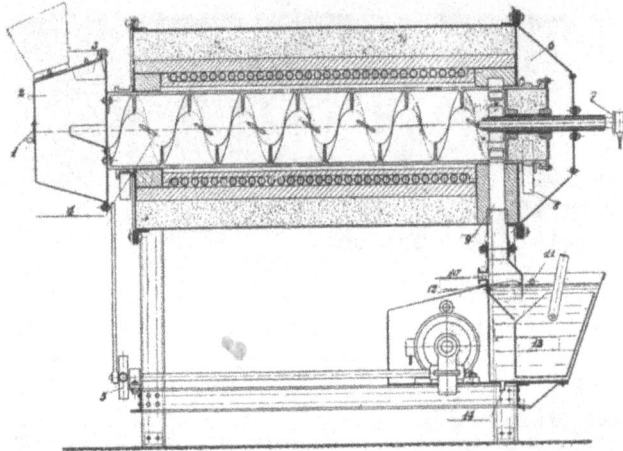

Abb. 137. Trommelofen mit Transportschnecke, Bauart Ruß.

Die Trommel ist auf Rollen gelagert; sie wird von außen elektrisch beheizt. Der Heizwiderstand ist in einem zylindrischen Heizkörper eingebettet und umschließt die Glühtrommel in engem Abstand. Der Wärmeübergang kann dadurch begünstigt werden, daß man die Trommel gelocht ausführt. Außen ist der Heizkörper durch einen feuerfesten

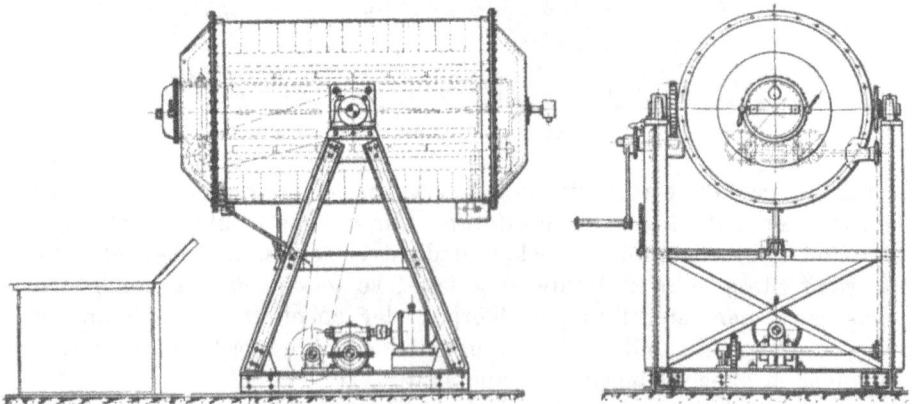

Abb. 138. Kippbarer Trommelofen mit glattem Einsatztopf, Bauart Ruß.

Mantel abgeschlossen. Der zylindrische Körper, der die Glühtrommel umschließt, ist mit einem Blechmantel umgeben.

Einen Trommelofen zum Glühen von Kugeln oder Kleinteilen, Hülsen usw. zeigt Abb. 139. Durch Einleitung von Schutzgas kann in dem Ofen blankgeglüht werden. Ein Abschreckbad in unmittelbarer Nähe der Austrittsseite des Gutes bietet die Gewähr einer raschen und gleichmäßigen Härtung.

Der Ofen nach Abbild. 140 wird verwendet zum Blankglühen von Massenteilen, wobei das Glühgut in sog. Glühpatronen eingepackt wird. Die fertig vorgerichteten Glühpatronen werden durch eine motorbetätigte Vorrichtung in den als Trommel ausgebildeten Glühraum gedrückt. Diese Glühtrommel wird während der ganzen Glühdauer langsam gedreht, so daß das Material in den Glühpatronen vollkommen gleichmäßig erwärmt wird. Hinter der beheizten Glühtrommel ist direkt der Abkühlraum vorgesehen, und zwar ist derselbe für die

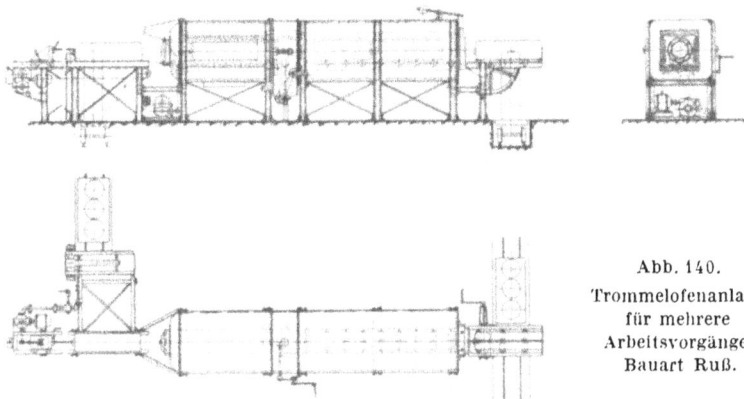

Abb. 139. Trommelofen zum Glühen von Messinghülsen, Patent Ruß. Ausgeführt von der „Industrie" Elektroofen G. m. b. H., Köln.

Abb. 140.
Trommelofenanlage
für mehrere
Arbeitsvorgänge,
Bauart Ruß.

gleichzeitige Aufnahme zweier Glühpatronen bemessen, während sich in der beheizten Zone nur jeweils eine Heizpatrone befindet. Die Abkühldauer ist also doppelt so lang als die Glühzeit. Beheizte Glühtrommel

Abb. 141. Trommelofen nach Art der Abb. 138. Ausführung: Hevi Duty Electric Co.

und unbeheizter Abkühlraum sind durch einen Steinschieber voneinander getrennt.

Soll lediglich eine Umwälzung und somit eine gleichmäßige Erhitzung des Einsatzgutes herbeigeführt werden, so kommt der in Abb. 141 gezeigte Ofen in Frage, auf den schon hingewiesen wurde. In einem glatten, beiderseits gut verschlossenen Rohr inmitten des Ofens findet das Gut Aufnahme. Während der Warmbehandlung wird das Rohr gedreht und sein Inhalt umgewälzt. Dann wird der Rohrdeckel entfernt und der Ofen aus seiner waagerechten Lage in Schrägstellung gekippt, wodurch sich der Rohreinsatz entleert.

Auch für bestimmte Einsatzhärtung kommt der Trommelofen in Frage; siehe unter Anwendungsgebiete S. 16 u. f. Damit ist das Gebiet der Durchlauföfen noch längst nicht erschöpft. Sonderausführungen für entsprechende Zwecke sind längst in Anwendung und finden, wie die Normalöfen, eine immer größere Verbreitung. Bei der mehr und mehr um sich greifenden Einführung von Fließarbeit gewinnen Elektroöfen für Betriebe mit fließender Fertigung stetig an Bedeutung.

6. Tief- und Topföfen.

Zu den bisherigen Tieföfen zählen bekanntlich die unter Hüttenflur eingebauten Öfen zum Erwärmen von Blöcken bei sehr hohen Temperaturen. Solange diese Öfen ohne Regeneration und Rekuperation der

Wärme ausgebildet werden, arbeiten dieselben denkbar unwirtschaftlich; die Verlustwerte betragen 50% und mehr. Mithin wird bei alten Tieföfen mit etwa 2% Brennstoffverbrauch des Einsatzgewichtes gerechnet, während die Nutzwärme hier selten über 0,05 kcal/t beträgt. Neuzeitliche Tieföfen mit Regenerativkammern haben natürlich günstigere Wärmeausnutzung und einen Kaminverlust von 30 bis 40%.

Elektrische Tieföfen arbeiten wesentlich wirtschaftlicher, da sie keine Abgas- und Restverluste haben. Auch der Abbrand ist bei elektrischer Wärmebehandlung kleiner, da die Ofenatmosphäre nicht dauernd zu wechseln und die Blöcke nicht immer erneutem Sauerstoffangriff ausgesetzt zu werden brauchen. Der Platzbedarf elektrisch geheizter Tieföfen ist dabei nur ein Bruchteil von dem jener Tieföfen, die mit Regenerativkammern oder Abhitzeverwertung arbeiten. Und schließlich läßt sich mit Elektrowärme eine gleichmäßigere Durchwärmung der Blöcke erreichen als mit brennstoffgeheizten Tieföfen, die immer eine nach der Eintrittsseite des Brennstoffes gewendete Einseitigkeit besitzen müssen.

Daß trotzdem elektrische Tieföfen im geschilderten Sinne bisher keine ausgedehnte, in Deutschland fast noch gar keine Anwendung gefunden haben, liegt teils auf wirtschaftlichem Gebiet (zu hohe Stromkosten), teils an den hohen Arbeitstemperaturen bestimmter Stahlsorten, die besondere Ofenarten notwendig machen. Eine endgültige, zufriedenstellende Lösung derartiger Öfen ist noch nicht gefunden worden. Dazu fehlt in Zeiten wirtschaftlicher Einschränkungen und Depressionen der Mut, durch Zusammenarbeit zwischen Hüttenmann und Elektroofenbauer mittels geeigneter Versuchseinrichtungen zweckentsprechende Elektro-Tieföfen durchzubilden. In Edelstahlwerken, wo durch geringen Abbrand gleichzeitig eine gleichmäßige Durchweichung der Blöcke bei genauester Temperaturregelung gewünscht wird, dürfte der elektrische Tiefofen noch seinen Platz finden. Dasselbe gilt von Hochdruckbehältern, -kesseln aus Stahl zum Entspannen u. dgl.

Aus Nordamerika wird über einen 150-kW-Tiefofen für Stahlblöcke Günstiges berichtet[1]. Dieser Ofen entspricht etwa der Abb. 142 und faßt 2 Blöcke von je 3,3 t, also zusammen 6,6 t Einsatzgewicht. Um die verlangten hohen Temperaturen erzeugen zu können, sind um den Heizraum Karborundumrinnen angeordnet, in denen Graphit

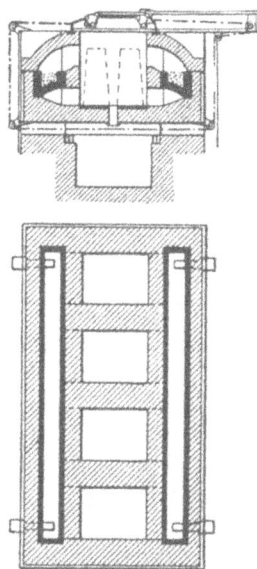

Abb. 142. Tiefofen zum Glühen von Stahlblöcken mit Kohlegemisch-Heizung.

---

[1] Iron Steel Eng. 2, 1925, S. 111/114, 129/136.

oder ein Kohlegemisch bestimmter Zusammensetzung und Korngröße gleichmäßig geschichtet liegt. Besondere Elektroden zwischen dem Gemisch und dem Leitungsnetz sorgen für die Stromübertragung. Die Verbrennung und somit der Verbrauch des Gemisches, im wesentlichen veranlaßt durch den Luftsauerstoff, muß durch Nachfüllen und durch Spannungsregelung so ausgeglichen werden, daß die Glühtemperatur unbeeinflußt hiervon erreicht und eingehalten wird. Hier liegen aber die Schwierigkeiten für den Elektroofenbauer, die dieser mit seiner bisherigen Kenntnis der verfügbaren Baustoffe noch nicht überwinden konnte.

Bei dem erwähnten Tiefofen werden normalerweise Blöcke von 900 auf 1270° Oberflächentemperatur in 2 h mit einem Kraftverbrauch von 80 kWh/t (0,069 kcal/kg) erhitzt, während sonst für den gleichen Tiefofen 7½% Kohle oder 110 m³ Koksgas je t (0,5 kcal/kg) notwendig gewesen sein sollen. Die erreichte Wärmeersparnis ist also hoch. Der Abbrand ist auf ¾% von mindestens 1¼%, häufig aber 2½ bis 3% gesunken, der Platzbedarf ist ganz gering, da die Ofenaußenmaße 2,5 × 2,75 × 3,00 m (hoch) und die Ofeninnenmaße 0,90 × 1,50 × 2,50 m (hoch) betragen. Die Durchwärmung der Blöcke hat sich gegenüber der Verwendung von Brennstoffwärme gebessert, wie an dem Kraftverbrauch einer Fertigstraße zu bemerken ist, der sich um 25% gesenkt und dessen Spitzen um 10% geringer geworden sind. Die Erwärmung der Blöcke ist gleichmäßig und für jede

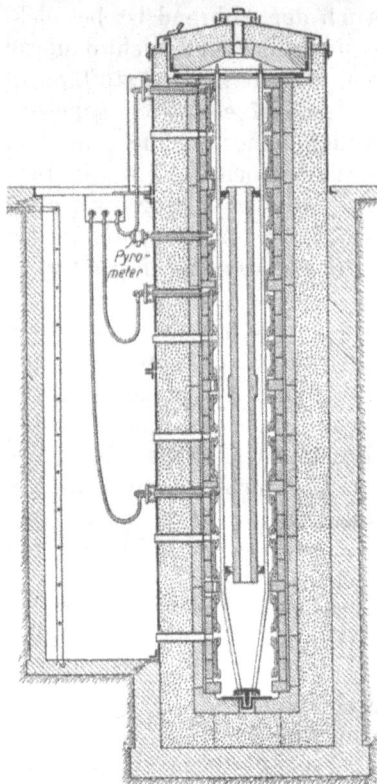

Abb. 143. Tiefofen zum Glühen von Geschützrohren, Bauart Ruß.

Qualität so genau ausgeprobt und mit Temperaturreglern überwacht, daß gute Walzergebnisse erzielt werden.

Handelt es sich um Temperaturen, die im Bereich normaler Heizbänder und -drähte liegen, so trifft man den elektrischen Tiefofen schon häufiger und recht vielseitig an.

So wurde der in Abb. 143 im Schnitt dargestellte Tiefofen zum Glühen von Geschützrohren bereits im Jahre 1926 ausgeführt[1]). Die

---

[1]) Ruß, E. Fr., Ein neuartiger elektrischer Tiefofen, Stahl und Eisen, 1926, Nr. 52.

nutzbare Länge des Ofens beträgt 4000 mm bei 375 mm Durchmesser. Es wurden drei Heizzonen angeordnet, sowohl um eine vollkommen gleichmäßige Wärmeverteilung zu erreichen als auch um kürzere Rohre glühen zu können, ohne die Wirtschaftlichkeit des Ofens in Frage zu stellen. Die Temperatur wird an zwei Stellen in dem unmittelbaren Glühbereich mittels Pyrometer gemessen. An die Pyrometer sind zwei Regelvorrichtungen zur selbsttätigen Temperaturregelung angeschlossen. Die Höchsttemperatur beträgt 1000°, die Fehlergrenze $\pm$ 5°. Die Leistungsaufnahme des nach dem Dreileitersystem mit Gleichstrom von 220 V gespeisten Ofens beträgt 80 kW. Die verwendeten Chromnickelbänder sind auf leicht auswechselbaren, zylinderförmigen Heizkörpern aus hochfeuerfestem Baustoff angeordnet. Zur Schonung dieser Körper und Bänder dienen vorstehende Schutzringe. Der Ofen ragt etwa 1 m aus dem Werksflur hervor und ist daher leicht zugänglich. Durch einen seitlichen Schacht mit Steigeleitern sind die Stromanschlüsse und der untere Ofenteil zu erreichen. Oben ist der Ofen durch einen leicht abnehmbaren Deckel verschlossen. Mit einer besonderen Vorrichtung am Laufkran werden die Rohre ein- und ausgebracht.

Abb. 144. Tiefofen nebst Schaltanlage und Öl-Abkühlbehälter. Ausführung: „Industrie" Elektroofen G. m. b. H., Köln.

Die vollständige Ofenanlage zeigt Abb. 144. Links von dem Elektroofen ist noch der Ölbad-Tiefofen zu sehen, der die ausgeglühten Rohre aufnimmt. Zwischen beiden ist übersichtlich die Schaltanlage angeordnet. Bei einer Anfangstemperatur von 20° wird die verlangte Glühtemperatur von 850° in etwa 2½ h mit einem Stromverbrauch von 198 kWh erreicht. Die Temperatur wird durch zeitweises Einschalten der elektrischen Heizung eingehalten. Ist die verlangte Temperatur erreicht, so schaltet sich zur Vermeidung einer Überhitzung die Heizung selbsttätig ab. Dadurch wird die Wirtschaftlichkeit des Ofens besonders gesteigert, so daß der durchschnittliche Stromverbrauch kaum 50 kWh übersteigen dürfte. Die Rohre sind gewöhnlich etwa 3000 mm lang, bei 200 mm Durchmesser und einem Gewicht von ungefähr 650 kg. Somit sind die stündlichen Stromkosten bei 5 RPf. RM. 3,80 und einschließlich etwa 20 RPf. für Anheizstrom rd. RM. 4,— je t Glühgut.

Der Tiefofen kann auch zum Vergüten von langen Wellen, Rohren usw. benutzt werden. Durch das senkrechte Glühen und Abschrecken tritt bei derartigen Wärmevorgängen keine Formänderung ein und eintretende Maßänderungen bleiben in annehmbaren Grenzen.

Abb. 145. Tiefofen mit verfahrbarem Deckel. Ausführung: Allgemeine Elektrizitäts-Gesellschaft, Berlin.

Tieföfen von beträchtlicher Länge (über 4 m) werden vorteilhaft unterteilt. Jeder Teilabschnitt erhält alsdann eine unabhängige Heizkörpergruppe. Soll ein derartig langer Ofen auch kürzeres Gut behandeln, so empfiehlt es sich, die unausgenutzten Heizraumabschnitte voneinander zu trennen, damit die Wirtschaftlichkeit eines solchen Ofens in allen Fällen gewährleistet ist.

Bei großem Ofendurchmesser ergibt sich ein großer, oft schwerer Deckel. Dieser kann unterteilt und seine Trennfuge wärmeisolierend abgesetzt werden. Eine verfahrbare Deckelanordnung zeigt Abb. 145. Der Deckel wird mittels Kette von Hand angehoben und dann motorisch verfahren. Ein Laufkran setzt das Gut ein und aus. Der dargestellte Ofen von 80 kW Anschlußwert hat einen lichten Durchmesser von 1800 mm und eine nutzbare Tiefe von 600 mm.

Ein normaler Tiefofen mit Einsatztopf ist in Abb. 146 dargestellt. Bei schwerem Einsatz müssen Töpfe entsprechender Wandstärke benutzt werden. Diese unzeitgemäße Arbeitsweise ist aber überholt; der Verschleiß des schweren Topfes und der große Wärmeverlust durch das tote Gewicht haben zu günstigeren Ofenausführungen veranlaßt; siehe Blankglühöfen. Bei leichtem Einsatz können ganz dünnwandige Töpfe aus Chromnickel- oder ähnlichen hochhitzebeständigen Legierungen angewandt werden. Diese sind in der Anschaffung teuer, haben dafür eine lange Lebensdauer und geringes Gewicht.

Sollen Drähte oder Bänder in Ringen in Tieföfen behandelt werden, so kommt die Ausführung nach Abb. 147 in Frage. Auf einem einfachen Gestell werden die ringförmigen Glühkörper aufgereiht und dann in den Ofen gegeben. Die Durchglühung des Gutes ist rasch und gleichmäßig, die Leistung des Ofens erstaunlich hoch.

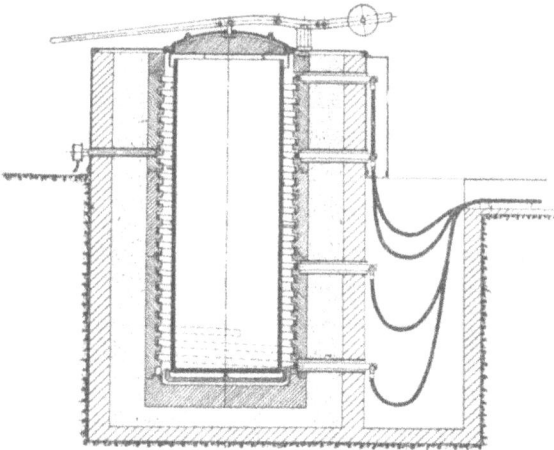

Abb. 146. Topf-Tiefofen, Bauart Ruß.

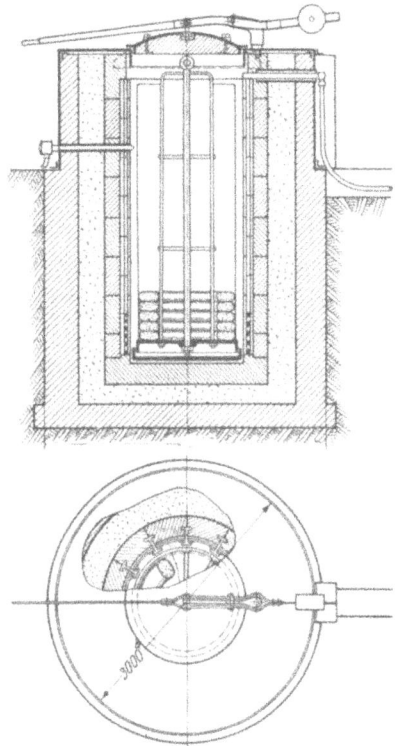

Abb. 147. Tiefofen mit Gestell für Drähte und Bänder in Ringen, Bauart Ruß.

Für das Weichglühen von Kugellagerringen für die weitere Verarbeitung ist ein besonderer Tiefofen nach Abb. 148 hergestellt worden. Die Warmbehandlung der Ringe vollzieht sich ähnlich wie das Glühen von Stabstahl. Auf ein langsames Anheizen folgt ein längeres Gleichhalten der Glühtemperatur und ein langsames Abkühlen, teils im Ofen, teils außerhalb des Ofens. Die Ringe werden gestapelt in runden Kästen eingebracht. Nach der Entnahme aus dem Ofen gelangen sie in isolierte Abkühlgruben, in denen sie langsam weiter erkalten.

Die Sonderausführung eines Tiefofens zum Härten von Raumnadeln, Spindeln, Wellen usw. zeigt Abb. 149. Das Glühen selbst erfolgt in einem normalen elektrischen Tiefofen. Zum Abschrecken wird unter

den Ofen ein zylindrisches Gefäß gefahren, welches noch mit einer Kühl-
schlange ausgerüstet ist. Nach dem Glühen läßt eine im Deckel angebrachte Haltevorrichtung den Einsatz los, der dann unmittelbar in
das Kühlbad abgesenkt, verfahren und nach oben entnommen wird.

Elektrische Tieföfen können auch, wie die Abb. 150 und 151 zeigen,
mit Vorwärme, Glüh- und Abkühlräumen zusammenhängend ausgeführt werden. Der hohe thermische Wirkungsgrad des Elektroofens
rührt nicht zuletzt daher, daß die Wärme aus dem allseitig geschlossenen

Abb. 148. Tiefofen, ausgeführt von Siemens-Schuckertwerke, Berlin.

Ofen nur sehr schwer entweichen kann. Es wäre deshalb eine sehr
schlechte Ausnützung des Elektroofens, wenn man das allmähliche Abkühlen des Glühgutes im Glühraum abwarten wollte. Für die Fälle,
in denen das Glühgut abkühlen soll, ohne vorher mit der Luft in Berührung zu kommen, können deshalb Sonderbauarten entwickelt werden.
Der Ofen hat außer dem Glühraum noch je einen besonderen Raum zum
Vorwärmen und zum Abkühlen. Nur der Glühraum ist beheizt.

Oberhalb dieser drei Räume befindet sich ein Vorraum, der dicht
verschlossen ist und unter Schutzgas gesetzt werden kann. In diesem
Raum wird das Gut mittels fahr- oder drehbarem Deckel umgesetzt.
Es kommt z. B. aus dem Glühraum, ohne den Ofen zu verlassen, in einen

der beiden anderen Räume zum Abkühlen. Der Abkühlraum nimmt dabei Wärme auf und kann daher beim nächsten Umsetzen als Vorwärmeraum dienen. Beim Vorwärmen gibt der Raum die Wärme wieder ab und dient danach wieder als Abkühlraum, und so fort. Der Vorwärme- und der Abkühlraum vertauschen also ständig ihre Funktion.

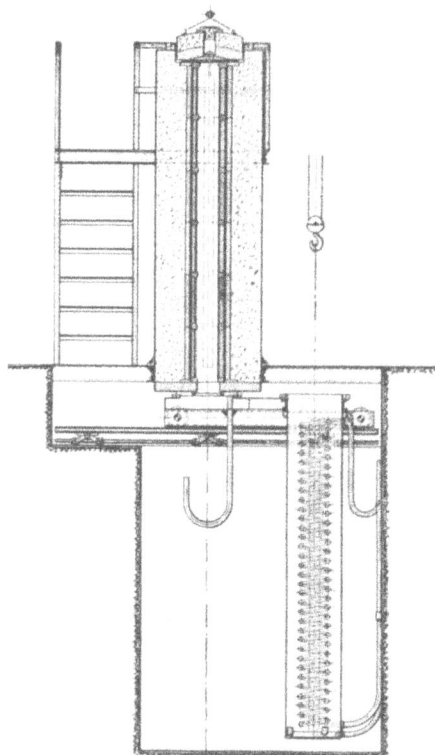

Abb. 149. Tiefofen zum Glühen und Härten. Bauart Ruß.

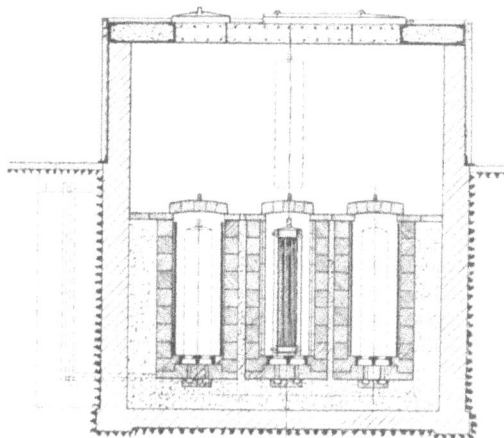

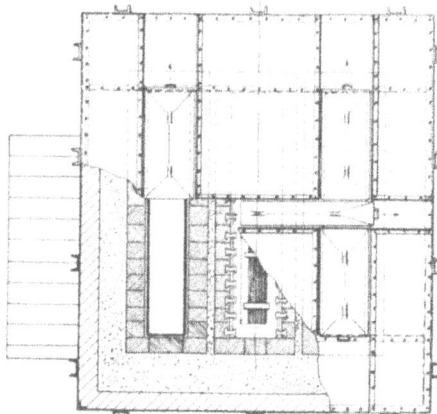

Abb. 150. Eckiger Tiefofen mit Vorwärme-, Glüh- und Abkühlraum, sowie darüber befindlichem Wechselraum, Bauart Ruß.

7. Blankglühöfen.

Die bereits im vorigen Abschnitt beschriebenen Topföfen zählen streng genommen zu den Blankglühöfen. Unter einem Blankglühofen wird ein Ofen verstanden, in dem das bereits blanke Gut eingesetzt und geglüht und aus dem es in seinem Aussehen unverändert wieder entnommen wird.

Diese Absicht besteht auch bei einem Topfofen. Der Glühtopf wird dann vollkommen gasdicht hergestellt, was der Ofen selbst nicht zu sein braucht; man spart infolge des kleineren Volumens an Gas und erreicht eine einfache Ofenausführung. Ebenso kann in dem geschlossenen Topf in bekannter Weise das Gut eingesetzt, geglüht und wieder entnommen werden. Schon von früher her weiß man, daß zum Blankglühen bestimmter Einsätze die Atmosphäre im Glühtopf nicht unbe-

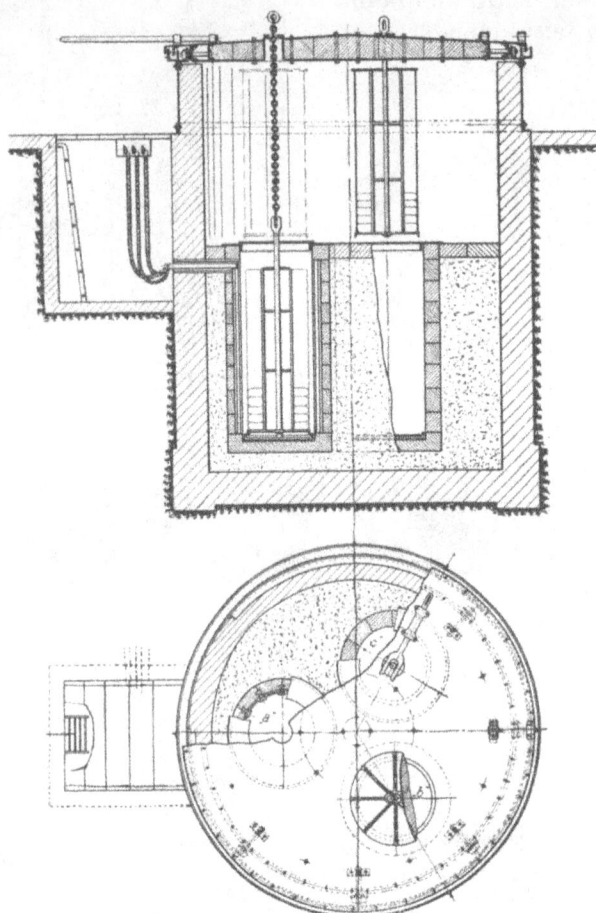

Abb. 151. Runder Tiefofen, sonst in gleicher Ausführung wie Abb. 148, Bauart Ruß.

dingt durch eine andere künstliche Atmosphäre ersetzt werden muß. In solchen Fällen genügt es, um blankes Glühgut zu erhalten, daß beim Hochheizen des Glühgefäßes die Atmosphäre im Ofeninnern durch Verbrennen des an dem Glühgut anhaftenden Öles von aggressivem Sauerstoff befreit wird. Dann muß nur darauf geachtet werden, daß beim Abkühlen des Glühgutes kein wirksamer Sauerstoff durch den Deckel eingesaugt wird.

Um den Sauerstoff unschädlich zu machen, werden seit Jahren Glühgefäße mit doppeltem Deckelverschluß ausgeführt. Der dadurch entstehende Zwischenraum wird entweder mit Graugußspänen oder bei empfindlicherem Glühgut mit einem Gemisch von Graugußspänen und wenig Holzkohle angefüllt. Diese Füllung bezweckt eine chemische Bindung des Luftsauerstoffes der eindringenden Luft an Kohlenstoff in Form von Kohlendioxyd bzw. Kohlenmonoxyd. Eine langjährige Erfahrung hat gezeigt, daß ein solcher Verschluß seinen Zweck im praktischen Betrieb einwandfrei erfüllt, außerdem wird durch die Spänefüllung der Grundsatz, mit möglichst wenig totem Gewicht zu arbeiten, nicht durchbrochen, weil das Gewicht dieses Füllmaterials im Verhältnis zum Glühgutgewicht sehr klein ist.

Da die Wirtschaftlichkeit der Elektro-Topfglühöfen in direkter Abhängigkeit zum Einsatzgewicht steht, und zwar in der Weise, daß mit Vergrößerung des Einsatzes die Wirtschaftlichkeit steigt, so empfiehlt es sich, mit möglichst großen Einsatzgewichten zu arbeiten. Hierdurch erreicht der Ofen zunächst einen höheren thermischen Wirkungsgrad, ferner sinken die Anteile an Amortisation, Kapitalverzinsung, Löhnen und allgemeinen Betriebsunkosten je Tonne Glühgut.

Bei den bisher gebauten Topfglühöfen wird das Glühgut nur von außen beheizt. Der Temperaturverlauf innerhalb eines Stapels ist dabei so, daß die Temperatur bei der Außenschicht verhältnismäßig hoch ist und nach der Mitte zu um 100 bis 300° abfällt. Daß diese Arbeitsweise ein Nachteil für die Gleichmäßigkeit des geglühten Materials sein muß, ist klar. Um die Ungleichmäßigkeit wettzumachen, müßte jede Glühung nach dem Hochheizen noch längere Zeit zum Temperaturausgleich im Ofen bleiben. Dieses Verfahren wird jedoch in der Praxis kaum angewendet, weil es bei einem kohlenbeheizten Ofen ziemlich schwierig ist, die Temperatur konstant zu halten und weil der tägliche Ofendurchsatz zu sehr vermindert würde.

Der in Abb. 152 dargestellte neuartige Ofen mit Innenrohrbeheizung[1]) bedeutet daher einen wesentlichen Fortschritt. Die Glühgutstapel, welche sowohl von außen als auch von innen in senkrechter Richtung gleichmäßig angewärmt werden, zeigen in waagerechter Richtung gegen Ende der Hochheizperiode keinen größeren Temperaturunterschied als 30 bis 50°, wobei die Ringe bis zu einer anschaulichen Stärke gehaspelt werden dürfen. Da entsprechende Haspelhöhen meistens Schwierigkeiten machen, kann man auf zwei verschiedenen Durchmessern gehaspelte Ringe ineinanderlegen. Trotz der vorstehend erwähnten höheren Temperaturausgeglichenheit im Glühstapel ist die Glühzeit im Durchschnitt 1 bis 2 h kürzer als bei einem Ofen ohne Mittelrohrbeheizung.

---

[1]) DRP. 381 627.

Die Wärmeübertragung von den äußeren und inneren Heizkörpergruppen erfolgt ungewöhnlich schnell. Damit steigt die Ofenleistung.

Die in Abb. 153 gezeigte Ofenanlage hat Innen- und Außenbeheizung
und dient zum Glühen von Patronenmessing in Bandform, und zwar

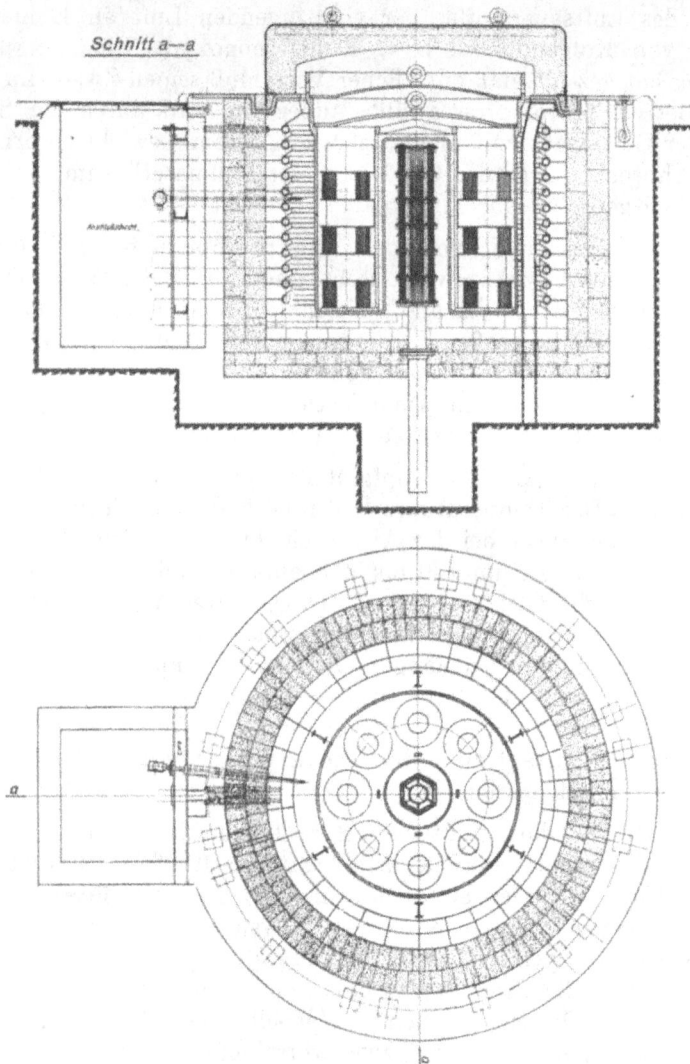

Abb. 152. Topfglühofen mit Außen- und Mittelrohrheizung, Bauart Ruß.

in Ringen von 110 bis 260 mm Durchmesser und 145 mm Höhe. Die
Ringe werden in einer Stärke von 170 mm gehaspelt und in Anbetracht
ihres kleinen Durchmessers nicht um den inneren Kern des Glühtopfes

gelegt, sondern es werden 8 Ringe nebeneinander in der Kreisbahn des Kopfes angeordnet und in 6 Stapeln aufeinandergepackt, was einem Einsatzgewicht von 2400 kg entspricht. Der Glühtopf wiegt 1200 kg. Der Ofen hat eine Stromaufnahme von 110 kW und bei einer Temperatur von 620⁰ eine tägliche Glühleistung von 12000 kg Messingbändern. Er ist an Drehstrom angeschlossen und kann in Stern-Dreieck geschaltet werden; zwei Phasen sind in der äußeren Heizzone angeordnet, die dritte Phase in dem Mittelkern des Ofens.

Abb. 153. Topfglühofenanlage mit Außen- und Mittelrohrheizung. Ausführung: „Industrie" Elektroofen G. m. b. H., Köln.

In Drahtwerken ist das Glühen des Drahtes zwischen den einzelnen Ziehvorgängen, sowie das Weichglühen des fertigen Drahtes ein äußerst wichtiges Glied in der Herstellung. Von der Gleichmäßigkeit und der Weichheit des geglühten Drahtes hängt im wesentlichen die Ziehgeschwindigkeit und die Haltbarkeit der Ziehwerkzeuge ab. Die mehr oder weniger starke Oxydation des Drahtes, die in mit Kohle oder Öl gefeuerten Öfen praktisch unvermeidlich ist, erfordert nach jedem Glühen eine Reinigung des Drahtes in Beizbädern, stellt einen Metallverlust dar und verteuert die Erzeugung wesentlich. Der elektrische Glühofen nach Abb. 154 ist eigens für die Drahtindustrie gebaut worden. Je nach dem Erfordernis wird der Glühvorgang entweder so geführt, daß der Draht unbedingt blank den Ofen verläßt, oder der Betrieb vereinfacht sich etwas, wenn nicht zu hohe Anforderungen gestellt werden und eine leichte Anlauffarbe dem Erzeugnis in seiner Weiterverwendung nicht hinderlich ist. Zur Verhinderung der Oxydation wird der Ofen oder der Topf mit einem Schutzgas gefüllt und das Glühgut während des Abkühlens unter Gasdruck gehalten. Nur bei einer kleinen wöchentlichen Erzeugungsmenge ist es möglich, das Glühgut im Ofen selbst

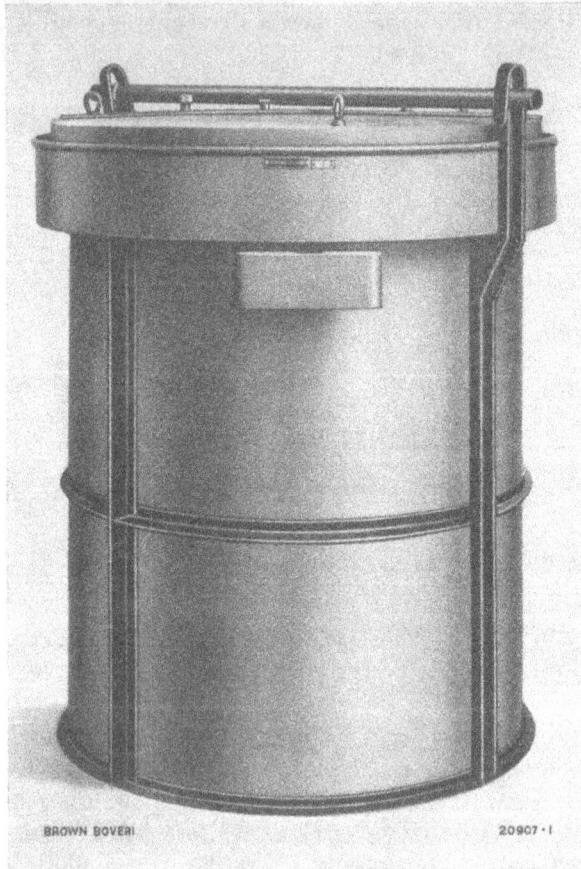

Abb. 154. Topfglühofen für Drähte in Ringen. Ausführung:
Brown, Boveri & Co., Mannheim.

erkalten zu lassen, und die Verwendung von geschlossenen Glühtöpfen zu vermeiden. Meistens trifft diese Voraussetzung jedoch nicht zu; das Glühgut muß dem Ofen heiß entnommen werden, wobei sich die Verwendung von Glühtöpfen nicht umgehen läßt.

Ein Blankglühofen der beschriebenen Art für Stahl- und Metalldrähte von 45 kW Anschlußwert und bis 1000° Glühtemperatur wird in Abb. 155 gezeigt.

Unter günstigen Wärmeverhältnissen bei geringem Verschleiß an Glühtöpfen, wurde von Grünewald[1]) ein Verfahren ausgebildet, welches nachstehend beschrieben wird.

Der Grünewaldsche Glühtopf unterscheidet sich von bisher gebräuchlichen Glühtopfformen dadurch, daß er nicht in den Ofenschacht hineingestellt, sondern an seinem oberen Rand hineingehängt wird. Ebenso wird das Glühgut nicht in den Topf selbst gelegt, sondern auf

Abb. 155. Topfglühofenanlage der Brown, Boveri & Co., Mannheim.

einem besonderen Tragboden mit Zugstangen an den Deckel des Topfes gehängt. Hierdurch vermindert sich das Gewicht des Glühtopfes und ermöglicht, den Glühtopf außerhalb der Glühhitze abzuschließen und einen dichten Verschluß herzustellen. Statt die Glühtöpfe mit 20 bis 30 mm starken Wandungen aus Stahlguß herzustellen, können bis zu 750° die Mäntel aus 6 bis 8 mm starkem Kesselblech gemacht werden. Dieses bietet dem Wärmedurchgang einen kleineren Widerstand; erhöht dadurch die Leistungsfähigkeit des Ofens und vermindert den Stromverbrauch.

---

[1]) DRP. 454609 und 477178.

11*

Diese Erfahrung kennt man allerdings bereits von Topföfen aus hitzebeständigem Blech und von nur 2 bis 5 mm Stärke (welches also noch günstiger ist), die mit kleinem Einsatzgewicht die gleichen Vorteile wie das Grünewaldsche Verfahren bieten. Ist die Lebensdauer der Töpfe im elektrischen Ofen an und für sich schon größer, so wird sie hier noch dadurch erhöht, daß sie benutzt werden können, bis sie infolge zu geringer Dicke undicht geworden sind. Da die Töpfe nur geringe Wandstärken brauchen, kann man den durch Hitze beanspruchten Teil des Mantels aus wärmebeständigem Blech ausführen, ohne daß der Preis allzu hoch wird.

Die Töpfe von Grünewald werden ähnlich wie ein Sterilisierglas durch einen Gummiring abgedichtet, der zwischen den Rand des Topfes und den Deckel gelegt wird. Eine Wasserzarge, durch die stets

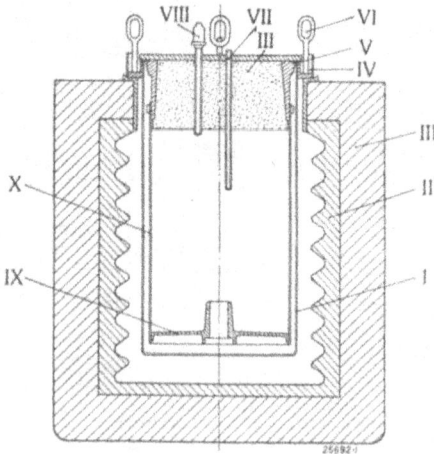

Abb. 156. Topfofen, Bauart Grünewald.

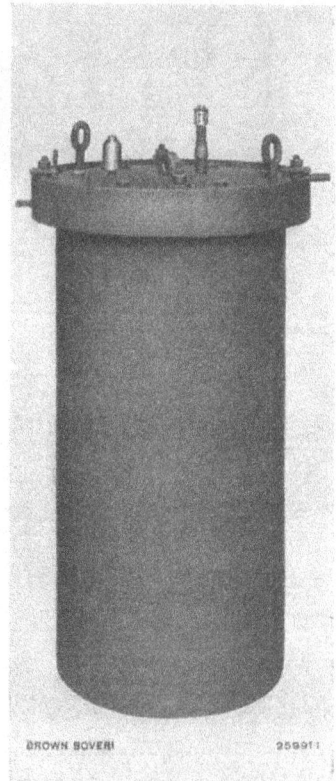

Abb. 157. Grünewald-Topf.

etwas Wasser fließt, sorgt für die nötige Kühlung der Gummidichtung, so daß diese längere Zeit gebrauchsfähig bleibt.

Die weiteren Einzelheiten des fraglichen Glühtopfofens sind aus Abb. 156 ersichtlich. An Tragösen wird der fertig beschickte Glühtopf (Abb. 157) in den Ofen eingesenkt. Durch die Wärmeausdehnung sowie durch verdampfendes Öl und Fett, die stets am Glühgut haften, wird der größte Teil der Luft verdrängt. Sie entweicht durch ein Ventil. Der Rest des Luftsauerstoffes wird für die Verbrennung eines Teiles der Öldämpfe verbraucht, so daß schon vor Erreichen der Oxydationstemperatur der Glühtopfraum frei von Sauerstoff ist. Gegen Ende des Glühvorganges läßt der Überdruck im Glühtopf nach, und das Ventil schließt sich selbsttätig. Nach Erreichung der gewünschten Glühtemperatur wird der Topf aus dem Ofen gezogen und in eine Abkühlgrube gehängt, wo die Abkühlung in 12 bis 20 h erfolgt. Der Verschluß des Deckels sowie des Ventils verhindert Eindringen der Luft während der Abkühlung, so daß sich im Topf ein Vakuum bis zu 400 mm Quecksilbersäule aus bilden kann. Je nachdem nun ganz blankes, blau oder schwarz angelaufenes Glühgut gewünscht wird, wird das Ventil bei entsprechender Temperatur während des Abkühlens geöffnet.

In Abb. 158 ist eine Abkühlanlage gezeichnet, in der die Wärme der abkühlenden Töpfe zum Vorwärmen der frisch beschickten benutzt wird. Der Energiegewinn durch eine solche Anlage beträgt bis zu 40%. Abb. 159 zeigt eine ausgeführte Anlage dieser Art mit Abkühlgruben, Transformatoren- und Ofenschalttafeln.

Nach einem anderen Glühverfahren (Abb. 160) wird das Glühgut in geeigneter Weise von Wasserdampf und Schutzgasen blankgeglüht; und zwar erfolgt das Glühen und Abkühlen bis nahe dem Kondensationspunkt des Dampfes unter Dampf, die restliche Abkühlung dagegen in Schutzgasen wie Stickstoff und Wasserstoff, um Niederschläge von Feuchtigkeit auf das Glühgut zu vermeiden, die bekanntlich zu einem Fleckigwerden führen.

Die Glühvorrichtung selbst besteht aus einer glockenförmigen, oben geschlossenen und unten offenen, elektrisch beheizten Glühkammer (Abb. 160). Diese wird durch ein Gaseintrittsrohr am oberen Ende mit Wasserdampf oder Schutzgas (wenn Wasserdampf schädliche Einwirkungen hat) gefüllt. Das Glühgut ruht auf einem Gestell. Nach Beendigung des Glühens wird das Glühgut in Töpfe übergeführt, die mit dem Glüh-

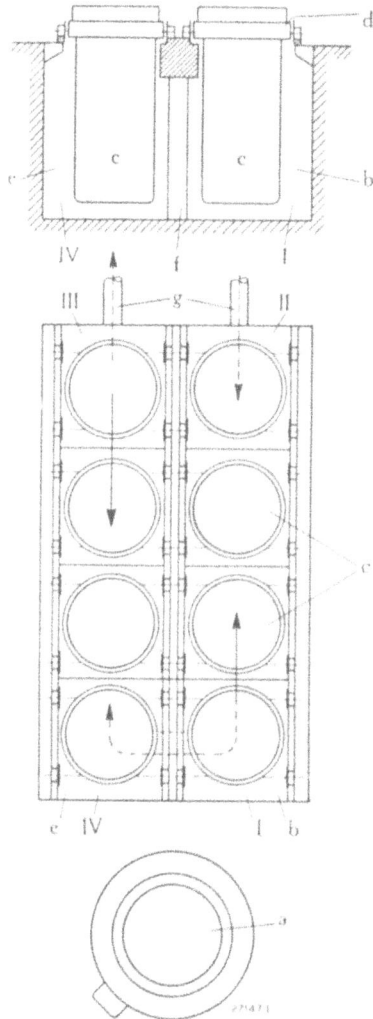

Abb. 158. Vorwärme- bzw. Abkühlanlage für Topföfen.

raum vorher in gasdichte Verbindung gebracht werden. Die doppelwandigen Kühlgefäße sind auf einem Wagen angeordnet. Nach Verschluß des Kühlgefäßes wird eine Haube in eine mit Flüssigkeit versehene
Aussparung gesenkt. Die Hebevorrichtung unter dem Glühraum drückt
das Kühlgefäß an den unteren Rand des Glühraumes. Vorher wird das
Kühlgefäß mit der Dampfleitung in Verbindung gebracht und die Luft
ausgetrieben. Gleichzeitig steht es in Verbindung mit der Dampfzu-
führung des Glühraumes. Nachdem das beschickte Gefäß verschlossen
ist und sich bis an den Kondensationspunkt abgekühlt hat, wird es

Abb. 159. Vollständige Topfglühanlage, Bauart Grünewald, ausgeführt von
Brown, Boveri & Co., Mannheim.

mit einer Gasflasche verbunden. Die Abkühlung kann durch Frisch-
wasser in dem doppelwandigen Abkühlgefäß beschleunigt werden.

Dieser Blankglühofen wird in folgender Weise beschickt: Das Glühgut wird auf ein Gestell aufgebracht, auf dem am oberen Ende ein Deckel
befestigt ist, der später als Verschluß des Kühlgefäßes dient. Dann wird
das Gestell mit dem Glühgut in das Abkühlgefäß eingesetzt und unter
den Glühraum gefahren. Die Stange wird herabgelassen und mit dem
Gestell verbunden, worauf es in die Glühmuffel hinaufgezogen und der
Glühraum durch einen Schieber abgeschlossen wird. Während dieses
Vorganges strömt Wasserdampf in die Glocke ein, der die Glühmuffel
anfüllt und unten infolge Undichtigkeiten des Deckels austritt. Die Luft
wird also aus dem Glühraum ausgetrieben.

Dieses Verfahren eignet sich besonders zum Glühen von Kupferfein-
drähten; wegen ihrer sauberen Oberfläche sind diese Drähte besonders
zur Aufnahme von Lackierungen und Isolierungen geeignet.

Die Abb. 161 zeigt einen beweglichen Füllaufsatz[1]) für Blankglühöfen, dessen Haube den Glühraum abschließt und das Glühgut vor und
nach dem Glühen aufnimmt. Der das Glühgut tragende Boden des
Füllaufsatzes besteht aus einem mit Füßen versehenen Gestell, auf welchem der Füllaufsatz mittels eines Hub-
wagens befördert werden kann.

Schachtöfen nach Abb. 162, wie
solche von Stassinet[2]) zum Blankglühen
von Bandeisen durchgebildet worden
sind, beschreibt[3]) dieser auf Grund mehrerer Betriebsjahre. Der Glühofen ist
außen von einem gasdichten Behälter
umgeben. Der Deckel taucht mit seinem
Rand gasdicht in eine Flüssigkeitstasse.
Die Schamottewand des Ofens ist nur
22 mm stark und mit einer etwa 45 mm
starken Wärmeisolierschicht hinterlegt.
Derartig dünne Wände ergeben für Öfen,
die nach jeder Glühung abkühlen, den
besten wärmewirtschaftlichen Wirkungsgrad. Die Bestimmung der günstigsten
Abmessungen von Ofenwänden ist in
einer Arbeit von Stassinet[2]) dargelegt.

Wenn das Glühgut während der Abkühlung im Glühofen bleibt, dann muß
diese so stark künstlich beschleunigt
werden, wie es metallurgisch eben zulässig ist. Zu diesem Zweck wird ein
Doppelrohrsystem, welches von Wasser
durchflutet ist, durch Stopfbüchsen in
das Ofeninnere, und zwar in den Hohl-

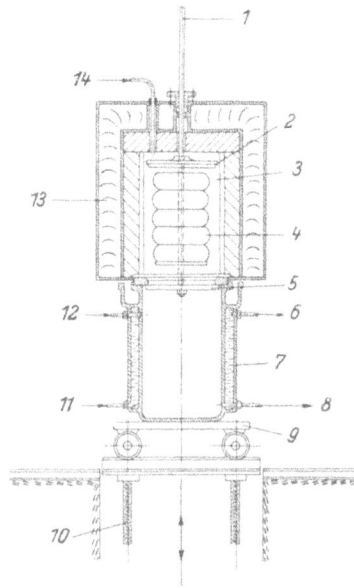

Abb. 160. Topfglüh- und -abkühlofen,
Bauart Heddernheim.

1 Verstellung	8 Gasaustritt
2 Abschlußdeckel	9 Wagen
3 Glühraum	10 Stellschraube
4 Glühgut	11 Kühlwasserein-
5 Abschlußdeckel	tritt
6 Kühlwasseraus-	12 Gaseintritt
tritt	13 Isolierung
7 Wasser	14 Gaseintritt.

raum des Glühgutstapels, geleitet. Während des Glühvorganges befinden
sich die Rohre außerhalb des Ofens, d. h. oberhalb des Deckels und
während der Abkühlzeit sind die Rohre in das Ofeninnere gesenkt.

Der Ofen wird bei Inbetriebsetzung von unten mit Kohlensäure
gefüllt und die Luft nach oben ins Freie verdrängt. Nach Beseitigung
der Luft wird Wasserstoff von oben in den Glühofen eingeführt, der mit
um 25 bis 30 mm höherem Druck die Kohlensäure zum größten Teil

---

[1]) DRP. 485603.
[2]) Stahl und Eisen 1926, S. 1537/1549.
[3]) Elektrowärme, Februar 1932, S. 36/40.

aus dem Ofen zurückdrängt. Die Grenzschicht zwischen Wasserstoff und Kohlensäure die von beiden Gasen durchmischt ist, wird ins Freie geleitet. Während der Glühung wird ständig Wasserstoff durch den

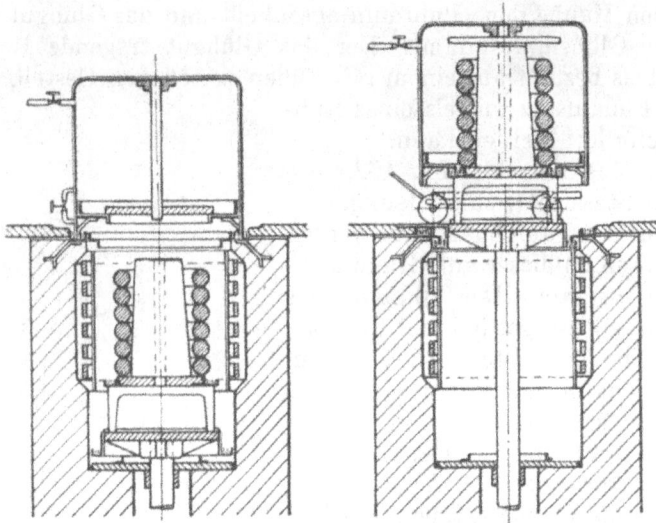

Abb. 161. Topfofen zum Blankglühen, Bauart Brown, Boveri & Co.

Ofen gespült. Der aus dem Ofen tretende Wasserstoff wird durch ein Kühlrohr geführt, um hier von dem größten Teil der vom Glühgut stammenden Wasser- und Öldämpfe befreit zu werden; dann wird er

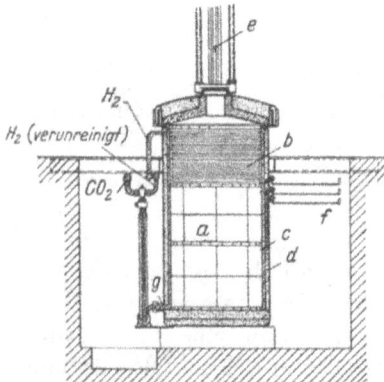

Abb. 162. Topfofen, Bauart Stassinet.

durch eine Reinigungsanlage gedrückt, die ihm Kohlensäure und den Rest der Öl- und Wasserdämpfe entzieht. Dann wird er wieder dem Ofen zugeführt. Der Wasserstoff strömt also in einem Kreislauf, wodurch mit einer geringen Wasserstoffmenge die Verunreinigungen des Glühgutes aus dem Ofen getragen werden. Wie der Verlauf des Schutzgases erfolgt, zeigt das Schaltbild in Abb. 163.

Das in einem Ofen, von Stassinet erbaut, eingesetzte Glühgutgewicht schwankt zwischen 1500 bis 4000 kg. Die normale monatliche Glühleistung eines Blankglühofens beträgt etwa 50 t. Wird ein Ofen häufig mit leichteren Einsatzgewichten beschickt, dann sinkt seine monatliche Leistung auf 40 t, dagegen kann bei günstigen Einsatzgewichten die Leistung auf 60 bis 65 t steigen. Diese Leistungszahlen

erreicht man nur, wenn das Glühgut aus normalem, weichem Thomas-
oder Siemens-Martin-Material besteht. Der Stromverbrauch je Tonne
Glühgut ist je nach Einsatz, Gewicht, Qualität, Glühzeit usw. verschieden. Bei günstigem Einsatzgewicht und normaler weicher Thomas-
qualität als Glühgut kommt man mit 170 kWh/t aus. Ein erheblich
gleichmäßigerer Anhaltswert ist die Ausnutzung der dem Ofen zuge-
führten Energie, also der wärmewirtschaftliche Wirkungsgrad, während
der Erwärmung des Glühgutes auf Glühtemperatur; im allgemeinen
schwankt dieser Wirkungsgrad um 60 %.

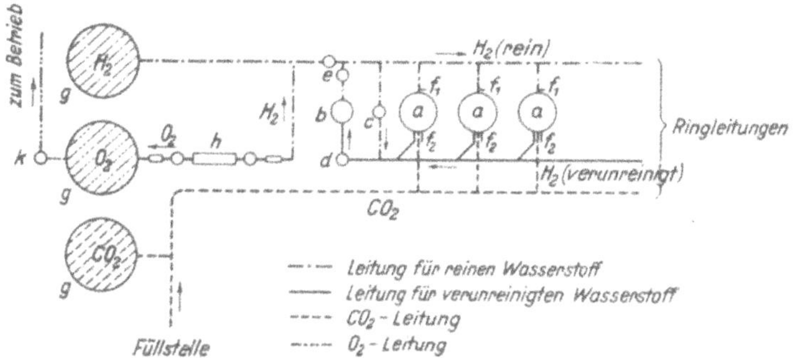

Abb. 163. Schaltbild über den Schutzgasverlauf beim Stassinetofen.

Besondere Beachtung ist der Stapelung des Glühgutes zu schenken.
Bei Bandeisen werden die Ringe bis zu 1,80 m hohen Stapeln aufeinander-
gesetzt. Hierdurch entsteht im Innern des Glühstapels ein schacht-
förmiger Hohlraum. Da die Heizwicklungen in der Ofenwand untergebracht sind, werden die Ofengase zwischen Bandstapel und Heizwicklung erheblich wärmer als die Gase innerhalb des Stapelhohlraumes;
dadurch entsteht eine lebhafte Gasströmung. Um diese nicht zu stören,
wird darauf geachtet, daß oberhalb und unterhalb des Glühgutes die
Gase freien Durchgang haben. Man erreicht hierdurch eine Verkürzung
der Glüh- und Abkühlzeit, insbesondere, wenn eine vollkommen gleichmäßige Temperatur erreicht werden soll.

In Abb. 164 wird noch die neuere Anlage von Stassinet gezeigt,
die sich aus 21 Ofeneinheiten von je 135 kW Leistungsaufnahme zusammensetzt.

Rundöfen haben den Vorteil einer gleichmäßigen Erwärmung, weil
das zu erwärmende Gut allseits angestrahlt wird. Langöfen oder Kammeröfen bieten nicht die gleichen Vorzüge. Als Nachteil bei Rundöfen ist
nur die in der Mittelachse des Heizraumes nicht ganz gleichmäßige
Erwärmung anzusehen. Für rundes Gut, wie Draht- und Bandringe,
Zahnräder usw., kann man eine Bauart verwenden, die die Vorteile
des Rund- und Kammerofens verbindet, indem man das Gut in einem
Kammerofen während der Glühung um seine eigene Achse dreht. Bei

der Durchbildung von Blankglühöfen ist allerdings darauf Rücksicht zu nehmen, daß der Antrieb für den oder die Drehtische, auf die das Gut abgesetzt wird, gasdicht ist, genau wie der Ofen selbst.

Im folgenden sollen nun noch einige Blankglühöfen in eckiger Form behandelt werden. Diese Ofenform ist im wesentlichen durch das Glühgut selbst bestimmt.

Beim Weichglühen von Werkzeugstahl mit höherem Kohlenstoffgehalt ist besonderes Augenmerk darauf zu richten, daß das Glühen ohne Verminderung des Kohlenstoffgehaltes an der Oberfläche vor sich geht, eine Entkohlung also vermieden wird. Beim Glühen von Feilen ist diese Forderung besonders wichtig, weil gerade von der Oberfläche eine besondere Härte und Schneidfähigkeit verlangt werden muß.

Abb. 164. Stassinetofenanlage, ausgeführt von Siemens-Schuckertwerke, Berlin.

Die Feilen werden bei der Verarbeitung zuerst geschmiedet, dann gescheuert, geglüht und nachgeschliffen; dann schließt sich das Hauen der Zähne und das Härten an. Das Glühen wurde bisher häufig noch in Öfen mit Holzkohlefeuerung vorgenommen. Bei elektrischer Heizung nimmt man teils Chromnickel-Kammeröfen normaler Bauart, teils Schutzgasöfen.

Eine Feilenfabrik hat gefunden, daß die Vorzüge des Glühens in elektrischen Öfen bei Qualitätsfeilen auf alle Fälle ausschlaggebend sind, auch wenn höhere Strompreise die reinen Heizungskosten höher erscheinen lassen sollten. Während man in diesem Werk in Chromnickel-Kammeröfen glüht, legt ein anderes Werk den Hauptwert auf eine weitgehende Einschränkung des Schleifvorganges und zieht deshalb ein Glühen unter Schutzgas vor. Man geht dabei von der Feststellung aus, daß in Wasserstoff bei Glühtemperaturen bis etwa 700° der Stahl nicht entkohlt wird. Verwendet werden Muldenöfen nach Abb. 165, in denen die Feilen nach der Glühung auch erkalten.

Die gleiche Ofenart ist auch zum Glühen von Stahlnadeln in Anwendung gekommen, bei denen eine Entkohlung gleichfalls vermieden
werden muß, besonders im Hinblick auf die bei der geringen Stärke verhältnismäßig großen Oberfläche der Nadeln. Ebenso kann gezogener
Stahldraht, der Ausgangsstoff für die Nadelherstellung, in Öfen mit
Wasserstofffüllung blankgeglüht werden. Hierfür sind schachtförmige
Öfen für absatzweisen Betrieb verwendet worden, wie solche bereits
nach Stassinet geschildert wurden.

Ein anderer Blankglühofen für größeren Tagesdurchsatz ist in
Abb. 166 zu sehen. Dieser Ofen wird fortlaufend betrieben; der Ofenkörper, der wie bei den normalen Wagenöfen ausgebildet ist, bleibt

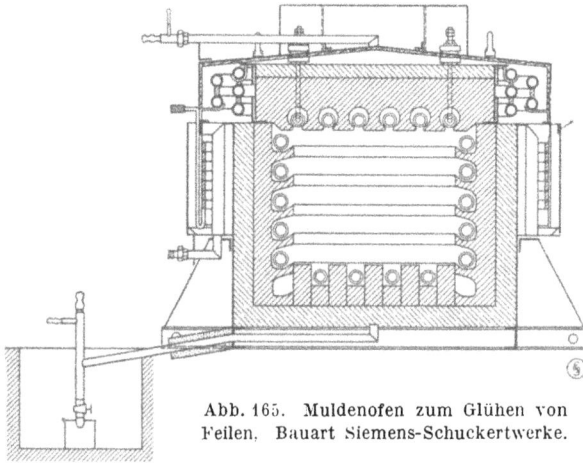

Abb. 165. Muldenofen zum Glühen von
Feilen, Bauart Siemens-Schuckertwerke.

dauernd auf Glühtemperatur. Zum Wechseln der Beschickung dienen
die den Boden des Glühraumes bildenden Einfahrwagen. Das Einsatzgut wird auf diese Wagen gelagert und mit einer Gasschutzhaube aus
wärmebeständigem Metall überdeckt, die in eine Öltasse am Rande des
Wagens eingreift. Schutzgas befindet sich nur unter dieser Haube.
Die Öltasse ist der unmittelbaren Einwirkung der Wärmestrahlung ent-
zogen. Gleichzeitig wird durch Kühlrohre verhindert, daß sich Öldämpfe
bilden können. Der Boden des Wagens hat auch eine Heizwicklung,
die im Gegensatz zu jener des Ofenkörpers aus gewöhnlichem Eisen
oder solchem mit Legierungszusätzen bestehen kann. Der fortlaufende
Betrieb des Ofens erfordert 4 bis 5 Beschickungswagen; nach vollendetem
Hochheizen der Beschickung wird der im Ofen befindliche Wagen durch
einen neu beschickten, noch kalten, ersetzt. Die Wagen kühlen außerhalb des Ofens in der Ofenhalle ab, und zwar verhältnismäßig schnell,
weil das Glühgut nur von einer ziemlich schwachen und gut wärmeleitenden Haube umgeben ist.

Der abgebildete Ofen hat eine Heizleistung von 240 kW bei einem freien Raum unter der Glühhaube von 1,5 m Breite, 3 m Tiefe und 0,8 m Höhe. Jeder Beschickungswagen faßt 6 t Bandeisen oder Draht. Bei einer Glühtemperatur von 700° gibt der Ofen einen Tagesdurchsatz von etwa 15 t. Der Stromverbrauch dieser Öfen ist praktisch der gleiche wie bei den Schachtöfen, also etwa 170 kWh/t. Das geglühte Gut zeigt auch hier die gleiche weitgehende Verbesserung; es kann z. B. um 25 % weiter kalt ausgewalzt werden als das früher gewonnene.

Nach den Erfahrungen des Verfassers ist Wasserdampf als Schutzmittel beim Glühen von Kupferblechen nicht immer einwandfrei. Die Kupferbleche und -drähte werden dabei meistens nach dem Glühen in ein Wasserbad abgesenkt (Kennworthy-Verfahren[1]). Soll das Material

Abb. 166. Blankglühofenanlage. Ausführung: Siemens-Schuckertwerke, Berlin.

nach dem Abschrecken eine blanke Oberfläche behalten, so muß die Möglichkeit bestehen, es sofort zu trocknen. Diese Möglichkeit ist in sehr vielen Fällen nicht gegeben. Z. B. ist beim Glühen von Blechstapeln ein Abtrocknen sämtlicher Bleche praktisch kaum durchführbar. In neuerer Zeit sind Versuche gemacht worden, an Stelle der Wasserdampfatmosphäre eine andere neutrale Atmosphäre zu verwenden. Hierüber sind bisher verhältnismäßig wenig Angaben in die Fachliteratur gelangt. Ausführliche Erfahrungen scheinen noch nicht vorzuliegen[2]

[1] Nach diesem Verfahren reicht die verschiebbare gasdichte Ofenhaube nach unten in eine mit Wasser gefüllte Grube hinein, in die nach dem Glühen das Untergestell des Ofens mit dem Einsatz zum Abschrecken hinabgesenkt wird. Geglüht wird abwechselnd über einem der beiden absenkbaren Böden. Die Wasserdampfzufuhr zum Glühraum kann gegebenenfalls durch einen kleinen Elektrokessel erfolgen.

[2] Heat Treating and Forging, März 1931, S. 285/288. J. C. Woodson.

Über das Blankglühen von Stahl liegen bereits ziemlich umfangreiche Erfahrungen vor. Erwähnt wurde schon, daß man Stahl in einer Wasserstoff-Atmosphäre blankglühen kann[1]). Es ist bekannt, daß Wasserstoff die Hauptursache für die beim Kupfer vorkommende Wasserstoffkrankheit ist. Der Wasserstoff diffundiert beim Glühen in die Metalloberfläche und reduziert die im Kupfer befindlichen Kupferoxydul-Partikelchen. Diese Schädlichkeit des Wasserstoffes gegenüber Kupfer ist allerdings bisher meistens bei Temperaturen über 800⁰ beobachtet worden[2]). Wasserstoff als Glühatmosphäre wird gerne vermieden, weil bei nicht ganz sorgfältiger Bedienung und entsprechender Vorspülung mit anderen Schutzgasen eine Explosionsgefahr besteht.

Weiter wird beim Glühen von Stahl zum Teil Leuchtgas verwendet. Dieses Leuchtgas dissoziiert bei den in Frage kommenden Temperaturen, und es besteht die Gefahr, daß Kohlenstoff in das Material übergeht. Kohlenoxyd führt bei Kohlenstoffstählen zur Weichhäutigkeit, d. h. es findet eine Randentkohlung statt und bei Kupfer hat es die gleiche unangenehme Eigenschaft wie Wasserstoff, wenn auch nicht in ganz so starkem Maße, daß es imstande ist, Kupferoxyduleinschlüsse zu reduzieren und dadurch eine Art Wasserstoffkrankheit hervorzurufen. Technischer Stickstoff ist beim Blankglühen von Stahl nicht immer ohne weiteres zu verwenden, weil die Verunreinigungen, insbesondere an Sauerstoff, eine Oxydation ermöglichen und deshalb vor dem Glühen aus dem Material entfernt werden müssen[3]).

Es hat sich weiter herausgestellt, daß es notwendig ist, alle Reste von Wasserdampf aus der Glühatmosphäre zu entfernen, wenn man ein vollkommen blankes Enderzeugnis erhalten will. Es zeigte sich, daß in einem Fall bei einem Wasserdampfgehalt von nur 300 g/m³ die Bleche nur teilweise blank blieben. Das Wasser gelangt auf verschiedenen Wegen in die Glühatmosphäre. Bei neuen Öfen dauert es je nach der Größe des Ofens wochenlang, bis alle Feuchtigkeit aus dem Steinmaterial entfernt ist. Den vorgewalzten Blechen haften häufig Ölschichten an, welche verbrennen und ebenfalls in der Glühatmosphäre eine gewisse Feuchtigkeit zurücklassen. Unangenehm wirken sich diese Öldämpfe, wenn sie in größerer Menge vorhanden sind, auch deshalb aus, weil sie kohlenstoffreiche Kohlenwasserstoffe abscheiden können; diese machen die Schamottesteine, welche die Heizelemente tragen, elektrisch leitend und führen Kurzschlüsse herbei.

Die unbedingten Voraussetzungen beim Blankglühen von Kupfer sind folgende: 1. neutrale Atmosphäre im Glühraum während des Auf-

[1]) Stassinet, Bericht des Walzwerks-Ausschusses. V.D.E. Nr. 70, 1929.

[2]) Siebe, Kupfer, V.D.I.-Verlag, 1926.

[3]) Pomp, Bericht des Walzwerks-Ausschusses. V.D.E. Nr. 43, 1925. — Stassinet, Bericht des Walzwerks-Ausschusses. V.D.E. Nr. 70, 1929.

heizens und auch während des Abkühlens, 2. gleichmäßige Wärmeverteilung, 3. Erwärmung des Kupfers über die Rekristallisations-Temperatur, um die beabsichtigte Glühwirkung herbeizuführen. Diese Bedin-

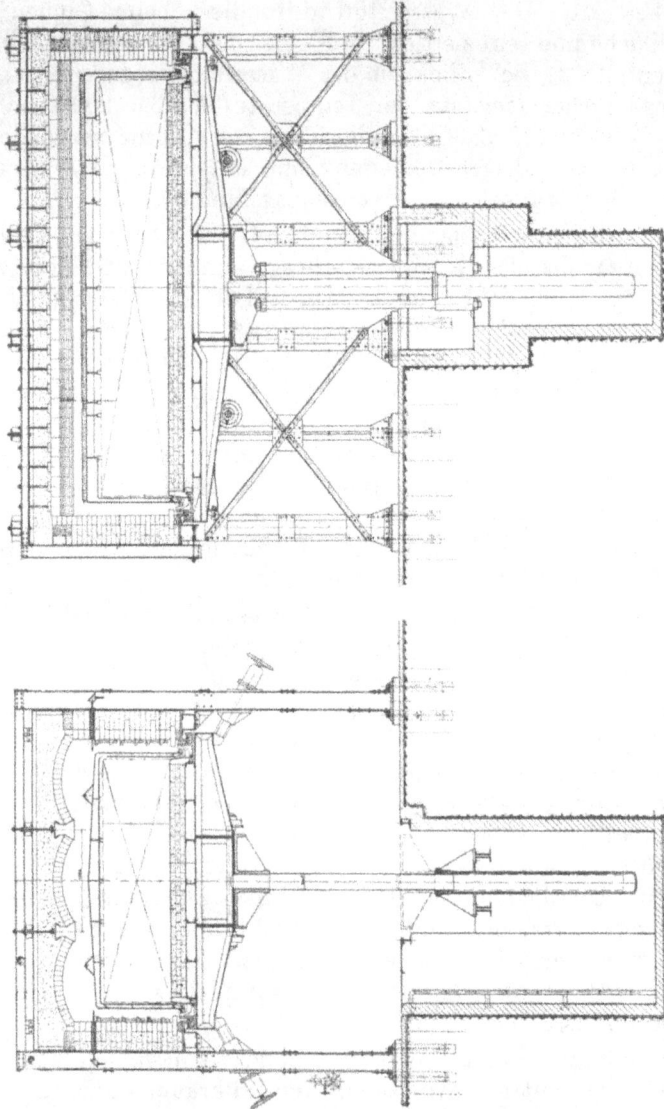

Abb. 167. Blankglühofen für Kupferbleche, Bauart Ruß.

gungen sind am leichtesten mit einem Elektroofen zu erfüllen, weil die Wärmeverteilung und die Temperatureinstellung keine Schwierigkeiten macht.

In Abb. 167 ist ein elektrischer Blankglühofen[1]) gezeigt, der ausschließlich zur Behandlung von großen Kupferblechen dient, die unmittelbar von der Elektrolyse kommen. Die Bleche können 3100 mm Breite und 5300 mm Länge haben, während die Stapelhöhe 900 mm sein kann. Das Einsatzgewicht ist normal 5000 kg und könnte bis zu 25 000 kg bei den gleichen Ofenabmessungen gesteigert werden. Die Stapelhöhe wird durch die Unebenheit der Bleche häufig stark beeinflußt. Die Glühraumabmessungen sind 3500 × 5700 × 1100 mm. Der Anschlußwert der Seitenheizung beträgt 220 kW und ist angeschlossen an Drehstrom 200 V. Die durchschnittliche Glühtemperatur ist 550°; der Regelbereich ist 250 bis 750°. Die Temperatur-Regeleinrichtung, welche die beiden Längsseiten des Ofens unabhängig voneinander reguliert, bürgt dafür, daß die Arbeitstemperatur mit ± 5° eingehalten wird.

Die Kupferbleche werden auf einen Wagen mit glatter Auflagefläche aufgestapelt. In diese wird die Glühhaube, Abb. 168, aus 2,5 mm dickem, hitzebeständigem Blech abgesetzt und gegen die Außenatmosphäre luftdicht abgeschlossen. Das Blech der Glühhaube

Abb. 168. Eine große Glühhaube auf einem Tiefladewagen verladen, zu einem Kupferblech-Blankglühofen gehörig. Ausführung: „Industrie" Elektroofen G. m. b. H., Köln.

hat nach einem besonderen Verfahren eingedrückte Rippen erhalten, welche die Wärmespannungen ausgleichen und so ein Reißen verhindern. Innerhalb der Haube sind vorsichtshalber taschenförmige Leisten eingebaut, die je nach Bedarf Holzkohle oder ein anderes, den Sauerstoff verzehrendes Schutzmittel aufnehmen können. Die Schutzgaszuführungen befinden sich im Herdwagen und münden an verschiedenen Stellen unter der Glühhaube, sind jedoch an einer Stelle außerhalb des Herdwagens zu einer leicht abnehmbaren Kupplung vereinigt. Von dieser Kupplung führt ein beweglicher Gummischlauch zu der Gasversorgungsanlage.

Der Ofen selbst ist, um eine leichte Handhabung und eine gute Abdichtung zu erzielen, auf Tragstützen etwa 2 m über Hüttenflur angeordnet. Damit ergeben sich folgende äußeren Ofenabmessungen: 4850 mm Breite, 6900 mm Länge, 5100 mm Höhe bis Hüttenflur und 8400 mm Höhe bis zur Unterkante der hydraulischen Hebevorrichtung.

---

[1]) Ruß, „Das Blankglühen von Kupfer", Zeitschrift für Metallkunde, 1932, S. 188.

Das Ofengewicht ohne Beschickung ist 43 500 kg. Für das Einbringen einer neuen Beschickung und für das Abkühlen der zuletzt durchgeführten Glühung ist je ein Herdwagen im Einzelgewicht von 8250 kg vorhanden. Der Rahmen des Wagens mit Achsen und Rädern liegt außerhalb des Heizbereiches. Der neu beschickte Wagen mit Haube wird unter den Ofen gefahren, durch eine hydraulische Hebevorrichtung in einer Minute in den Glühraum gedrückt und dann auf vier Arretiervorrichtungen abgesetzt, während der Druckstempel der hydraulischen Hebevorrichtung wieder nach unten wandert und den Durchgang unter

Abb. 169. Großer Blankglühofen mit hydraulisch hebbarem Herdwagen.
Ausführung: „Industrie" Elektroofen G. m. b. H., Köln.

dem Ofen frei gibt. Die Bedienung und Überwachung des Ofens erfolgt aus nächster Nähe; die elektrische Schalteinrichtung ist unmittelbar am Ofen montiert.

Abb. 169 zeigt die wahrscheinlich bisher in Europa größte Blankglühanlage für Kupferbleche. Sie arbeitet seit über einem Jahr in Frankreich und diente zum Ersatz für ein Überseefabrikat kleinerer Leistung, welches nach dem Kennworthy-Verfahren mit Wasserdampfatmosphäre arbeitete und niemals zufriedenstellende Ergebnisse hatte. Die Kupferbleche erhielten in dieser Anlage meist verfärbte Ränder. Außerdem bestand der Übelstand, daß das Abschreckwasser nach dem Ausbringen aus dem Abschreckbad auf den blanken Blechen Wasserstein-Verunreinigungen, verbunden mit anderen Verunreinigungen, hervorrief. Bei dem neuen Ofen diente ursprünglich eine CO_2-Atmosphäre und heute eine N_2-

Atmosphäre als Schutzmittel. Es haben sich beide Schutzgase als durchaus brauchbar erwiesen. Der Übergang von Kohlendioxyd auf Stickstoff erfolgte nur aus wirtschaftlichen Gründen, weil das in Frage kom-
mende Werk den Stickstoff selbst herstellt. Die Nachteile, die beim
Blankglühen von Stahl in technischem Stickstoff beobachtet worden
sind, haben sich beim Blankglühen von Kupfer, wahrscheinlich wegen der
niedrigeren Temperatur, nicht eingestellt. Die Gase werden kompri-
miert in Stahlflaschen angeliefert und aus diesen über eine Regulieranlage
in eine außerhalb des Gebäudes befindliche Ausgleich-Gasglocke nach
Art eines Gasometers geleitet. Von dieser Gasglocke führt ein Gummischlauch direkt an den Anschlußstutzen des Herdwagens.

Besonderer Wert wurde bei diesem Ofen auf das Blankglühen gelegt,
um jede spätere Nacharbeit wie Waschen, Beizen und Trocknen zu ersparen. Es konnte die erfreuliche Feststellung gemacht werden, daß die
Kupferbleche ausnahmslos vollkommen blank blieben. Selbst die Stapelhöhe und die Unterbringung der Bleche blieb ohne jeden Einfluß. Neben
der Verbilligung, hervorgerufen durch das Fortfallen des Beizvorganges,
erzielte man Stromverbrauchszahlen, welche bei guter Ofenausnutzung
unter 100 kWh/t liegen und bei dem früheren Ofen nie erreicht worden
sind. Bei einer Glühdauer von 4 bis 6 h kann der Ofen je nach Stapelhöhe und Blechabmessungen in 24 h bis 40 t glühen.

Weitere Angaben über die beschriebene Anlage befinden sich in
einer Arbeit des Verfassers, die in der Zeitschrift für Metallkunde 1932
erschienen ist.

8. Temperöfen.

Während die bisher beschriebenen Elektroöfen für vielerlei Anwendungsgebiete in Frage kommen, dienen die in diesem und den danach
folgenden Abschnitten aufgeführten elektrischen Öfen einem besonderen
Zweck. Hier soll von dem elektrischen Tempern die Rede sein.

Die elektrische Wärme ist beim Tempern besonders vorteilhaft,
wenn man bedenkt, daß der Tempervorgang keine großen Wärmemengen
und hohen Temperaturen erfordert; denn die einmal erzeugte Wärme
soll möglichst restlos ausgenutzt werden, wofür eine beträchtliche Zeit
zur Verfügung steht. Diese Voraussetzungen sprechen besonders günstig
für den elektrischen Ofen.

Bei richtiger Wahl, Konstruktion und Betriebsweise eines solchen
Ofens kann neben dem sauberen, leichten und übersichtlichen Arbeitsgang auch eine wirtschaftliche Überlegenheit des elektrischen Ofens
gegenüber den mit Brennstoff beheizten Öfen erreicht werden. Der
Elektroofen gibt die einmal erzeugte Wärme nur sehr langsam wieder
ab. Für gewisse Wärmevorgänge ist dies ein Nachteil, sobald die wertvolle und verhältnismäßig teure Hitze nutzlos entfernt werden muß.
Beim elektrischen Temperofen liegen aber die Verhältnisse umgekehrt;

die einmal gewonnene Wärme muß sehr lange in dem Ofen bleiben, damit der Tempervorgang durchgeführt werden kann. Auch das langsame Abfallen der Temperatur erreicht man im Elektroofen leichter, was bereits in seinem hohen thermischen Wirkungsgrad begründet liegt. Anderseits kann der Ofen sehr rasch aufgeheizt werden, falls der Anschlußwert hoch gewählt wird und die elektrischen Heizkörper in genügender Anzahl und Anordnung vorhanden sind. Zum Hochheizen empfiehlt es sich, den billigen Nachtstrom zu nehmen, der selbsttätig zu jeder gewünschten Zeit mittels einer Zeituhr eingeschaltet und wiederum selbsttätig ausgeschaltet werden kann. Man kann sogar den ganzen Tempervorgang vollkommen selbsttätig durchführen, sowohl in bezug auf die gewünschten Temperaturen, als auch in bezug auf die erforderlichen Zeitabschnitte. Bei gleichem Einsatz ist dies ein nicht zu unterschätzender Vorteil, insbesondere, wenn man auf die Gleichmäßigkeit der Ware Rücksicht nimmt. Allerdings sind derartige Anlagen in der Anschaffung teuer, dafür aber im Betrieb billig.

Nach neueren Forschungsergebnissen ist es vorteilhaft, die Temperatur des Tempergutes möglichst schnell auf 950 bis 1050° zu bringen, weil dadurch die Zertrümmerung des Sekundärzementits beschleunigt wird; ferner tritt eine feinere Verteilung der Graphitnester ein, was natürlich die Festigkeitseigenschaften des Enderzeugnisses wesentlich begünstigt. Im allgemeinen wird mit einer Glühzeit von 24 bis 36 h gerechnet. Nach älteren Verfahren geht man weit über diese Zeit hinaus. Es sei jedoch bemerkt, daß der Zementitzerfall bei den meisten Gußarten bereits im Bruchteil einer Stunde eintritt und daß die lange Glühzeit nur bedingt ist durch die konstruktive Eigenart des Ofens. Die Glühzeit soll so bemessen sein, daß eine sichere Durchglühung auch der am unvorteilhaftesten gelagerten Temperstücke eintritt.

Nachdem die Glühung des Tempergutes vollendet ist, kann ein starker Temperatursturz bis etwa 800° eintreten, da in dieser Zone keine Umwandlung der Struktur des Tempergusses eintritt. Wesentlich ist dann, daß das Gebiet des Perlitzerfalls mit einer Abnahme von nicht mehr als 5° je h durchlaufen wird. Es ist erwünscht, diese Abkühlgeschwindigkeit am Ofen einstellen zu können. Bei manchen Gußarten kann es vorteilhaft sein, das Tempergut mit einer Temperatur von 650° aus dem Ofen zu ziehen, damit eine schnellere Abkühlung eintritt. Meistens läßt man aber das Gut im Ofen mit einer größeren Abkühlgeschwindigkeit bis etwa 400° abkühlen und entleert dann.

Da der Zerfall des Sekundärzementits wesentlich abhängig ist von der chemischen Zusammensetzung des Ausgangsmaterials sowie auch von der Erstarrungsdauer der Gußstücke nach dem Gießen, so kann es vorkommen, daß später der Wunsch auftritt, mit anderen Temperzeiten zu arbeiten, als ursprünglich vorgesehen war. Hierauf ist bei Durchbildung eines elektrischen Temperofens Rücksicht zu nehmen.

Um ein möglichst gleichmäßiges Enderzeugnis zu erhalten, ist es besonders bei Schwarzkerntemperguß erforderlich, den Temperguß vollständig gleichmäßig durchzuglühen, eine Forderung, die im elektrisch beheizten Glühöfen in besonderem Maße erfüllt werden kann.

Der elektrische Temperofen kann in verschiedenen Formen ausgeführt werden. Der einfachste Ofen ist in Abb. 170 dargestellt[1]). Er ist da geeignet, wo die Abkühlung des Ofens mit dem Tempervorgang in eine gewisse Übereinstimmung gebracht werden kann, wo also der Ofen auch hinreichend ausgenutzt wird. Der Ofen ist als Haubenofen ausgebildet. Die Ofenhaube überdeckt einen auf einem Sockel stehenden Tiegel, in den das Glühgut eingepackt wird. Sie trägt im Innern eine ringförmige Muffel mit an den Wänden angeordneten Heizelementen. Die Muffel wird von dem Bodenrand der Haube getragen, welcher gleichzeitig die Muffel beim Übersetzen der Haube über den Tiegel gegen Beschädigung schützt. Zwischen Muffel und Haubenblech ist zur Herabsetzung der Wärmeverluste ein hochwertiger Isolierstoff eingefüllt. Zum Transport der Haube sind an ihrem oberen Teil drei kräftige Haken angebracht. Die Stromanschlüsse zu den Heizelementen sind seitlich herausgeführt und gegen Berührung überdeckt.

Der Ofensockel ist ebenfalls mit einem Isolierstoff gegen Abwandern der Ofenwärme in den Boden geschützt und trägt außer dem Mittelstein zum Aufsetzen des Tiegels zwei Führungseisen, um die Haube sicher über den Tiegel hinwegführen zu können. Außerdem ist der Sockel mit einer Sandtasse zur

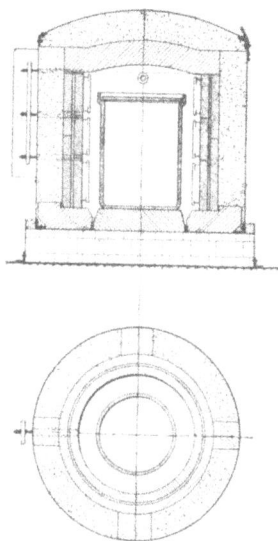

Abb. 170. Einfacher Temperofen, Bauart Ruß.

Abdichtung der aufgesetzten Haube gegen einströmende Luft zu versehen. Durch eine Öffnung am oberen Teil der Haube wird ein Pyrometer zum Temperaturmessen eingeführt. Vervollständigt ist die Anlage durch einen zweiten gleichen Sockel, auf welchem der Tiegel für den folgenden Glühvorgang vorbereitet wird und der geglühte Tiegel nach dem Übersetzen der Haube auf den Sockel mit vorbereitetem Tiegel abkühlen kann.

Der erste Ofen dieser Art ist in einer bergischen Tempergießerei aufgestellt worden und wird in Ansicht in Abb. 171 gezeigt. Dieser Ofen ist einphasig an Drehstrom von 220 V bei einer Stromaufnahme von 28 kW angeschlossen. Der Ofenstrom wird, nachdem die erforderliche

---

[1]) Ruß, E. Fr., Der elektrische Temperofen, „Die Gießerei" 1929, Nr. 3.

Temperatur am Regler eingestellt ist, durch einen kleinen Hebelschalter eingeschaltet. Die Ofenbeheizung verläuft dann weiter vollkommen selbsttätig.

Abb. 171. Ansicht des einfachen Temperofens mit angehobener Glühhaube.
Ausführung: „Industrie" Elektroofen G. m. b. H., Köln.

Der Einsatz des Ofens besteht aus:

$$\begin{array}{rl}
100 \text{ kg} & \text{Temperguß,} \\
40 \text{ »} & \text{Eisenerz,} \\
75 \text{ »} & \text{Tiegelgewicht}
\end{array}$$

zusammen: 215 kg Glühglut.

Mit dieser Ofenanlage wurden die sonst üblichen Temperzeiten sehr herabgesetzt, und zwar betrug die Anheizzeit des Ofens bei übergesetzter Haube mit einer Temperatur von 160⁰ bis zu einer Temperatur von 1000⁰ etwa 5½ h mit einem Anheizstromverbrauch von 154 kWh.

Zur Erhaltung des Glühgutes auf der Glühtemperatur wurden 10 kWh verbraucht. Die Glühzeit beträgt je nach Zusammensetzung des Tempergusses nur 10 bis 20 h, im Durchschnitt 15 h. Der Gesamtstromverbrauch beläuft sich auf 304 kWh für 100 kg Temperguß, d. i. rund 3 kWh für 1 kg Temperguß. Bei einem Strompreis von 0,03 RM./kWh (Nachtstrom) stellen sich die Kosten auf 0,09 RM. für 1 kg Temperware. Abb. 172 zeigt noch eine Arbeits- bzw. Temperaturkurve von einem Tempervorgang.

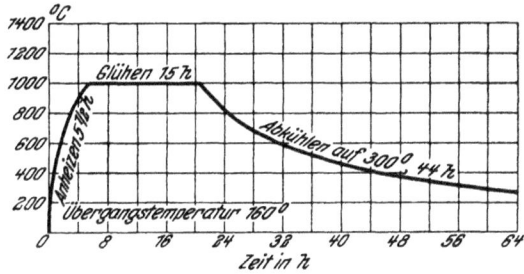

Abb. 172. Temperaturverlauf während des Temperns in einem einfachen Temperofen, Bauart Ruß.

Für größere Leistungen dienen Kammeröfen nach Abb. 173. Diese Öfen haben einen hydraulisch heb- und senkbaren Herd, auf welchem das Tempergut ohne Verwendung besonderer Glühmittel und ohne Tempertöpfe aufgestapelt wird. Um keine Verzögerung bei der Beschickung eintreten zu lassen, wird vorteilhaft ein Reservewagen vorgesehen.

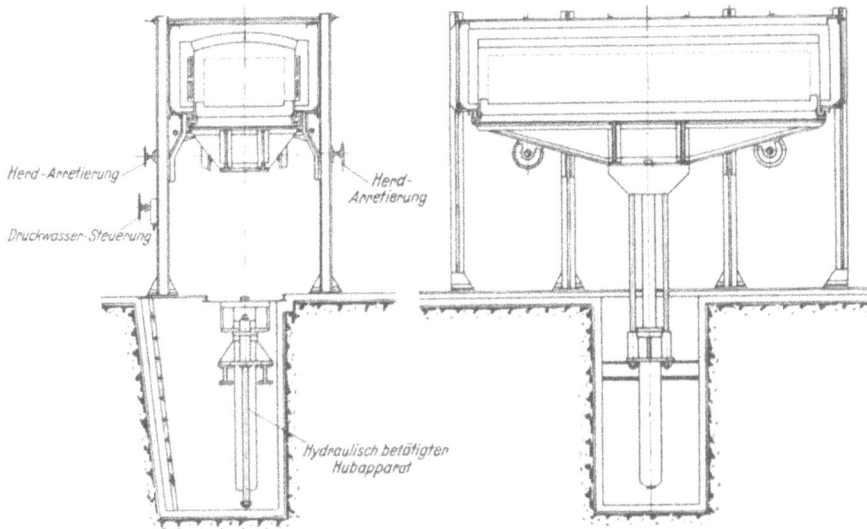

Abb. 173. Großer Kammerofen zum Tempern, Bauart Ruß.

Der Arbeitsgang eines solchen Ofens spielt sich wie folgt ab:
Wenn ein Tempervorgang zu Ende ist, wird der Herd aus seiner Behängung gelöst, hydraulisch abgesenkt und durch eine Zugwinde auf die Entleerungsseite der Ofenanlage gezogen. Dann wird der zum Be-

schicken fertige nächste Herdwagen durch dieselbe Zugwinde bis unter den Ofen gezogen und hydraulisch hochgedrückt. In seiner höchsten Stellung wird der Herdwagen durch Blockiervorrichtungen festgehalten, worauf der Hubkolben wieder abgesenkt werden kann, um den Raum unter dem Ofen freizugeben. Durch Druckknopfschaltung wird nun der Tempervorgang eingeleitet, welcher unter Verwendung von Schütze und Zeitschalter vollständig selbsttätig verläuft. Für die Hilfsheizung während der Glüh- und Abkühlzeit wird der Heizwicklung ein Stufentransformator vorgeschaltet. Die Temperzeiten und auch die Abkühl-

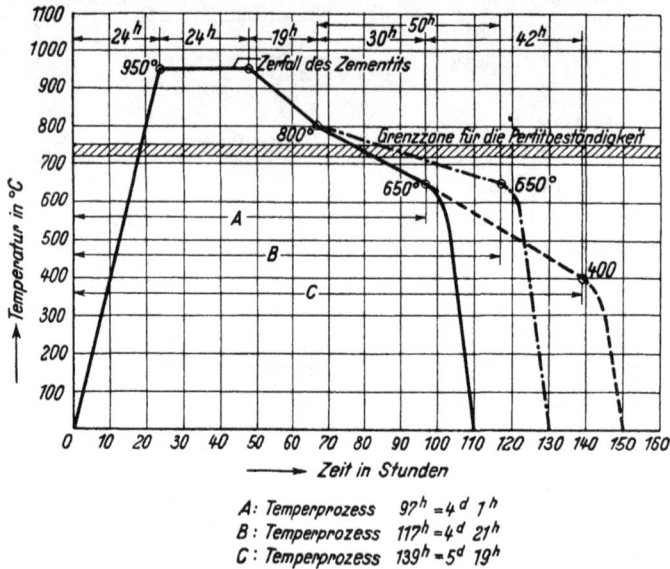

Abb. 174. Temperatur-Zeitkurven beim Tempern im Kammerofen.

zeiten sind weitgehend einstellbar. Außer der Beschickung und Entleerung arbeiten diese Öfen vollkommen selbsttätig.

Der vorgesehene Temperaturverlauf bei einem Kammerofen von 3 t Fassung mit der gleichen Tagesleistung ist aus dem Temperatur-Zeit-Diagramm nach Abb. 174 zu entnehmen. Eine Ofenanlage dieser Art arbeitet seit Jahren mit Erfolg in Nordamerika[1]). Diese Öfen haben den besonderen Vorteil, daß die Temperzeiten den sich jeweils ergebenden Erfordernissen stets angepaßt werden können.

Die Aufstellungsweise einer Kolonne von 6 elektrisch beheizten Kammeröfen zum Schwarzkerntempern wird in Abb. 175 gezeigt. Die vorgesehene einreihige Anordnung der Öfen kann bei entsprechenden Raumverhältnissen natürlich auch dahin geändert werden, daß nur

---

[1]) Breaker, H. O., Time of Graphitization Gut Down, The Iron Age, 23. Mai 1929.

jeweils 3 Öfen eine Reihe bilden und beide Ofenreihen dann nebeneinander angeordnet werden. Jeder Ofen hat bei dieser Anlage einen Anschlußwert von 80 kW. Erwähnenswert ist hierbei, daß neben den 6 Temperöfen noch zwei Öfen zum Vorwärmen bzw. Abkühlen vorhanden sind. Unter der ganzen Batterie läuft eine Gleisanlage zum Anfahren der Wagen, die für die Aufnahme der Töpfe bestimmt sind. Die beiden Öfen zum Vorwärmen und Abkühlen besitzen keine elektrische Erwärmung.

Der Ofenbetrieb verläuft dabei folgendermaßen:

Der Wagen mit dem zu behandelnden Guß wird unter dem Vorwärmeofen angefahren, dort von dem Aufzug erfaßt, hochgehoben und durch Keilstützen festgehalten, so daß der auf dem Wagen befindliche Ofenboden die Ofenöffnung genau ausfüllt und den Ofen luftdicht abschließt. Dieser Vorwärmeofen steht durch Seitenkanäle mit dem näch

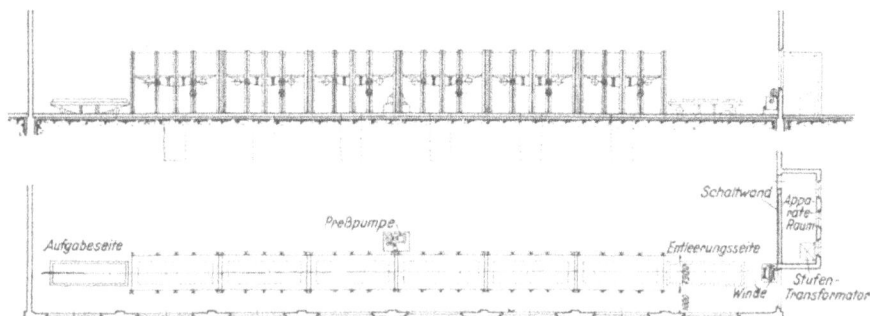

Abb. 175. Eine Kolonne von 6 Kammeröfen zum Tempern mit Hebetischen.

sten Ofen, der der Abkühlofen ist, in Verbindung und wird durch die von dort fließende Wärme vorgewärmt. Nach 24 h wird nun der Wagen mit Boden und Töpfen wieder heruntergelassen, unter einen der 6 Temperöfen gefahren und hier hochgezogen. Im Temperofen bleibt der Wagen mit Boden und Guß 144 h und kommt dann in den Abkühlofen, wo er seine Hitze abgibt, die ihrerseits in den Vorwärmeofen übergeht. Die gesamte Zeit von 144 h im Temperofen setzt sich zusammen aus 36 h zum Anwärmen auf Glühtemperatur, aus 21 h zum Glühen bei gleichbleibender Glühtemperatur von 860⁰ und aus 87 h zum langsamen Abkühlen im gleichen Ofen. Der Stromverbrauch beträgt dabei für einen 5-t-Ofen 2370 kWh oder bezogen auf 1 t Guß 474 kWh. Wird die Anlage ohne Vorwärme- und ohne Abkühlofen ausgeführt, so steigt dieser Stromverbrauch auf 680 kWh. Die Ersparnis mit Vorwärme- und mit Abkühlofen beträgt demnach 30%. Im Vorwärmeofen wird der Guß auf 240⁰ vorgewärmt. Von Vorteil bei dieser Anlage sind der geringe Stromverbrauch, die geringen Unterhaltungskosten und Ausgaben für Handarbeit, dann die leichte Temperatureinstellbarkeit und auch die Möglich keit, das Verhältnis von Kohlendioxyd zu Kohlenoxyd im Ofeninnern, welches Verhältnis für die Temperarbeit wichtig ist, zu beeinflussen.

Während sich bei den Kammeröfen der ganze Tempervorgang nach besonderen Schaltvorgängen abspielt, sind bei den Tunnelöfen die einzelnen Wärmevorgänge unterteilt, wie aus Abb. 176 ersichtlich ist. Das Tempergut wird in Töpfe verpackt, und zwar so, daß beispielsweise für eine Tagesleistung von 3 t 8 Tempertöpfe erforderlich sind, welche zu je zweien auf einen Herdwagen stehen. Der Ofen wird also alle 6 h mit einem Wagen beschickt. Die Wagen mit dem Tempergut gelangen nach dem Einbringen sofort in die Aufheizzone. Besondere Schleusenkammern, wie solche bei feuerbeheizten Öfen, sind bei Elektroöfen überflüssig, weil weder mit Unter- noch mit Überdruck im Ofentunnel gearbeitet wird.

Die Verteilung der Heizung in der Aufheizzone wird so vorgesehen, daß den kalten Tempertöpfen größere Energiemengen zugeführt werden können, als den bereits bis zu einem gewissen Maße durchgeglühten Töpfen. Durch diese Maßnahme wird ein kräftiger Wärmefluß in den besonders aufnahmefähigen noch kalten Tempertöpfen erzielt, was zu einer gleichmäßigen Durchglühung des gesamten Gutes beiträgt. Die Heizung der Aufheizzone wird durch einen Temperaturregler kontrolliert, der so eingestellt werden kann, daß die vorgeschriebene Temperatur nicht überschritten wird. Die Heizung der Temperaturausgleichzone wird ebenfalls durch einen Temperaturregler betätigt, so daß auch hier die gewünschte Temperatur genau eingehalten wird.

Die Abkühlzone wird mit einer besonderen Hilfsheizung ausgerüstet, welche es erlaubt, die gewünschte Abkühlgeschwindigkeit einzustellen. Für die Einstellung werden vorteilhaft besondere Stufentransformatoren vorgesehen. Ebenfalls ist es möglich, in dieser Zone durch eine Änderung der Isolierung eine beschleunigte oder langsamere Abkühlungsgeschwindigkeit in bestimmten Teilen einzustellen. Eine Hilfsheizung wird auch bei modernen feuerbeheizten Tunnelöfen angewandt, weil es praktisch kaum möglich ist, die Isolierung so herzustellen, daß die Abkühlungsgeschwindigkeit das gewünschte Maß nicht überschreitet. Der letzte Teil der Abkühlzone erhält keine besondere Isolierung mehr, um den vorteilhaften Temperaturabfall zu ermöglichen, nachdem der elementare Kohlenstoff im Tempergut vollständig ausgeschieden ist. Die Temperatur in der Abkühlzone wird an 3 Stellen durch elektrothermische Temperaturanzeiger angezeigt.

Unter der ganzen Länge des Ofentunnels muß ein Laufgang vorgesehen werden, welcher bei Betriebsstörungen benutzt werden kann. Das Einbringen der gefüllten Herdwagen in den Ofen sollte durch eine elektrisch angetriebene Stoßvorrichtung geschehen. Parallel zum Tunnelofen muß ein Geleise für die Rückbeförderung der entleerten Wagen vorgesehen werden; ebenso sollte ein Geleise für Reserve- und Reparaturwagen sowie eins für die Füllung und Entleerung der Wagen am Ein-

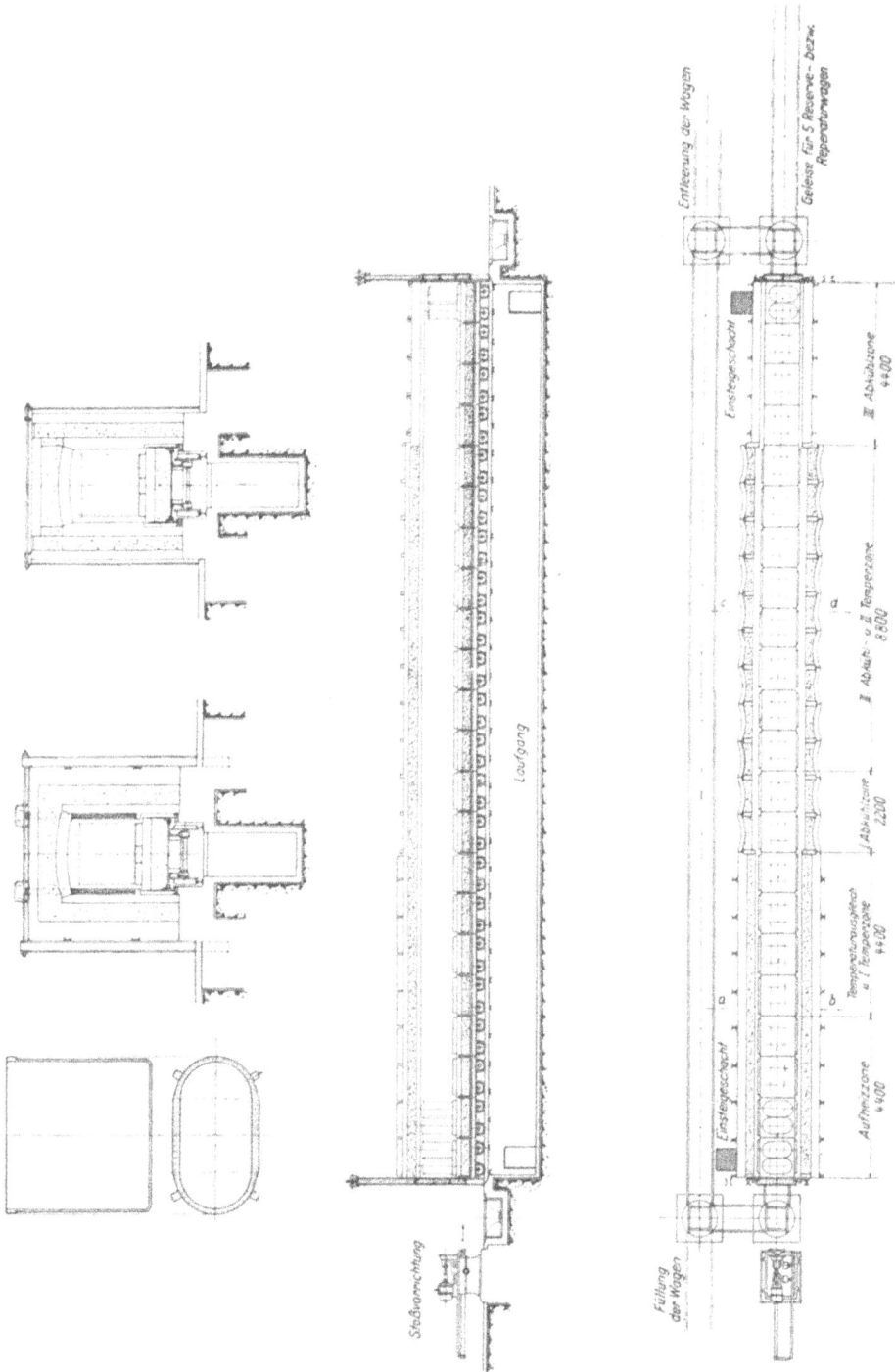

Abb. 176. Ein Tunnelofen, in dem sich der ganze Tempervorgang im durchlaufenden Betrieb abspielt, Bauart Ruß.

und Austrittsende des Ofens vorhanden sein. Wenn jedoch mit besonderen Glühmitteln gearbeitet werden soll, so ist es meistens vorteilhafter, die Beschickung der Wagen bereits am Entleerungsende des Ofens vorzunehmen, damit der Transport des Glühmittels fortfällt.

Der Stromverbrauch ist bei Tunnelöfen günstig. Er beträgt z. B. bei einer Ofenleistung von 3 t Temperguß im Tag etwa 760 kWh bei einem Anschlußwert von 95 kW. Hierbei ist Voraussetzung, daß ohne Glühmittel gearbeitet wird.

Eine Tunnelofenanlage in Como (Oberitalien) ist seit einiger Zeit in Betrieb und hat einen Stromverbrauch von etwa 1000 kWh/t. Dabei ist jedoch zu beachten, daß dieser Ofen zum Glühfrischen dient und nur eine Tagesleistung von 1,33 t hat.

9. Emaillieröfen.

Das Email, ein auf Metall aufgetragener und aufgeschmolzener Glasfluß, ist uralt. Während viele Jahrhunderte das Emaillieren rein empirisch behandelt wurde, folgten später einheitliche physikalische Voraussetzungen; heute liegen exakte Grundlagen vor, die den Fortschritten auf feuerungstechnischem Gebiet und der inzwischen hoch entwickelten chemischen Industrie zu verdanken sind. Hinzu kam, daß der ungewöhnlich große Bedarf der letzten Jahrzehnte an Blech- und Gußemailwaren den nötigen Anreiz schuf, die Emailfabrikation auf die bedeutende Stufe zu bringen, die sie erlangt hat.

Über das Emaillierverfahren berichten Fachleute[1] eingehend. Diese erkennen die Bedeutung der Elektrowärme an, stehen jedoch auf dem Standpunkt, daß ihre Anwendung noch zu teuer sei. Auch hier wird wiederum im wesentlichen nur die einfache Gegenüberstellung zwischen Elektroofen und Gasofen gebracht, ohne Rücksicht auf den wärme- und betriebstechnischen Unterschied. Etwas anderer Auffassung ist bereits eine amerikanische Fachgruppe, die unter ihrem Vorsitzenden Türk[2] ein Handbuch herausgegeben hat, in welchem auf Seite 73 folgendes zu lesen ist:

„Die modernsten Öfen sind ohne Zweifel diejenigen, in denen Elektrizität als Heizmittel verwandt wird. Die Konstruktion der elektrischen Öfen ist viel einfacher als irgendeine der anderen Ofenarten. Durch besondere Anordnung der Heizelemente ist die Wärme so ausgeglichen, daß unter Berücksichtigung des kalten Rostmaterials die Wärmewirkung gleichmäßig für die unteren und oberen Teile der eingeführten Ware ist. Die Instandhaltungskosten für elektrische Öfen sind sehr gering, und wir

---

[1] Stuckert, Die Emailfabrikation. 1929, Verlag von Jul. Springer, Berlin; Linke, Anlage und Betrieb eines modernen Emaillewerkes. 1925, Verlag „Die Glashütte", Dresden.

[2] Türk, Das Penco-Emaillierverfahren. 1930, Verlag Emaillierwaren-Industrie, Duisburg.

wissen, daß in einem Falle, wo eine Gruppe von 6 dieser Öfen im Betrieb
ist, die Instandhaltungskosten im Laufe von drei Jahren für diese 6
Öfen nicht mehr als 25 Dollar betragen.

Die Temperatur im elektrischen Ofen kann überall, nicht nur unter
und über der Ware, durch Pyrometer und entsprechende Heizelemente
so geregelt werden, daß die Hitze ganz nahe der Tür ebenso intensiv ist,
wie im hinteren Teile des Ofens. Aus diesem Grunde ist der Nutzeffekt
des elektrischen Ofens bezüglich des von ihm beanspruchten Raumes und
der Größe der Heizkammer der denkbar größte.

Die Heizelemente haben eine ziemlich lange Lebensdauer und
können ohne Schwierigkeiten im Notfalle ausgewechselt werden. Selbstverständlich ist bei dieser Art Öfen keinerlei Muffel notwendig, der Heizraum ist ein größerer.

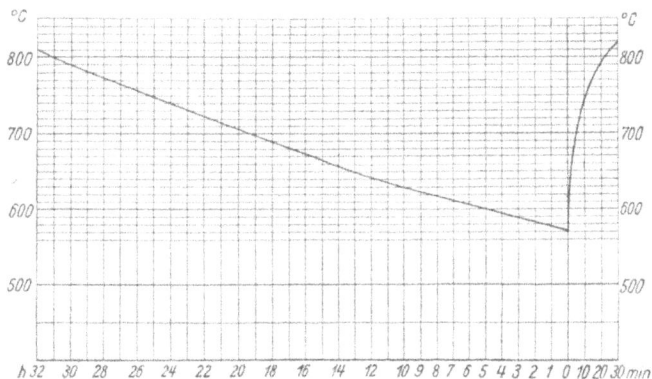

Abb. 177. Temperaturverlauf in einem Emaillierofen.

Wenn auch der Preis für elektrische Öfen im Augenblick bedeutend
höher erscheint als derjenige für andere Ofenarten, so gleicht er sich doch
allmählich ziemlich aus, wenn man die Kosten für die Anlagen von
Öltanks und Brenneranlagen sowie Extrabetriebs-Lagerkosten usw. bei
den anderen Öfen berücksichtigt."

Gestützt auf dieses und andere fachmännische Urteile wird sich die
elektrische Warmbehandlung in der Emaillierindustrie schon wegen ihrer
Sauberkeit durchsetzen. In Nordamerika sind Elektroöfen der großen
Vorteile wegen längst eingeführt. Neben der genauen Temperatur-
regelung gilt als besonderer Vorzug das rasche Hochheizen elektrischer
Brennöfen. So kann beispielsweise ein rostloser Emaillierofen zum
Brennen von flachem Brenngut nach einer Abkühlung von 32 h in etwa
30 min wieder auf die Brenntemperatur von 820° gebracht werden; siehe
Abb. 177. Aber auch der geringe Raumbedarf, die Einfachheit im Bau
und Betrieb dieser Öfen sind ebenso ins Auge fallend, wie die praktische
Anordnung der Tür- und Einsatzvorrichtungen.

Selbstverständlich trägt auch die direkte Bestrahlung des Brenngutes ohne Zwischenschaltung einer Muffel und die Aufspeicherung von Wärme in dem unmittelbar hinter den Heizelementen befindlichen Mauerwerk der Seitenwände wesentlich zur raschen Wärmeübertragung und somit zur Abkürzung der Brennzeit bei. Während des Einsetzens und Herausnehmens der Ware speichert sich hier Vorratswärme auf, die während des Brennens rasch zur Wirkung kommt.

Beim Aufbau eines elektrischen Emaillierofens kommt es auf hohen thermischen Wirkungsgrad an, damit der Stromverbrauch im Vergleich mit Brennstoffkosten keinen Anlaß zu Einwänden bieten kann. Auch die Anlagekosten können sich im Rahmen anderer Ofenarten halten, zumal letztere in Emaillierwerken nur noch als Ferngas- oder Reingasöfen Bedeutung haben. Besonders empfehlenswert ist es, die Muffel aus einer hitzebeständigen Legierung herzustellen, was in USA. mit Erfolg geschieht. Sonst werden die feuerfesten Wände aus hochwertigen Steinen aufgemauert. Die Seitenwände, die Rückwand, Herd und Gewölbe sind mit bestem Wärmeisolierstoff zu isolieren. Die Ausfütterung der Tür kann aus einer besonders feuerfesten Mischung hergestellt und mit Wärmeisoliersteinen hintermauert werden.

Ein wesentlicher Vorteil elektrischer Emaillieröfen ist ferner die Sauberkeit der Beheizung; die Brennkammer ist frei von Verbrennungsgasen, Rauch und Staub. Die Temperatur kann genau eingestellt und selbsttätig geregelt werden. Man kann 50% mehr als bei kohlegefeuerten Öfen, auf das Quadratmeter Hüttenflur berechnet, erzeugen. Ausschuß gibt es nicht; wiederholte Brennung infolge fehlerhaften Brennens wird nie nötig. Der Emailleur kann 100% der Herdoberfläche ausnutzen und genau die gewünschte Färbung treffen. Dazu kommen noch die Beseitigung der Ausgaben für Heizer, Transport und Lagerung von Brennstoff und Asche; die Verringerung der Unterhaltungs- und Ausbesserungskosten auf einen zu vernachlässigenden Betrag und die bessere Ausnutzung der Geschicklichkeit der Bedienungsmannschaft.

Die Muffelöfen werden für flache und andere Blech- und Gußwaren benutzt. Vorzugsweise ist dieser Ofen mit einem Dauerrost versehen, der im Brennraum eingebaut ist. Er besteht aus hitzebeständiger Chromnickellegierung und ist mit Fingern ausgestattet, auf denen die flache Ware ruht. Dies bedeutet eine große Wärmeersparnis und Erzeugungssteigerung, denn die Roste brauchen nicht mehr aus dem Ofen gezogen zu werden, kühlen nicht ab und brauchen nicht bei jedem Schub wieder auf Temperatur gebracht zu werden. Man kann sich hiervon erst eine rechte Vorstellung machen, wenn man bedenkt, daß das Gewicht der Roste in den meisten Fällen das Zwei- bis Dreifache von dem der eigentlichen Emailware beträgt. Vor dem Ofen läuft auf Schienen ein Einsatzwagen mit einer Gabel, deren Zinken aus flachen Leisten bestehen. Beim Vorschieben des Wagens kommt je eine Zinke zwischen zwei Fingerreihen des eingebauten Rostes; durch Senken der Gabel wird die Ware richtig auf die Finger des Rostes gelagert.

Weiter ist es ratsam, bei Muffelöfen die Brennkammer in eine untere und obere Kammer einzuteilen. Dann können die Temperaturen verschieden eingestellt werden; um die schweren Brenngeräte ebenso rasch auf die gewünschte Brenntemperatur zu bringen, wie die daraufstehende Emailware, stellt man die untere Kammer 20 bis 30° höher ein. Dadurch kürzt sich die Brennzeit im ganzen so weit ab, daß man bei Verwendung von Schnelladevorrichtungen auf 15 bis 18 Schübe für Wirtschaftsartikel aus Eisenblech und bei flacher Ware, wie Schilder, Herdteile, Kühlschrankauskleidungen usw. aus dünnem Eisenblech auf 20 bis 25 Schube kommen kann.

Nach Angaben von Nathusius[1]) brennt ein Ofen von etwa 200 kW Energieaufnahme etwa in einer Durchschnittsemaillierung 20 kg Emailblechware bei 60 kg Brennrosten. Die stündliche Leistung beträgt auf dieser Grundlage etwa 400 kg Emailblechwaren bei 1200 kg Brennrosten.

Im Ofen ist, wenn das Temperaturgleichgewicht hergestellt ist, genügend Wärme aufgestapelt, um insgesamt 20 Einsätze oder 400 kg Blechware bei 900° je h, und zwar bei einer Wirtschaftlichkeit von 2,7 kg je verbrauchte kWh zu brennen. Bei einer Brennzeit von 2 min und einer weiteren Minute zum Beladen und Entladen wurde festgestellt, daß die Roste auf 600° abkühlten und während der Chargen auf 710° erhitzt wurden.

Die folgende Gegenüberstellung gibt Aufschluß über amerikanische Betriebsergebnisse zwischen einem elektrisch beheizten Emaillierofen und zwei kohlegefeuerten Öfen:

Abschreibung von $ 12000,— bei 20jähriger Lebensdauer . $ 600,—

Durchschnittliche Verzinsung zu 6%

$$\frac{21}{20} \times \frac{\$ 12000,- \times 0,06}{2} \qquad \ldots \ldots \ldots \ \$ \ 378,-$$

Unterhaltungskosten und Reparaturen durchschnittlich geschätzt auf . . . . $ 50,—

Jährliche feste Ausgaben . . . . $ 1028,—

Feste Ausgaben pro Tag $ 1028,— (286 Tage) . . . . . . $ 3,60

  Löhne: Brenner $ 0,75 pro h

    1. Gehilfe $ 0,65 pro h

    2. Gehilfe $ 0,50 pro h

      $ 1,90 oder bei 18 h . . . . $ 34,20

            Übertrag: $ 37,80

---

[1]) Nathusius, Elektrische Emaillieröfen in Amerika, Illustrierte Zeitschrift für Blechindustrie, Jahrg. 1926, Nr. 20.

Übertrag: $ 37,80

Elektrischer Strom zum Erhitzen (63000 kWh pro Monat zu
$ 0,015/kWh, 23 Tage) . . . . $ 41,09

Gesamtkosten pro 18 Stundentag . . . . $ 78,89

Kosten pro 929 cm² (1 Quadratfuß) bei Stahlblech von Stärke
18: $ 78,89 465 cm² (5000 Quadratfuß) . . . . $ 0,016

Betriebskosten für zwei kohlegefeuerte Öfen:

Abschreibung von $ 3200,— bei 6jähriger Lebensdauer . . $ 533,33

Durchschnittliche Verzinsung zu 6% $\frac{7}{6} \times \frac{\$ 3200.— \times 0,06}{2}$. $ 112,—

Unterhaltungskosten und Reparaturen . . . . $ 500,—

$ 1145,33

Feste Ausgaben pro Tag ($ 1145,33 286 Tage) . . . . . . $ 4,01
Löhne: 2 Öfen:
   2 Brenner zu $ 0,75/h = $ 1,50 pro h
   2 Gehilfen zu $ 0,65/h = $ 1,30 pro h
                $ 2,80 × 18 h . . . . . $ 50,40

   Heizer 24 h zu $ 0,50 pro h . . . . $ 12,—
   Heizer, der den Ofen auf Temperatur bringt, nach
      Abkühlung je einmal die Woche 12 h zu $ 0,50
      pro h = $ 6,— pro Woche zu 5½ Tagen . $ 1,09
Gesamtlöhne pro Tag . . . . $ 63,49
Aschentransport ($ 70,— pro Monat 23 Tage) . . . . $ 3,04
Kohle: 2 Öfen 7 t a $ 5,— pro t . . . . $ 35,—

$ 105,54

Ersparnisse, erzielt durch den Elektroofen gegenüber kohlegefeuerten Öfen:

Betriebskosten für 2 kohlegefeuerte Öfen pro Tag . . . . . $ 105,54
Betriebskosten für den Elektroofen pro Tag . . . . $ 78,89

$ 26,65

Ersparnis an Betriebskosten pro Jahr: $ 26,65 × 286 Tage $ 7621,90
Ersparnis an Ausschuß: 5% × $ 10000,— $ 500,— pro Monat
   × 12 Monate . . . . $ 6000,—

Gesamtergebnis pro Jahr . . . . $ 13621,90

Der Emaillierofen nach Abb. 178 mit dauernd im Ofen verbleibendem Rost hat 240 kW Anschlußwert bei 220 V und ist für eine Brenn-

temperatur von 870° bestimmt. Zu beiden Seiten der Stirnwände sind Türen vorgesehen; die Ware wird an einem Ende eingeführt und am anderen Ende herausgeholt. Auf diese Weise bewegt sich die Ware in einer Linie fort. Solch ein Emaillierofen mit eingebautem Dauerrost ist etwa 2500 mm lang, 1300 mm breit und hat eine Herdfläche von 3,16 m². Dieser Ofen kann beim Schlußbrennen 29 Einsätze in der Stunde bewältigen oder 67,35 m² in der Stunde bei einem Stromverbrauch von

Abb. 178. Emaillierofen, Bauart Hagan.

20 kWh je 10 m². Er kann 27 Einsätze in der Stunde oder 62,7 m² in der Stunde beim Grundbrennen durchsetzen. Der Ofen wird von einem Brenner und zwei Helfern bedient. Bedenkt man, daß man bei diesem Elektroofen mit Dauerrost eine ungeheure tote Last vermeidet, die in anderen Öfen nutzlos mitgeheizt werden muß, da z. B. auf etwa 22 bis 23 kg Ladegewicht an Brenngut 90 bis 110 kg Roste mit Spitzen kommen, so leuchtet gewiß jedem die Ursache der größeren Erzeugungsmenge ein.

Selbstverständlich ist für eine so große Erzeugungsmenge Voraussetzung, daß sowohl die verwendete Emaille so beschaffen und die Blech-

stärke derartig ist, daß die durchschnittliche Brenndauer für Blech-
emaillewaren 2 min beträgt; weiter darf man für das Herausnehmen der
Ware aus dem Ofen, Abladen von der Gabel, Laden des neuen Einsatzes
auf die Gabel und Einführen in den Ofen nicht mehr als eine Minute ver-
verwenden. Dies ist natürlich nur möglich, wenn das Sortiment aus nicht
zu vielen kleinen Stücken besteht. Weiter muß eine Schnelladegabel
verwendet werden und schließlich muß die An- und Abfuhr des Brenngutes möglichst mit Förderbändern oder -rollen bewerkstelligt werden,
damit das Ent- und Beladen rasch genug vor sich gehen kann. Stücke,
welche aus so schwachem Blech hergestellt sind, daß jedes einzeln gerichtet werden muß, verlangsamen die Arbeit.

Bei dem Elektro-Emaillierofen mit dauernd im Ofen verbleibendem
Rost und Türen an beiden Enden kann die Zeit zwischen zwei Schüben
fast auf Null herabgesetzt werden, weil hier die eine Gabel den Ofen mit
fertiger Ware verläßt, während in einem Abstand von etwa 20 cm eine
andere Gabel mit neuer Ware von der entgegengesetzten Türe in den
Ofen eingeführt wird. Hierdurch wird also eine fast ununterbrochene
Arbeitsweise ermöglicht, so daß für den Arbeitsvorgang praktisch nur
die reine Brennzeit gerechnet zu werden braucht.

Die von den Amerikanern verwendete Emaille gestattet das Brennen von Stahlblechwaren bei Temperaturen von 790 bis 900°; die nie-
deren Temperaturen werden hauptsächlich für Deckemaille auf leichten
Ofenteilen angewandt, während die höhere Temperatur besonders für
die Grundemaille schwerer Kühlerteile in Frage kommt. Die Brenn-
temperaturen schwanken um 20 bis 30° zwischen jeder Brennung, d. h.
wenn eine Grundemaille bei 900° gebrannt ist, wird das Brennen der
ersten Deckemaille bei 870° durchgeführt. Im allgemeinen richtet sich
die Höhe der Brenntemperatur, abgesehen von der Eigenart der Emaille,
nach der Art der Ware. Bei Stahlblechwaren ist der Unterschied nicht
größer als 20 bis 30°, je nachdem, ob es sich um Ofenteile, Küchengeschirr
oder Kühlerteile handelt. Für Gußeisenteile geht die Temperatur selten
über 730° hinaus. Die Minimaltemperatur hierfür ist ungefähr 570°.

Bei dem geringen Wärmebedarf dieser Art Emaillewaren hat man
natürlich die Möglichkeit, das Einsatzgewicht wesentlich zu erhöhen.
So lädt man beispielsweise auf eine Gabel von 1270 × 2540 mm mit
einem Male 64 bis 82 kg, wobei man gegebenenfalls die Ware auf Roste
in mehreren Abteilungen unterbringt. Die Brenndauer beträgt hierfür
35 bis 40 min.

Vorteilhaft sind auch Wanderöfen, zumal mit Rücksicht auf die
kurze Brenndauer bei Blechwaren. Ein in Nordamerika[1]) zum Brennen
von Küchengegenständen gebauter Ofen hat nur eine Öffnung, durch die
das Emailliergut sowohl in den Ofen eintritt als auch den Ofen wieder

---

[1]) The Iron Age 1929, 12. Dezember, S. 1581.

verläßt. In der Brennzone, wo die höchsten Temperaturen herrschen, wird das Emailliergut in einer U-förmigen Kurve umgeleitet, so daß der Rückweg parallel zum Hinweg verläuft. Jeder Arm dieser Wärmezone ist 4 m, die U-förmige Krümmung selbst 2,3 m, so daß die Wärmekammer insgesamt 10,3 m lang ist. Die ganze Ofenlänge ist etwa 25 m und weist neben der eigentlichen Wärmekammer noch eine fast 20 m lange Vorwärmekammer auf, die als Trocknungszone gedacht ist. Die Vorwärmkammer besteht aus zwei Teilen. Die ersten 12 m dieses Ofenabschnittes verlaufen waagerecht, die übrigen 8 m aber nach oben geneigt. Der Boden der anschließenden Wärmezone liegt etwas höher als die Decke der Vorwärmekammer. Der Ofen ist für 450 kW, 220 V gebaut worden.

Die zu emaillierenden Gegenstände werden auf Gestelle aufgesetzt, die an einem Kettenband durch Vorwärme- und Wärmekammer ziehen. Die Geschwindigkeit der Förderkette ist von 0,9 bis 5,5 m/min einstellbar, jedoch ist das Werk bemüht, mit der einheitlichen Geschwindigkeit von 3,7 m/min zu arbeiten, und zwar sowohl für das Brennen der Grund- als auch der Deckemaillen; in dem letzten Falle wird lediglich die Temperatur in der Brennkammer ermäßigt. Die Grundemaille wird bei einer Temperatur von 910 bis 925°, die Deckemaillen bei einer solchen von 815 bis 840° gebrannt. Zur Temperaturkontrolle sind selbsttätige Temperaturmeßgeräte eingebaut.

Die genannten Temperaturen und die Fördergeschwindigkeit bezieht sich auf den üblichen Betrieb; bei größeren Mengen an Emailliergut und bei größeren Stücken wird die Temperatur noch erhöht oder die Fördergeschwindigkeit ermäßigt. Im gewöhnlichen Betrieb verbleibt das Emailliergut rd. 3 min in der Wärmezone. Der Ofen ist besonders zum Brennen emaillierter Küchenartikel bestimmt und seine Leistung in einem ununterbrochenen Tagesbetrieb von 23 h beträgt 30000 bis 40000 Gegenstände oder 15 bis 17 t. Man kann jedoch diese Leistung bei einem angespannten Betrieb auch auf fast das Doppelte erhöhen.

In Abb. 179 wird ein elektrisch beheizter Wanderofen in Verbindung mit einem Gasofen gezeigt. Die Emaillierung erfolgt in zwei Stufen; die erste übernimmt der Gasofen für die Grundemaille, die zweite der Elektroofen zum Deckemaillieren; der ganze Arbeitsvorgang ist durchgehend am endlosen Band. Der im Bilde hinten links sichtbare schleifenbzw. U-förmige Elektroofen hat einen vorgebauten langen Herdofen, der gleichzeitig verbrannte Stoffe trocknet und absaugt. Dann folgt eine freie Strecke der Transportkette zu beiden Seiten, um das Gut vor- oder unvorbereitet auf- und wieder absetzen zu können. Vorn steht der lange Gasofen mit dem Kettenbandbetrieb auf dem Dach des Ofens.

Mit dieser Anlage werden im Tag 1200 Blechwannen für Waschmaschinen emailliert. Der Elektroofen hat hierbei eine Leistungsaufnahme von 375 kW.

Abb. 179. Runder elektrischer Emaillierofen in Verbindung mit einem langen Gas-Kammerofen.

Um größere Flächen, z. B. die Blechwände von Küchenherden zu emaillieren, sind Wanderöfen ausgebildet worden, wie ein solcher im Schnitt und Ansicht in Abb. 180 gezeigt wird. Bei diesem Ofen vollzieht

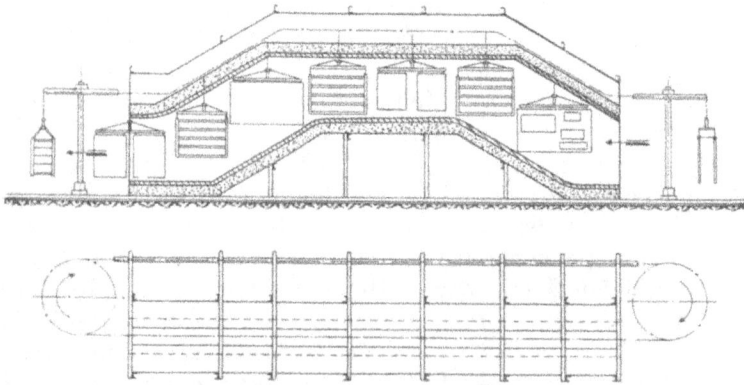

Abb. 180. Wander-Emaillierofen für Blechwände, Bauart Ruß.

sich der Arbeitsvorgang wiederum vollkommen selbsttätig, indem an einer Transportschleife die zu emaillierenden Gegenstände angehängt und durch den Ofen geleitet werden.

10. Nitrieröfen.

Seit etwa 1920 beschäftigt man sich mit einem Verfahren der Oberflächenhärtung durch Stickstoff. Das gewöhnliche Verfahren der Einsatzhärtung durch Aufkohlung wurde den großen Anforderungen an ein oberflächengehärtetes Material nicht genügend gerecht. Durch die hohen Temperaturen, bei denen der Prozeß durchgeführt wurde und durch die inneren Spannungen verzieht sich das zu härtende Gut derartig, daß durch ein nachfolgendes Abschleifen die Fehler nicht behoben werden können. Durch die Verschiedenartigkeit der Form der zu behandelnden Teile entstehen mitunter Härterisse und -brüche, die zu Ausschuß führen. Die praktischen Anforderungen an das gehärtete Gut dagegen sind Gleichmäßigkeit des Materials mit bestimmten Eigenschaften und besonders hoher Oberflächenhärte.

Diesen Wünschen entspricht in hohem Maße das nitrierte Gut. Das Nitrierverfahren arbeitet bei einer niedrigen Temperatur von ungefähr 500° mit langsamem Abkühlen. Durch die Vermeidung des Abschreckens ist ein Härteverzug ausgeschlossen. Da bei niedrigen Temperaturen gehärtet wird, wird der Ar_3-Punkt, der entsprechend der Umwandlung von γ-Eisen in β- bzw. α-Eisen (siehe Eisen-Kohlenstoffschaubild, Linie $C\,V\,P$) mit einer Volumenänderung verbunden ist, vermieden.

Dank der umfangreichen Forschungen im letzten Jahrzehnt haben wir heute ein ziemlich klares Bild über das Härteproblem des Stickstoffes. Nach dem Zustandsschaubild von Eisen-Stickstoff, das zuerst von Fry[1]) aufgestellt wurde, besteht bei etwa 580° ein Eutektikum (Umwandlung des Gefüges). Die Löslichkeit des Stickstoffs bei dieser Temperatur im Eisen beträgt nach den neuesten Untersuchungen von Eisenhut und Kaup[2]) 0,42%. Die Löslichkeit des Eisens für Stickstoff nimmt mit Fallen der Temperatur ab. Eisennitridkristalle werden ausgeschieden. Bei Zimmertemperatur beträgt nach Köster[3]) der gelöste Stickstoff im Eisen nur noch 0,001%. Die früheren Nitrierungsverfahren arbeiteten nur bei Temperaturen von 600 bis 800°. Die gebildeten Eisennitridrandschichten waren sehr spröde und für technische Härtungszwecke nicht verwendbar. Die Vergrößerung der Härte des Eisens durch die Behandlung mit Stickstoff bei niedrigen Temperaturen ist nicht so groß, daß sie von technischer Bedeutung ist. Legiert man dem Eisen gewisse Elemente, wie Aluminium, Chrom, Titan, Molybdän oder andere zu, so bewirkt die Behandlung dieser legierten Stähle mit Stickstoff eine so große Oberflächenhärte, wie sie durch das gewöhnliche Einsatzhärten durch Aufkohlen nicht erreicht wird. Durch die Diffusion des Stickstoffes in diese Spezial-Nitrierstähle bilden sich stabile Verbindungen

---

[1]) Fry, Kruppsche Monatshefte, 4, 1923, S. 137/51.
[2]) Eisenhut und Kaup, Zeitschrift für Elektrochemie, 36, 1930, S. 392/404.
[3]) Köster, Archiv für das Eisenhüttenwesen, 3, 1929/1930, S. 637/58.

13*

des Stickstoffs mit dem Eisen und den Legierungskomponenten. Die Nitride der Legierungskomponenten sind im Eisen fein verteilt und praktisch unlöslich. Sie verursachen die starke Härtesteigerung auf der Oberfläche des Stahls. Nach Fry[1] nimmt die (chemische Affinität des Stickstoffs) Neigung zur chemischen Bindung des Stickstoffs mit den Legierungskomponenten des Stahles in folgender Reihenfolge ab: Aluminium, Titan, Chrom, Wolfram, Mangan, Eisen. Eine der bekanntesten Nitrierstähle enthält z. B. ungefähr 1% Aluminium und 1,5% Chrom.

Der Nitrierprozeß beruht auf der Zersetzung von Stickstoffverbindungen bei genügend hohen Temperaturen. Wasserfreies Ammoniak (dissoziiert) zersetzt sich teilweise bei Temperaturen von 425 bis 600° in Stickstoff und Wasserstoff. Die Eindringstärke des Stickstoffs hängt von der Nitrierzeit und -temperatur ab. Wie bei allen Diffussionsvorgängen bleibt auch bei dem Nitrieren die Eindringgeschwindigkeit des Stickstoffs in das zu härtende Gut nicht konstant, sie nimmt mit der Dauer des Verfahrens ab. Die Nitrierdauer beträgt je nach der gewünschten Einsatztiefe 5 bis 100 h. Man dehnt die Zeit jedoch nicht über 90 bis 100 h aus. Nach dieser Zeit beträgt die Nitriertiefe etwa 0,75 mm. Ein Erhöhen der Nitriertemperatur über 500° würde zur Erhöhung der Eindringgeschwindigkeit führen, die Härte würde jedoch dadurch verringert werden. Im Gegensatz zu Eisen-Kohlenstofflegierungen läßt sich die frühere Härte durch Wärmebehandlung nicht wieder erreichen. Durch das Nitrieren werden Brinellhärten von 900 bis 1100 erreicht.

Da das Gut nach dem Nitrierhärten keiner Behandlung mehr unterzogen zu werden braucht, wird es vor dem Härten in der Fertiggröße hergestellt. Durch die Aufnahme von Stickstoff tritt ein geringes Wachsen der Oberflächenschicht des Härtegutes ein, das je nach der Nitrierdauer bis zu 0,02 mm betragen kann, das gegebenenfalls Berücksichtigung finden muß.

Zu Beginn des Nitrierprozesses muß die Luft bis auf etwa 10% reduziert werden, um eine Oxydation bei der Erwärmung zu vermeiden, und nach dem Nitrieren muß das Gas noch so lange durch den Ofen geschickt werden, bis die Temperatur auf etwa 150° gesunken ist; erst dann ist ein Einlassen der Luft in den Ofen zulässig. Die besten Ergebnisse werden mit Ammoniakgas erreicht, das etwa zu 20 bis 30% zersetzt ist. Um dauernd dieses Zersetzungsverhältnis einhalten zu können, muß die erforderliche Ofentemperatur genau eingehalten werden. Ein Temperaturunterschied von 10° beeinflußt das Zersetzungsverhältnis des Ammoniaks schon um 3 bis 5%. Außer einer Kontrolle der Temperatur ist zum Einhalten des richtigen Gasverhältnisses eine Kontrolle der Gaszufuhr erforderlich. Der Gasverbrauch hängt in großem Maße von der Oberfläche der zu nitrierenden Gegenstände und von der notwendigen

[1] Fry, Heating Treating and Forging, 1932, S. 306/308.

Temperatur ab und muß dauernd variiert werden. Das Härtegut braucht nicht besonders gepackt zu werden. Die Berührung der einzelnen Teile miteinander verursacht keine Störung in der Gleichmäßigkeit des Einsatzes. Eine besondere Reinigung des Gutes ist nicht notwendig. Geringe Mengen von verflüchtigtem Öl stören den Prozeß nicht, sie sind eher von Vorteil. Damit der freiwerdende Stickstoff mit allen Teilen des Gutes in Berührung kommt, muß für eine gute Zirkulation gesorgt werden. Eine Durchwirbelung der Gase ermöglicht ebenfalls ein Verringern der Anheizzeit und eine gleichmäßigere Temperatur im Ofen. Eine richtige Heizleistung des Ofens gestattet schnelles Anheizen, das

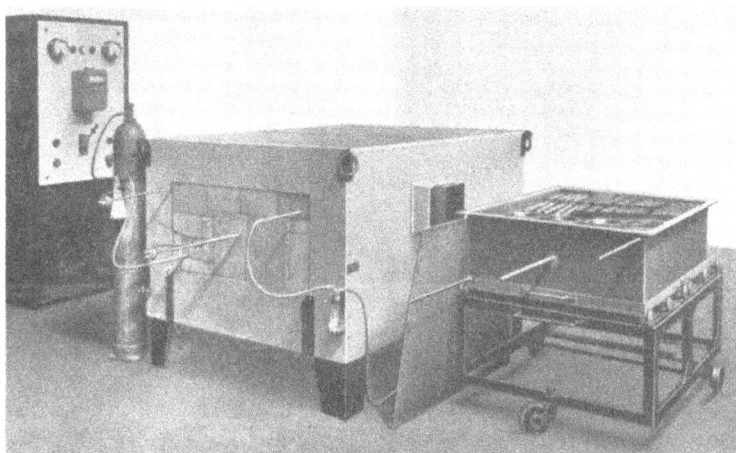

Abb. 181. Einfacher Nitrierofen in Muffelform. Ausführung: Friedr. Krupp, A. G., Essen.

bei der langen Dauer des Prozesses von großer wirtschaftlicher Bedeutung ist.

Wegen der hohen Anforderungen an den Nitrierofen in bezug auf genaue Kontrolle und Regelung der Temperatur und auf gleichmäßige Erwärmung des Härtegutes kommt zum Nitrieren in der Hauptsache nur der elektrische Ofen in Frage. Um eine bestimmte Ofenatmosphäre beim Nitrieren einhalten zu können, braucht man Öfen mit verschließbaren Behältern, Töpfen oder Muffeln.

Zuerst verwandte man zum Nitrieren einen einfachen Muffelofen; siehe Abb. 181. Das zu härtende Gut wird hier in einen Eisenkasten gelegt, der durch einen dichten Deckel geschlossen wird. Dieser Kasten wird in einen Muffelofen geschoben, der solche inneren Abmessungen hat, daß der Kasten gerade den Ofen ausfüllt. Durch ein Zuführungsrohr am unteren Teil des Kastens wird Ammoniakgas in den Kasten eingeleitet; im oberen Teil des Kastens befindet sich ein Austrittsrohr. Das Gas strömt langsam durch den Kasten zwischen dem eingepackten Gut hindurch, bis es zur Austrittsöffnung gelangt. Mittels Thermoelementen wird die Temperatur in der Mitte des Kastens und im Ofenraum außerhalb des Kastens gemessen.

Im Gegensatz hierzu seien die modernen Retortenöfen erwähnt, die in Amerika eine große Verbreitung gefunden haben; siehe Abb. 182. Das Wesen dieser Öfen ist eine gute Durchwirbelung der Gase und eine gleichmäßige Behandlung der einzelnen Oberflächen der zu härtenden Gegenstände. Zu diesem Zweck wird das Einsatzgut in einen perforierten Korb gebracht, der in eine Retorte gestellt wird. Die Perforierung des Korbes gestattet einen gleichmäßigen Eintritt der heißen

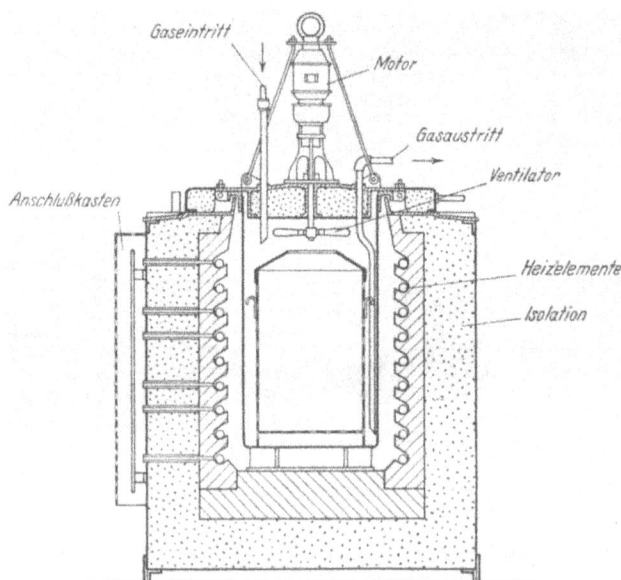

Abb. 182. Retortenofen, Bauart Hevi Duty Electric Co.

Stickgase von allen Seiten in den Korb. Die Retorte wird mit einem Deckel abgedichtet und in den Herdraum eingesetzt. Der Deckel ist mit einem Ventilator zur guten Durchwirbelung des Gases versehen. Der Ofen wird durch ein Anzeig- und Aufschreibepyrometer überwacht. Ein Thermoelement befindet sich in der Retorte und ein zweites im Herdraum. Der Ammoniakdruck und die Strömungsgeschwindigkeit des Gases werden ebenfalls ständig kontrolliert.

Die Bedeutung der Nitrierhärtung für die Praxis liegt, wie schon erwähnt, darin, daß ein Gut geliefert wird, das ohne Verziehungserscheinungen größte Oberflächenhärte bekommen hat. Das Material wird vor der Härtung fertig bearbeitet und vergütet. Die teuren und zum Teil unmöglichen Arbeiten des Nachschleifens erübrigen sich. Außer den

genannten Eigenschaften des Nitrierstahls seien noch folgende Vorzüge
erwähnt. Die Oberfläche legierter Stähle erfährt durch die Nitrierhärtung eine gewisse Beständigkeit gegen Korrosion, die die Verwendung
der Nitrierstähle bei Heißdampf zuläßt. Infolge der hohen Festigkeit
der Randschicht nitrierten Gutes zeigen sich bei einer Wechselbeanspruchung des Materials die ersten Anbrüche nicht wie sonst in der Außenschicht, sondern unter der Nitrierschicht. Die fast nie zu vermeidenden
Verletzungen der Oberfläche haben also keinen besonderen Einfluß bei
wechselnd beanspruchten stickstoffgehärteten Gegenständen.

Die Verwendungsgebiete nitrierter Werkstücke liegen also überall
da, wo die höchste Oberflächenhärte bei großer Verschleißfestigkeit, eine
gewisse Korrosionsbeständigkeit und Unempfindlichkeit gegen Kerbe
und Wechselbeanspruchung verlangt wird. Die Firma Krupp A.-G. gibt
folgende Hauptverwendungsgebiete für Nitrierstähle an: Im Werkzeug-
maschinenbau für Hohl-, Gewinde-, Bohrspindeln, Wellen, Automaten-
laufteile, Fräsdorne, Führungsschienen, Getriebeteile aller Art, Kurven-
scheiben, Exzenter, Malteserkreuze usw., ferner im allgemeinen Maschinenbau für Kolbenstangen, Plunger, Pumpenteile, Treibzapfen,
Kreuzkopfzapfen, Kurbelzapfen usw., weiterhin im Textilmaschinenbau
für Rippenscheiben, Rippzylinder, Spindeln, Schloßteile usw., schließlich im Automobil- und Flugzeugbau für Kurbelwellen Pleuelstangen,
Kolbenbolzen, Zylinderlaufbüchsen, Tellerräder, endlich für Meß-
werkzeuge wie Gewindekaliber, Kaliberringe und -bolzen, Bohrkaliber,
Endmaße, Lehrdorne, Meßlineale.

Es sei noch bemerkt, daß sowohl das Nitrierverfahren, die zur Anwendung kommenden Nitrierstähle und Nitrieröfen der Firma Fried.
Krupp A.-G., Essen, durch Patente geschützt sind.

11. Anlaßöfen.

Die Anlaßöfen haben vor allem in der Stahlbearbeitung verbreitete
Einführung gefunden. Bekanntlich soll das Anlassen das Gefüge des
gehärteten Stahls so beeinflussen, daß die Zähigkeit der Werkstücke
unter möglichst geringen Opfern an Härte und Zugfestigkeit auf das in
jedem Fall erforderliche Maß erhöht wird. Bei einzelnen Werkstücken
ist dies leicht zu erreichen, wenn nur die richtige Temperatur eingehalten
wird; in der Massenherstellung dagegen treten mancherlei Schwierigkeiten auf. Um diese zu verstehen, muß kurz auf die Arten der Wärmeübertragung eingegangen werden: Konvektion, Strahlung und Leitung.
Die Leitung spielt bei Anlaßeinrichtungen praktisch keine Rolle. Man
kann diese daher in zwei Gruppen zusammenfassen: solche, die hauptsächlich durch Strahlung und solche, die durch Konvektion die Wärme
übertragen, wobei jeweils die andere Art der Wärmeübertragung mehr
oder weniger mitwirkt.

Von Konvektion spricht man, wenn die Wärme durch ein die Wärmequelle und die Werkstücke berührendes Medium, Luft, Öl, ein Salz- oder Bleibad u. dgl. übertragen wird. Das Medium zirkuliert im Ofen gemeinhin durch seinen eigenen, durch die Erwärmung erzeugten Auftrieb. Es nimmt durch Berührung die Wärme in ihrer Quelle auf und gibt sie an die Werkstücke ab. Wenn man die zu behandelnden Teile ganz in eines der genannten Bäder eintaucht, sollte man annehmen, daß sie gleichmäßig erwärmt werden. Es zeigt sich aber, daß dies nicht der Fall ist, da die Bäder an der Berührungsstelle mit der Wärmequelle stets heißer als an entfernteren Punkten sind.

Die Wärmestrahlung dagegen pflanzt sich von der Wärmequelle zu dem beheizten Körper ohne ein besonderes Medium durch den Raum fort. Man erkennt sofort, daß ein einzelner Körper in einem Strahlungsofen sehr gut angelassen werden kann, wenn die Wärme im Ofen gleichförmig verteilt ist, was in jedem elektrischen Ofen der Fall sein sollte. Werden aber viele kleine Teile zusammen erwärmt, so treffen die Wärmestrahlen nur die äußeren Teile, während die anderen gewissermaßen in deren Schatten liegen. Es ist klar, daß sie langsamer erwärmt werden und nur durch Leitung und Konvektion Wärme zugeführt erhalten. Es ist also unmöglich, in einem Strahlungsofen Massenware anzulassen, da alle Teile verschieden erwärmt werden und daher auch in ihren physikalischen Eigenschaften verschieden ausfallen; es kommt vielmehr nur ein Ofen, in dem die Wärme durch Konvektion übertragen wird, in Frage. Die Erwärmung wird um so schneller und gleichmäßiger erfolgen, je lebhafter das die Wärme übertragende Medium im Ofen zirkuliert.

Ein Nachteil der Öfen, die mit Bädern als Medium arbeiten, ist der große Strahlungsverlust an der Badoberfläche. Das flüssige Medium verdampft; es muß unter ständigen Kosten erneuert werden. Die aus dem Bad aufsteigenden Dämpfe sind lästig und korrodierend. Solche Öfen erfordern besondere Räume, die künstlich zu belüften sind. Es entsteht weiter ein dauernder Verlust durch das Anhaften von Salz oder Öl an den Werkstücken, die außerdem dadurch verunreinigt werden und in einem besonderen Arbeitsgang wieder gereinigt werden müssen. Beim Ölbad besteht schließlich noch Feuersgefahr. Man kann daher sagen, daß das Arbeiten mit Bädern trotz Schnelligkeit und gleichmäßiger Erwärmung allenfalls teurer, zumindestens aber unangenehm ist.

Auf Grund der vorstehenden Überlegungen entstand in Amerika das sog. Homo-Verfahren mit zirkulierender Luft als Medium. Zu seiner Ausübung ist folgende Einrichtung erforderlich: Ein elektrisch beheizter Ofen mit zwei Einsatzkörben zur Aufnahme der Werkstücke, ein Einkurven-Potentiometer-Regler mit dem im Ofen befindlichen Thermoelement und eine Schalttafel mit den Relais und selbsttätigen Schaltern für die Temperaturregelung.

Der Anlaßofen nach Abb. 183 ist eine derartige Sonderkonstruktion zum Anlassen von Massenteilen, die die bisher vorhandenen Schwierigkeiten beseitigt. Der Ofen hat eine vollkommen gleichmäßig verteilte elektrische Heizung, ist nach außen wirksam isoliert und hat infolge geringer Strahlungsverluste einen guten Wirkungsgrad. Die Wärme wird durch Luft, die keine Kosten verursacht, übertragen. Ein in den Ofen eingebauter Ventilator versetzt die Luft in lebhafte Bewegung. Die Luft nimmt an den Heizelementen die Wärme auf und gibt sie nachher an die Werkstücke wieder ab. Diese Luftumwälzung genügt aber an und für sich nicht, um eine gleichmäßige Erwärmung aller Werkstücke zu erzielen. Die zuerst vom Luftstrom getroffenen Werkstücke bleiben stets wärmer als die anderen. Deshalb wird der Ventilator in kurzen Zeitabständen selbsttätig umgesteuert. Da durch den vom Ventilator erzeugten Überdruck die Luft in alle Ecken und Winkel dringt, ist die Beheizung im ganzen Ofen gleich stark. Die anzulassenden Stücke werden in einem Korbe in den Ofen eingesetzt. Zu jedem Ofen gehören zwei Körbe, deren einer gepackt wird, während der andere sich im Ofen befindet. Die Einsatzzeit wird hierdurch auf das geringste Maß verkürzt. Der Ofen nimmt selbst wenig Wärme auf, so daß er sich rasch und billig anheizen läßt. Hierdurch ist die Temperatur im Ofen nicht von seiner eigenen Masse, sondern vom Einsatz abhängig und jede Überhitzung desselben ausgeschlossen. Der Ofen ist schnell betriebsbereit und braucht bei größeren Betriebspausen nicht warmgehalten zu werden. Er arbeitet auch bei einschichtigem Betrieb wirtschaftlich.

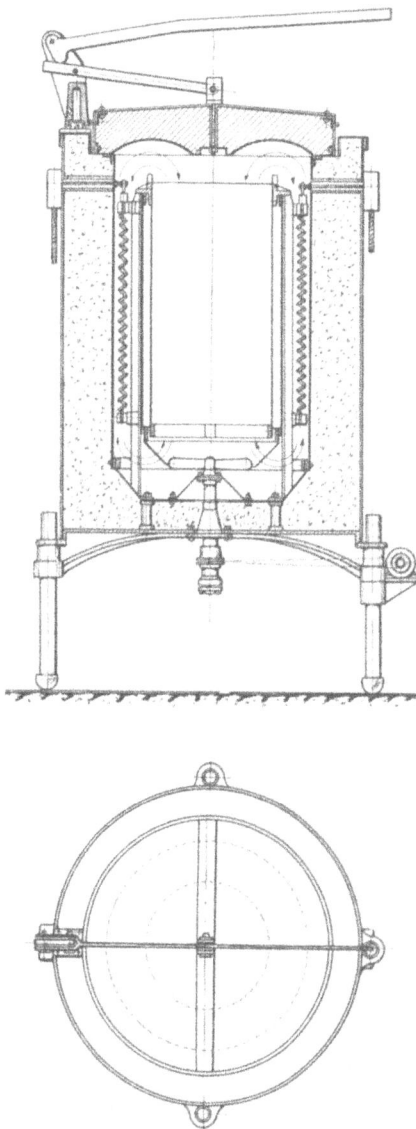

Abb. 183. Anlaßofen, Bauart Ruß.

Schon in Abb. 27 wurde ein solcher Anlaßofen von oben offen dargestellt gezeigt, während in Abb. 184 eine betriebsfertige Anlage zu sehen ist. In Anbetracht der Ofenhöhe von über 3 m ragt der Ofen nur 1,2 m aus dem Boden des Werksraumes heraus, um die Übersicht und Bedienung des Ofens zu erleichtern.

Ein anderer, ebenfalls recht einfacher Anlaßofen ist der in Abb. 185 dargestellte Ofen. In einem muldenförmigen Kasten, beiderseits durch Türen abschließbar, findet das Gut Aufnahme. Außerhalb (im vorliegen-

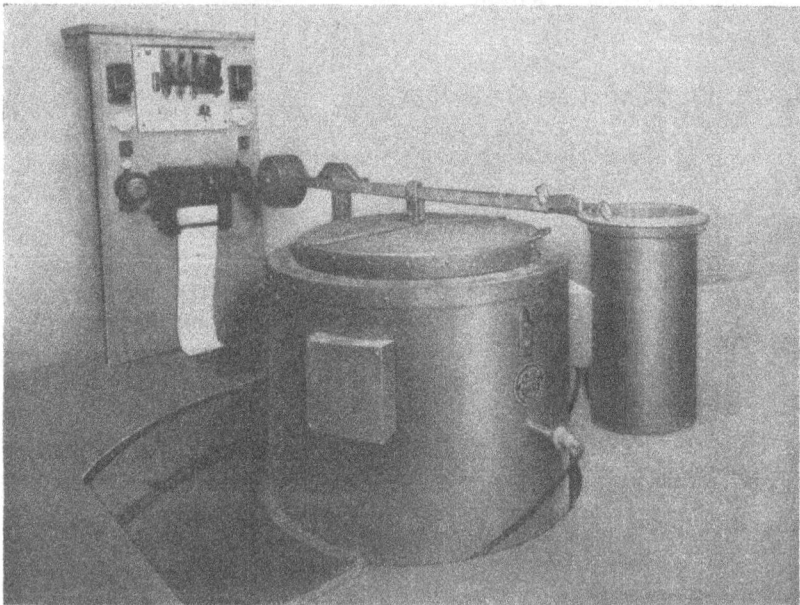

Abb. 184. Großer runder Anlaßofen. Ausführung: „Industrie" Elektroofen G. m. b. H., Köln.

den Falle unterhalb des Ofens) sind elektrische Heizregister in einem geschlossenen Kasten untergebracht, wie bei den bekannten Lufterhitzern. Von einer Seite drückt ein Gebläse, welches in der Rohrleitung eingeschaltet ist, seine Luft durch die Heizwiderstände und von da in den Ofen. Die heiße Luft wird am anderen Ende alsdann wieder aufgefangen, d. h. von dem Gebläse wieder angesaugt, wobei sich ein einfacher Kreislauf unter billigen Betriebsverhältnissen abspielt.

Für zum Anlassen von Metallrohren hat der bereits erwähnte Metallfachmann Dr. Busse (siehe Band- und Durchziehöfen) im Jahre 1916 einen Langofen entwickelt, bei dem an einer Stirnwandseite ein Ventilator angebracht war, um eine gute Luftumwälzung zu bewirken.

12. Trockenöfen.

Bei Trockenvorgängen handelt es sich im allgemeinen um Verdampfung flüchtiger Bestandteile durch Erwärmung, also um Entfernung bzw. Herabsetzung des Gehaltes an Feuchtigkeit oder an gebundenem Wasser. Solche Trockenprozesse werden vielfach bei der Herstellung von Fabrikaten aus tierischen und pflanzlichen Erzeugnissen

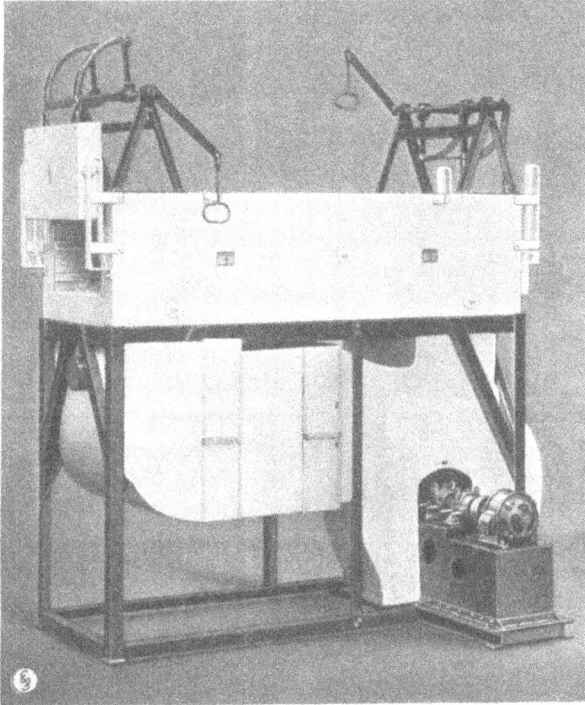

Abb. 185. Kastenförmiger Anlaßofen. Ausführung: Siemens-Schuckertwerke, Berlin.

angewandt. Insbesondere sind elektrische Trockenschränke in der Pinsel- und Bürstenfabrikation eingeführt worden (Abb. 186). Auch für das Trocknen von mineralischen Stoffen können elektrische Trockenschränke vorteilhaft Verwendung finden. Ein besonders wichtiges Anwendungsgebiet ist ferner die Lacktrocknung, bei der es sich darum handelt, das Lösungsmittel bei Lacken, Farben, Firnis u. dgl. auszutreiben. Bei Öllacken kommt auch noch eine Erhärtung des Lösungsmittels unter dem Einfluß des Luftsauerstoffes hinzu, so daß der Trocknungsvorgang gleichzeitig auch ein Oxydationsvorgang ist. Die Trockenzeit ist im allgemeinen außer von dem Luftwechsel von der angewandten Trockentemperatur abhängig. Dieser sind jedoch wiederum durch die Eigenschaften der verwendeten Lackarten bestimmte Grenzen gesetzt.

Mithin ergibt sich, daß die Mindesttrockenzeit für jede Lackart eine im wesentlichen festliegende Größe ist, die von der Art der Beheizung und von der aufgewandten Heizleistung unabhängig ist. Wesentlich ist die genaue Beherrschung einer möglichst hohen Temperatur. Gemeinsam ist allen Trockenvorgängen das Arbeiten mit Luftzu- und -abfuhr. Die zugeführte Luft hat dabei die Aufgabe, das Gut anzuwärmen, die Verdampfung der Feuchtigkeit einzuleiten und ferner die

Abb. 186. Einfacher Trockenschrank von Siemens-Schuckertwerke, Berlin.

ausgetriebenen Dämpfe aufzunehmen und abzuführen; bei Lacktrockenprozessen soll sie daneben auch durch Oxydation eine Härtung des Lösungsmittels herbeiführen. Da die Lackdämpfe bei größerer Anreicherung entflammbar werden können, muß die Durchlüftung genügend stark sein.

Die elektrischen Trockenschränke können auch zum Anwärmen von Werkstoffen und Geräten Verwendung finden, die bei bestimmten Temperaturen in der Fabrikation benutzt werden, z. B. von Gieß- und Preßformen u. dgl. In diesen Fällen ist keine Luftzufuhr erforderlich. Es kommt nur auf eine gleichmäßige Erwärmung, auf einen bestimmten, genau einzuhaltenden Temperaturgrad an.

Ebenso lassen sich in Trockenschränken Warmbehandlungen durch-führen, mit denen man dem Material besondere Eigenschaften erteilen will. So ist es z. B. erforderlich, gehärtete Gegenstände aus Stahl nach dem Abschrecken wieder auf einen geringeren Temperaturgrad zu er-wärmen, um beim Härteprozeß aufgetretene Spannungen zu beseitigen und eine gewisse Zähigkeit wieder herzustellen (siehe „Anlaßöfen"). Ähnliche Anlaßvorgänge kommen auch bei der Verarbeitung von Nicht-eisenmetallen, hauptsächlich Aluminium und Messing, in Frage. Auch zum Anwärmen von Gußteilen (z. B. von Zylinderblöcken), bei denen Spannungen auszugleichen sind, finden Trockenschränke Verwendung. Schließlich können Glaswaren und Erzeugnisse der Webwarenfabrikation und Tabakindustrie usw. in Trockenschränken erwärmt bzw. während bestimmter Zeiten auf Temperatur gehalten werden.

Aber auch damit ist der Aufgabenkreis an elektrischen Trockenöfen noch nicht erschöpft. Zumal in der chemischen, keramischen sowie in den verwandten Industriegebieten bietet der Elektroofen noch viele Anwendungsmöglichkeiten. Seine Vorteile sind auch hier unverkennbar. Man bedenke, daß vielen Trocken- und Anwärmeprozessen verhältnis-mäßig enge Temperaturgrenzen gezogen sind. Bei elektrischer Be-heizung kann man diese genau einhalten und außerdem eine sehr gleich-mäßige Verteilung der Wärme im Innern des Schrankes oder Ofens erzielen.

Die Übertragung der Wärme von den Heizkörpern auf das Trocken-gut erfolgt fast ausschließlich durch Konvektion[1]). Diese ist bekanntlich von Strömungsart und Geschwindigkeit der Luft abhängig; jede Ver-änderung der Luftströmung muß also die Temperaturverteilung ver-ändern. Solche Änderungen in der Luftströmung treten z. B. bei Ände-rung der Beschickung ein. Je nach den Widerständen, welche die Luft auf dem Wege von der Eintrittsklappe bis zum Austritt vorfindet, richtet sich ihre Geschwindigkeit und damit die Wärmemenge, die einer be-stimmten Stelle abgegeben werden kann. Daraus geht hervor, daß die Temperaturverteilung von der Beschickung des Ofens abhängig ist.

Dadurch ist eine Eigenschaft, die den Ofenbetrieb wesentlich be-einflußt, erkannt: Die Ablesung des Thermometers kann nicht auf alle Fälle bindend für die genaue Ofentemperatur sein. Sie gilt nur für die Stelle, an der das Thermometer eingebaut ist. Nun sind die Unterschiede in der Regel nicht größer als etwa 20 bis 30°; sie sind noch geringer, wenn man von den meist nicht beschickten Ecken absieht, in denen sich Luft-nester bilden können.

Ein bedeutender Vorteil der elektrischen Trockenöfen ist der, daß keine Flammen vorhanden sind, die auf irgendwelche Teile zerstörend einwirken können. Alle stromführenden Teile sind gegen Berührungen

---

[1]) Über den Begriff der Konvektion vgl. S. 194 u. f.

durch Bedienung oder Einsatzgut geschützt. Insbesondere bei Lack-
trockenöfen ist elektrische Beheizung zur Sicherheit vor Entzündung der
Lackdämpfe jeder anderen Brennstoffbeheizung vorzuziehen. Die große
Sauberkeit des elektrischen Betriebes und die Reinheit der Ofenatmo-

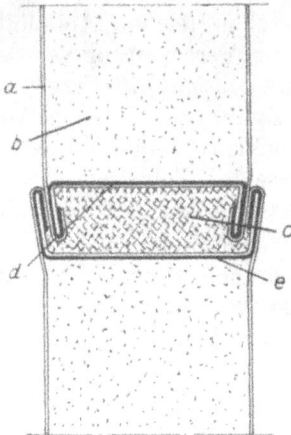

Abb. 187. Stoßstelle einer doppelten
Blechwand.

a Blechmantel   d Blech U-Eisen
b Isolation   e ,,   ,,
c   ,,

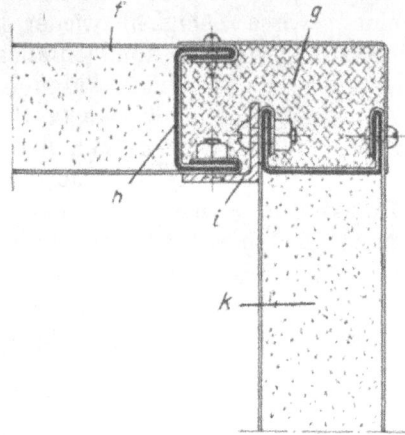

Abb. 188. Einwandfreie Ofenecke zu einem
Trockenofen.

f Blechwand   i Winkeleisen
g Isolierung   k Isolation
h Blech U-Eisen

sphäre werden überall geschätzt, besonders bei der Verarbeitung empfindlicher Werkstoffe, die durch Aschenflug, Verbrennungsgase oder Tropf-
wasser bei anderer Beheizung leiden können.

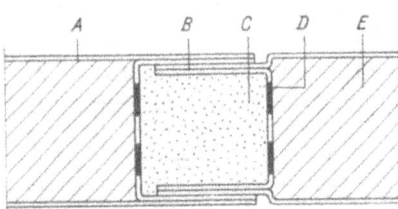

Abb. 189. Stoßstelle.

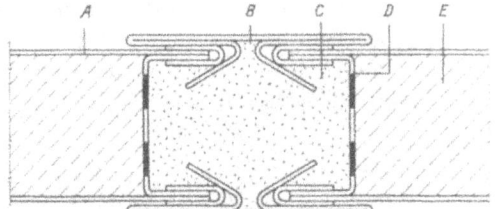

Abb. 190. Besondere Ausbildung eines glatten
Stoßes.

A Blechmantel, B Geknöpftes Blechmantelende, C Isolierung, D U-förmiges, perforiertes Blech,
E Isolation.

Die Schränke werden doppelwandig ausgeführt; der Zwischenraum
zwischen den Wandungen ist mit einer wirksamen Wärmeisolierung ausgefüllt. Hierdurch werden die Wärmeverluste durch Wärmeabgabe nach
außen gering gehalten und auch eine Beeinträchtigung der Bedienung und
Umgebung durch abstrahlende Hitze vermieden. Selbsttätige Temperaturregler bewirken, daß nur gerade so viel Strom aufgewandt wird, wie
zur Aufrechterhaltung der Temperatur erforderlich ist.

Beim Bau elektrischer Trockenöfen, zumal als Großöfen, ist die Frage der Blechstöße wegen der Wärmeausdehnung des Materials von ausschlaggebender Bedeutung. Sofern hier nicht ganz einwandfrei gehandelt wird, entstehen die größten Schwierigkeiten und unliebsamen Überraschungen. Es sei daher in Abb. 187 ein einwandfrei hergestellter Stoß einer doppelten Blechwand mit Isolation und in Abb. 188 ein senkrechter Schnitt durch eine sachgemäße Ofenecke gezeigt. Die Verbindung eines doppelwandigen Ofenmantels mit zwei U-förmig ausgebildeten Rinnenblechen ist in Abb. 189 zu sehen. Schließlich ist noch eine vollkommen abweichende Ausführung in Abb. 190 dargestellt.

Abb. 191 zeigt im Schnitt einen normalen Trockenschrank und Abb. 192 denselben in Ansicht. Dieser Schrank eignet sich für alle erdenklichen Trockenvorgänge bis 300⁰. Wenn hinsichtlich der Isolierung besonders weitgehende Ansprüche gestellt werden, so ist auch bei niedrigen Temperaturen die Verwendung solcher Schränke für 300⁰ zu empfehlen. Sämtliche Außen- und Innenwände sollen einen Anstrich aus Aluminiumbronze erhalten, wodurch die Verluste durch Wärmestrahlung beschränkt werden. Die Tür in der Vorderwand ist je nach der Größe des Schrankes ein- oder zweiteilig. In die Schränke wird ein Gestell mit einer Anzahl Leisten eingebaut, die zur Abstüt-

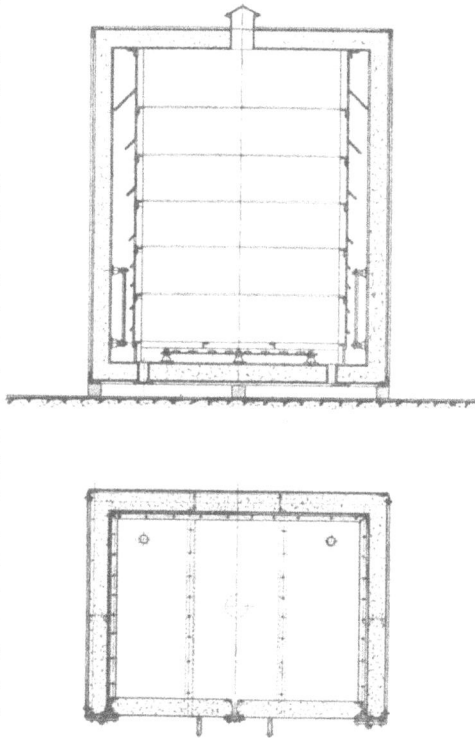

Abb. 191. Einfacher Trockenschrank, Bauart Ruß.

zung von Hordenblechen dienen, die in verschiedener Zahl und Höhe angebracht werden können. Auch werden die Schränke mit Haken zum Aufhängen des Trockengutes gebaut. Ferner können die größeren Schränke auch mit Fahrschienen zum Einfahren von besonderen Beschickungswagen ausgerüstet werden; siehe Abb. 193. In der oberen Wand ist ein einstellbarer Entlüftungsstützen und im unteren Teil des Schrankes eine ebenfalls verstellbare Lufteintrittsöffnung vorzusehen. Die Heizeinrichtung wird vorteilhaft am Boden und an den Seitenwänden angeordnet. Sie besteht aus einer Anzahl von Heizelementen mit Widerstandsdraht, die zur Temperaturregelung verschiedenartig geschaltet werden können. Ein eingebautes Thermometer gestattet, die Innenraumtemperatur zu beobachten.

Sollen Stoffe mit sehr großem Feuchtigkeitsgehalt getrocknet werden, so daß die normale Luftzufuhr durch die Be- und Entlüftung nicht mehr genügt, so wird durch Anbau eines Ventilators die Luft-

Abb. 192. Trockenschrank, ausgeführt von „Industrie" Elektroofen G. m. b. II., Köln.

zirkulation verstärkt. Wenn der Feuchtigkeitsgehalt 25 bis 30% übersteigt, ist jedoch die Verwendung von Trockenschränken mit Umluftheizung vorzuziehen. Diese Ausführung ist auch dann zu wählen, wenn eine besonders schnelle und intensive Erwärmung verlangt wird, sowie für Stoffe, welche die Wärme schlecht leiten (Vulkanisierschränke). Die Heizelemente sind dann in einem am Schrank angebauten Lufterhitzer untergebracht. Abb. 194 zeigt einen solchen Heißluft-Trockenschrank mit dem Ventilator auf der Decke und dem Lufterhitzer an der rechten

Seite. Ein durch eine Regelklappe einstellbarer Teil der feuchten Luft entweicht ins Freie, der Rest wird unter Zusatz von Frischluft wieder durch den Lufterhitzer in den Schrank eingeblasen.

Ein elektrisch beheizter Lackierofen, der in einer Automobilfabrik lackierte Kotflügel behandelt, wird in Abb. 195 und 196 gezeigt. In diesem verhältnismäßig großen Ofen mit den Abmessungen von 6000 mm

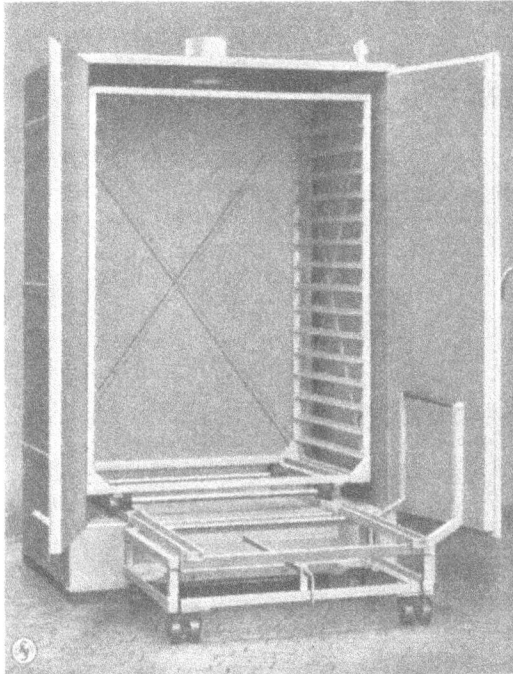

Abb. 193. Trockenschrank mit Beschickungswagen, ausgeführt von Siemens-Schuckertwerke, Berlin.

Länge, 2200 mm Breite und 2500 mm Höhe werden bei einer max. Temperatur von 500⁰ und einer normalen Arbeitstemperatur von 240⁰ bei einer Leistungsaufnahme von 100 kW die lackierten Kotflügel getrocknet. Auf rasche Beschickungsweise ist hierbei Wert zu legen, damit eine große Ofenleistung erreicht wird.

Selbstverständlich werden auch mit Erfolg elektrische Trockeneinrichtungen für Fließarbeit gebaut; zumal in USA. sind die verschiedenartigsten Anlagen für erstaunlich hohen Durchsatz geschaffen worden. Aber auch in Deutschland sind dahingehende Bestrebungen vorhanden, wie Abb. 197 beweist. Dieser Lacktrockenofen arbeitet kontinuierlich, ist etwa 100 m lang, hat 1000 kW Anschlußwert und kann bis 25 Karosserien in der Stunde behandeln.

Dieser Abschnitt soll nicht abgeschlossen werden, ohne eine wesentliche Ofenart, und zwar den elektrischen Kerntrockenofen, zu schildern.

In Kernmachereien macht man häufig die Erfahrung, daß die gelernten Kernmacher auf ihrem Arbeitsgebiet nicht ausgenutzt werden, sondern auch Arbeiten verrichten, die von ungelernten, sogar weiblichen Arbeitskräften übernommen werden können. Die Ursachen sind Platzmangel für die Anfertigung der Kerne und ungeeignetes Abstellen der

Abb. 194. Heißluft-Trockenschrank, ausgeführt von Siemens-Schuckertwerke, Berlin.

Kerne. Auch die Übergabe und Entnahme der Kerne zum und vom Trockenofen, allenfalls das anschließende Schwärzen der Kerne wird wegen der unzweckmäßigen Transportmittel von den Kernmachern selbst übernommen, um Schäden (Ausschuß) zu verhüten. Bei der Weitläufigkeit in Kernmachereien sollte man nach heutigem Stand der Technik eigentlich die besten Transportverhältnisse erwarten; die Schwierigkeiten lassen sich jedoch nicht überbrücken, solange eine größere Anzahl Trockenöfen notwendig ist, die einerseits an größere Flächen gebunden sind und anderseits von den Kernmachern so weit entfernt sein müssen, daß sie diese nicht durch Wärmestrahlung, Schmutz und ungünstige Beleuchtung belästigen. Alle diese Erwägungen haben zumal in der

Abb. 195. Großer Trockenofen mit rechts angebrachter Schaltanlage ausgeführt von „Industrie" Elektroofen G.m.b.H., Köln.

Abb. 196. Trockenofenanlagen zum Trocknen lackierter Kotflügel. Ausführung: „Industrie" Elektroofen G.m.b.H., Köln.

14*

Abb. 197. Trockenofenanlage für Karosserien zu trocknen. Ausführung: Siemens-Schuckertwerke, Berlin.

letzten Zeit, vor allem in den Vereinigten Staaten von Nordamerika zu besonderen Ofenarten geführt. Auch in Deutschland ist man der Frage schon näher getreten, Kerntrockenöfen zu entwickeln, die an kleinste Fläche gebunden sind, große Trockenleistung haben und die Arbeiten in Kernmachereien so einteilen, daß die Kernmacher nur die ihnen obliegenden Arbeiten verrichten, während ein sicherer Transport der Kerne, vielleicht unter Zuhilfenahme modernster Transportmittel (laufendes Band, Rollenbahn usw.) von nur einigen billigen Hilfskräften ausgeführt wird. Ein besonders interessanter, elektrisch beheizter Kerntrockenofen [1]) ist in Abb. 198 zu sehen. Dieser Ofen beansprucht im Gegensatz zu den bisherigen Trockenkammern eine im Verhältnis zu seiner Leistung ungewöhnlich kleine Bodenfläche. Anstatt wertvolle Bodenfläche der

[1]) R u ß , Ein elektrisch beheizter Kerntrockenofen. „Elektrowärme", Zeitschrift für die Verbraucher der Wärmeenergie, 4. Heft 1932.

R u ß , Elektrischer Kerntrockenofen, „Die Gießerei", Nr. 51, 1932, S. 522/23.
R u ß , Elektrisches Trocknen von Formen und Kernen, Stahl und Eisen, Heft 49, 1932, S. 1224/25.

Kernmacherei in Anspruch zu nehmen, ragt der schachtförmig gestaltete Ofen in den freien Raum, wobei selbst eine Durchführung durch die Dachkonstruktion keine Behinderung bedeutet, sich vielmehr mit einfachen Mitteln ermöglichen läßt. Irgendwelche Wärmestrahlungen treten nicht auf; der ganze Ofen bleibt an seiner äußeren Blechverkleidung vollkommen kalt. Somit sind Belästigungen der um den Ofen beschäftigten Kernmacher ausgeschlossen. Brennstoffbeheizte Trockenkammern müssen bekanntlich nach der Beschickung aufgeheizt und nach dem Trockenvorgang wieder abgekühlt werden, was eine Stunde und mehr erfordert. Noch im verhältnismäßig sehr warmen Zustand (etwa bei 150⁰) geht die Entnahme der Kerne aus den Kammern langsam vor sich. Abgesehen von den großen Wärmeverlusten treten ungewöhnliche Wärmebelästigungen auf, wodurch die Arbeitsleistung der Kernmacher und Transportarbeiter leidet.

Die Abb. 199 zeigt die einfache Beschickungsweise des neuen Kerntrockenofens ohne jede Wärmebelästigung. Der fortlaufend betriebene Ofen setzt auch eine laufende Beschickung voraus; man hat jederzeit einen Überblick, ob sowohl die Kernmacher als auch das Beschickungspersonal (1 bis 3 Leute) laufend beschäftigt sind. Selbst bei Akkordarbeit wird man auf volle Ausnutzung der Ofenanlage Wert legen, um mit größter Wirtschaftlichkeit zu arbeiten.

Der in Abb. 200 dargestellte Ofen mit einer Nutzhöhe von 16 m dürfte zum erstenmal in diesem Ausmaß in einer Gießerei einer europäischen Automobilfabrik zur Aufstellung gekommen sein. In dem schachtförmigen Ofen ist ein Paternosterwerk eingebaut, welches von oben angetrieben wird. Zwei kräftige, auf einer

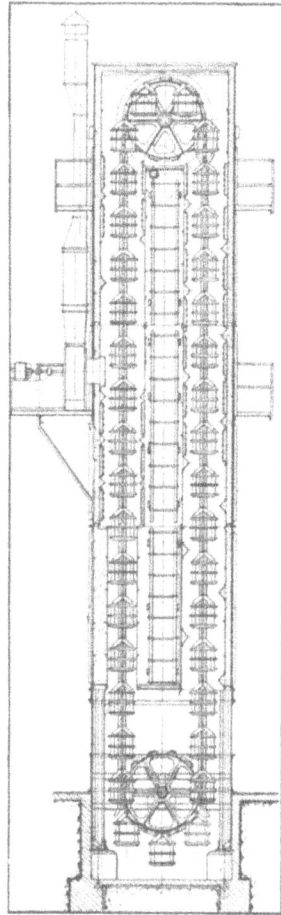

Abb. 198. Kerntrockenofen mit Paternosterwerk, Bauart Ruß.

Welle aufgekeilte Sprossenräder, die am Rand mit Flachzähnen ausgebildet sind, tragen auf jeder Seite ein unendliches Kettenband, welches im unteren Teil des Ofens von zwei gleichen Speichenrädern geführt wird. Eine Nachspannvorrichtung sorgt für einen Ausgleich der Kettenbänder, falls diese sich in ihrer Länge, zumal bei Temperaturschwankungen verändern. Die oben gelagerten Speichenräder ruhen auf außen angebrachten wassergekühlten kräftigen Lagern; auf die hohe Belastung, zumal auf eine einseitige Belastung bei Beginn der Ofenbeschickung ist weitgehend Rücksicht genommen. Für den motorischen Antrieb ist unter Berücksichtigung verschiedener Trockenzeiten ein regelbarer Gleichstrommotor vorgesehen. Zwischen dem Elektromotor und dem Paternosterwerk befindet sich ein Zahnradvorgelege. Der gesamte Antrieb wurde übersichtlich auf einer durch Steigleiter erreichbaren Bühne angeordnet. Auf einer darunter befindlichen Bühne, mit der gleichen Steigleiter zu erreichen, befindet sich das Lüftergebläse und eine davor gebaute Drosselklappe besonderer Konstruktion. Letzteres regelt die abgehende Luftmenge. Die bei den Abnahme-

Abb. 199. Aufgabe- und Entnahmeöffnungen zu dem Kerntrockenofen, Bauart Ruß nach Abb. 198, ausgeführt von „Industrie" Elektroofen G. m. b. H., Köln.

Abb. 200. Ansicht eines 16 m hohen Kerntrockenofens in der Formerei einer Automobilfabrik. Ausführung: „Industrie" Elektroofen G. m. b. H., Köln.

versuchen durchgeführten Messungen erfolgten mit einem Mikromanometer, einer Stauscheibe und einem besonderen Quecksilber-Thermometer. Alle Maßnahmen für den Einbau dieser Einrichtungen wurden von vornherein getroffen und gestatten eine jederzeitige Nachprüfung auch im Dauerbetrieb.

An den bereits erwähnten Transportketten sind 37 Horden angebracht mit einer gesamten Trockenfläche von 78 m². Die vielen inbezug auf Form, Größe und Gewicht verschiedenartigen Kerne können bei sachlicher Beschickung wahllos untergebracht werden, ohne befürchten zu müssen, daß die Kerne unrichtig trocknen. Die hervorragende Raumausnutzung gestattet eine dauernde Höchstleistung des Ofens und eine gute Amortisation und Verzinsung der Anlage.

Zur Vermeidung unnötiger Wärmeverluste werden die Horden, sobald sie in den Bereich der offenen Beschickung gelangen, durch Luftschleusen geleitet, die eine sichere Gewähr bieten, daß die in dem eigentlichen Trockenraum elektrisch erzeugte Hitze nicht nach unten entweichen kann. Unterstützend wirkt hierbei das Naturgesetz, wonach die Wärme das Bestreben hat, nach oben zu steigen. Die Wahl und Anordnung der elektrischen Heizelemente setzt besondere Erfahrungen voraus. Da der schachtförmige Trockenofen auf Grund seiner Gestaltung und Wirkungsweise an und für sich schon einen günstigen thermischen Wirkungsgrad besitzt, geht das ganze Bestreben dahin, die elektrisch erzeugte Wärme soweit als möglich auszunutzen. Dies wird dadurch erreicht, daß die freiwerdende Hitze im Abkühlungsvorgang nach dem Rekuperativverfahren ausgenutzt wird. Die Erfahrungen an dem hier beschriebenen Ofen haben bereits gelehrt, daß durch Senkung der Luftmenge, beispielsweise auf 3 m³/kg Kerne und der Ablufttemperatur von 150⁰ auf 10⁰ Übersättigungstemperatur der Luft, ein stündlicher Stromverbrauch von nur 130 kWh erreicht werden kann. Somit können die Stromkosten bei einer stündlichen Ofenleistung von 1600 kg Kerne in einer Nachtschicht von 8 Arbeitsstunden bei einem Strompreis von 2,5 RPf./kWh auf RM. 2,—/1000 kg Kerne gesenkt werden. Bei einem Vergleich mit brennstoffbeheizten Öfen wird man die Feststellung machen können, daß der elektrisch beheizte Kerntrockenofen wirtschaftlich ist. Überdies hat aber der elektrische Ofen noch außerordentlich große Vorteile, die bei zahlenmäßiger Erfassung im Vergleich zu anderen Ofenarten die Betriebsunkosten des Elektroofens wesentlich günstiger gestalten.

Was einleitend über die Ausbildung moderner Transportverhältnisse in Kernmachereien bereits gesagt wurde, läßt sich nach den bisherigen Anschauungen nicht idealer lösen als mit dem oben geschilderten Ofen. Vor allen Dingen besteht die Gewähr eines qualitativ hochstehenden Erzeugnisses bei unbedingter Betriebssicherheit und hoher Leistung der Anlage.

Ein ähnlicher Ofen[1]) nach Abb. 201 besitzt eine andere Anordnung der Heizelemente. Aus dem Förderschacht ist von der zugleich als Frischluftöffnung dienenden Bedienungsöffnung ein mit elektrischen Heizkörpern und einem Lüftergebläse versehener Kanal von einem auf kleinstmöglichen Durchmesser verjüngten Schachtteil abgezweigt und mündet oberhalb der Verjüngung wieder in den Förderschacht ein, so daß ununterbrochen während der Förderbewegung des Paternosterwerks erhitzte Frischluft in den Ofenschacht eingespeist werden kann.

Weiterhin macht Paschkis[2]) über elektrische Kerntrockenöfen Angaben. So wird in Abb. 202 ein Wanderofen gezeigt, bei dem die Heizkörper im oberen Teil des Ofens eingebaut sind. Die Luftabsaugung er-

---

[1]) DRP. 532380.
[2]) Paschkis, Ein neuer elektrischer Kerntrockenofen, „Die Gießerei", 1929. Heft 31.

folgt ebenfalls oberhalb der Beschickungsöffnung. Die Kette läuft in dem der Ofenöffnung benachbarten Schacht hoch und im rückwärtigen Schacht abwärts. Die Luft strömt im entgegengesetzten Sinne durch den Ofen. Sie wärmt sich an den trockenen Kernen an, wobei sie diese gleichzeitig kühlt; sie streicht dann an den in der Hochtrockenzone liegenden Heizkörpern vorbei, um im vorderen Ofenschacht ihre Wärme an die hier noch kalten Kerne abzugeben. Durch besondere Bemessung des Ventilators wird verhindert, daß die zum Trocknen der Kerne erforderliche Luft

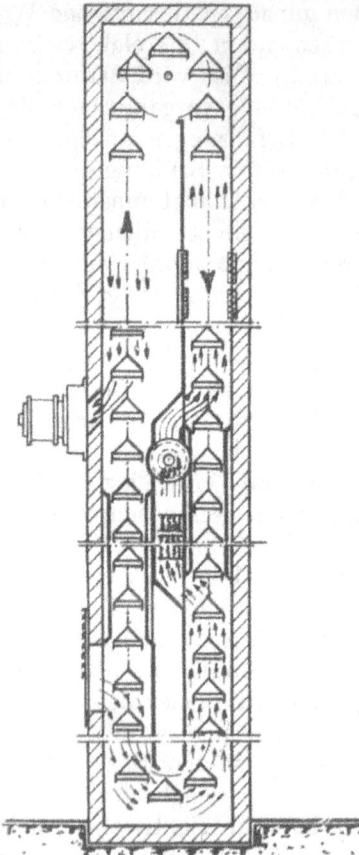

Abb. 202. Kerntrockenofen, Bauart Allgemeine Elektrizitäts-Gesellschaft.

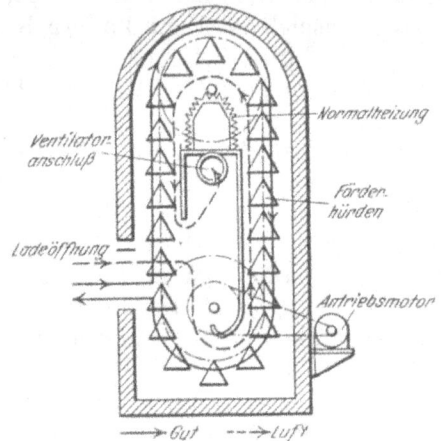

Abb. 201. Kerntrockenofen mit zwischen dem Paternosterwerk eingebautem Heizschacht, Patent Ruß.

statt über den vorgeschriebenen Weg direkt in die Abzugsöffnung gelangt.

Ein liegender Wandertrockenofen nach Abb. 203 hat den Nachteil zu großer Platzbeanspruchung. Jedoch als Lacktrockenofen findet diese Bauart häufig Anwendung, um den Ofen mit einfachen Beförderungsmitteln besonders gut auszunutzen.

Für das Tränken von Wicklungsspulen mit sog. Compoundmasse wurden die in Abb. 204 dargestellten Vakuum-Trocken- und Imprägnierungseinrichtungen entwickelt, die als bemerkenswertes Beispiel für die vielseitige Anwendungsmöglichkeit der elektrischen Beheizung gelten können. Jede von den beiden im Bild gezeigten Anlagen besteht aus zwei geheizten Kesseln von 750 mm Durchmesser und 1200 mm Höhe; sie sind durch eine gleichfalls geheizte, mit einem Schieber abschließbare

Abb. 203. Wandertrockenofen in waagrechter Ausführung der Allgemeinen Elektrizitäts-Gesellschaft. Berlin.

Abb. 204. Vacuum-Trocken- und Imprägnieranlage von Siemens-Schuckertwerke, Berlin.

Leitung miteinander verbunden. In dem einen der beiden Kessel wird die Masse geschmolzen und auf die Durchtränkungstemperatur gebracht. Diese darf, um Überhitzungen zu vermeiden, nur ganz langsam erreicht werden; dabei wird die Außenbeheizung des Kessels durch ein gleichfalls mit Heizkörpern versehenes Rührwerk im Innern des Kessels unterstützt. Die zu imprägnierenden Spulen usw. werden unterdessen in den zweiten, für Betrieb unter Luftleere ausgebildeten Kessel eingebracht und dort getrocknet und vollständig entlüftet. Dann wird der Schieber in der Verbindungsrohrleitung geöffnet, die einseitig dem Luftdruck unterliegende geschmolzene Compoundmasse fließt in den luftleeren Kessel hinüber und durchtränkt dort die Wicklungsspulen. Daraufhin leitet man Druckluft ein, die das Imprägnieren beendet und gleichzeitig die Masse wieder in den anderen Kessel zurückdrückt.

13. Tiegel-, Salzbad- und Wannenöfen.

Die elektrischen Tiegel-, Salzbad- und Wannenöfen dienen sowohl zum Schmelzen oder Warmhalten von Metallen, als auch zum Vergüten, insbesondere zum Härten von Stahl in heißem Öl, Blei, Salzen aus Barium Zyannatrium oder anderen Härtemitteln. Das elektrische Metallschmelzen[1]) stellt ein Sondergebiet dar, das nicht weiter berührt werden soll, während die Warmbehandlung im Elektroofen hier allein von Interesse ist.

Die drei hier beschriebenen Ofenarten unterscheiden sich im wesentlichen durch den Heizraum.

Bei Tiegelöfen werden Tiegel aus keramischen oder metallischen Baustoffen verwandt, die von außen elektrisch geheizt werden. Je nach der Temperatur oder dem Härtemittel sind das Tiegelmaterial, die Tiegelform und die Heizelemente zu wählen. Bei niedrigen Temperaturen unter 1000° können für Öl, Blei und schwache Salze Tiegel aus Gußeisen, Flußeisen oder feuerfestem Guß oder Blech dienen. Gegossene Tiegel sind schwerer und haben eine Wandstärke von über 8 mm, im Gegensatz zu gepreßten Blechtiegeln, die leicht und dünnwandig sind. Salze, die stark angreifen, setzen besondere Tiegelbaustoffe voraus. Nach dieser Richtung werden seit einigen Jahren systematische Untersuchungen angestellt. Eine sachliche Beratung mit einschlägigen Ofenbaufirmen ist zu empfehlen; diese dürften über die Entwicklung und Fortschritte am ehesten Auskunft geben können. Für Temperaturen bis 1150° können, soweit die metallurgischen Voraussetzungen gegeben sind, Tiegel aus Chromnickellegierungen benutzt werden. Bei noch höheren Temperaturen bis 1400°, z. B. für die Behandlung von Schnelldrehstahl, kommen nur Graphit- oder Schamottetiegel in Frage. Diese haben bei Außenbeheizung den Nachteil, daß infolge ihrer großen Wandstärke und infolge des schlechten Wärmeleitvermögens dieser Baustoffe, Wärmestauungen zwischen Heizkörper und Behandlungsgut auftreten. Die Temperaturunterschiede können 50 bis 200° betragen. An und für sich bereitet die Erzeugung hoher Temperaturen über 1150° mittels

---

[1]) Ruß, „Die Elektrometallöfen", 1922, Verlag von R. Oldenbourg, München.

kohlenstoffhaltiger Heizstäbe bereits Schwierigkeiten; diese werden noch durch die ungünstige Wärmeübertragung zwischen Heizstäben und Behandlungsgut gesteigert. Somit muß an den Heizstäben eine wesentlich höhere Temperatur erzeugt werden, als praktisch notwendig ist. Dieser Mißstand könnte nur dann überbrückt werden, wenn es gelänge, die Heizung im Tiegel anzuordnen, um damit das Temperaturgefälle zu verkleinern. Bei niedrigen Temperaturen macht das keine Schwierigkeiten, denn ein entsprechender Schutz ohne Wärmestauung ist möglich. Erinnert sei an die bekannten Tauchsieder, die bereits im Großbetrieb auf das Heizen von Tiegeln übertragen worden sind.

Damit nähern wir uns der nächsten Ofenart, den Salzbadöfen mit Innenbeheizung. Bei diesen dient anstatt des Tiegels zur Abgrenzung des Heizraumes ein hochfeuerfestes Mauerwerk, welches mit Nut und Feder sauber und dicht gefugt ist. Auch können hochhitzebeständige Steingefäße aus einem Stück hergestellt, benutzt werden, die auftretenden Temperaturschwankungen weitgehend gewachsen sind. Gleichzeitig müssen die Baustoffe gegen die in Frage kommenden Salze (um solche handelt es sich fast ausschließlich) unempfindlich sein. Zur Vermeidung zu hoher Wärmeverluste durch Wärmespeicherung und -abstrahlung dürfen die Baustoffe, die den Heizraum darstellen, in ihrer Wandstärke nicht zu groß ausfallen. Es wäre beispielsweise falsch, nur mit Rücksicht auf absolute Dichtigkeit zwei Steinlagen als Ausmauerung zu wählen, wenn eine genügt. Dagegen ist bei so hohen Temperaturen, wie sie hier in Frage kommen, eine gute und hinreichende Wärmeisolation unbedingt erforderlich.

Die Durchbildung von Wannenöfen bietet bei höheren Temperaturen schon bei über 700° Schwierigkeiten. Bei der Herstellung von Metallwannen aus Guß ist auf die form- und gießtechnische Seite Rücksicht zu nehmen. Zumal beliebig lange oder dünne Wannen lassen sich oft nicht ohne hohen Ausschuß gießen. Im Betrieb zeigen derartige Wannen innere Spannungen, die eine geordnete Arbeitsweise des öfteren ausschließen. Größere Wannen aus Blech sind schwer herzustellen, zumindest nur mit hohen Kosten. Sie sind bei vorheriger Anfertigung von Gesenken (also bei gepreßten Wannen) nur dann zu vertreten, wenn von einer Wannengröße gleichzeitig mehrere Hundert angefertigt werden. Bestimmte Normalgrößen liegen aber bei einigen Ausführungsfirmen bereits vor. Sollen lange Wannen gemauert werden, so besteht bei Arbeitstemperaturen unter 1000° häufig die Möglichkeit, die Heizelemente gut geschützt im Heizraum unterzubringen. Außerhalb einer dickwandigen Steinwanne die Heizung anzuordnen, ist nur bei niedrigen Temperaturen durchführbar. Die Nachteile sind die gleichen, wie bereits oben geschildert oder noch größer, da die größere und ungünstigere Wannenform die Wärmeabstrahlung beträchtlich erhöht. Mit Rücksicht auf den elektrischen Widerstand einer Salzlösung bei Innenheizung darf die Wanne nicht zu lang ausfallen, denn sonst unterbleibt die gewünschte Heizwirkung. Auch bietet das Aufheizen bei Innenheizung von der kalten zur heißen Salzlösung Schwierigkeiten, da diese anfangs elektrisch nicht leitend ist, sondern erst mit einer Hilfselektrode leitfähig gemacht wird. Je länger nun der Weg zwischen Stromzu- und -ableitung ist, um so schwieriger ist es, einen solchen Ofen in Betrieb zu setzen und in Betrieb zu halten. In diesem Zusammenhang sei daran erinnert, daß ein Wannenofen sich rascher abkühlt als ein Tiegelofen. Wird unrichtig beschickt und eine zu große Abkühlung in der Wanne herbeigeführt, so läßt die Leitfähigkeit der Salzlösung nach und ein häufiges Regeln der Spannung ist erforderlich.

Es sollen nunmehr einige Ausführungsformen beschrieben werden.

Da wäre zuerst der einfache Tiegelofen nach Abb. 205 zu erwähnen[1]). Die Heizwiderstände sind in vielen Windungen um den Tiegel angeordnet. Es findet also eine unmittelbare Wärmebestrahlung des Tiegels und seines Inhaltes statt. Weder in noch um den Tiegel können irgendwelche Verbrennungsgase entstehen. Eine hochfeuerfeste, anschließende Wärmeisolierauskleidung umschließt den Tiegel nebst Einsatz, um einen hohen thermischen Wirkungsgrad des Ofens zu erreichen. Ein schmiedeeiserner Ofenmantel nebst gut versteiftem Boden und möglichst gegossenem Deckelring hält den Ofen zusammen. Damit bei einem Tiegeldurchbruch der Ofen keinen Schaden nimmt, wird unter dem Tiegel ein geneigtes Rohr nach außen geführt. Hier kann das Härtemittel ungehindert abfließen. Zweckmäßig angeordnete Pyrometer dienen zur Bestimmung und Einhaltung der gewünschten Temperaturen. Wesentlich ist es, die Stromanschlüsse und Heizbandenden übersichtlich anzubringen, um Störungen sofort beseitigen zu können.

Den Zusammenbau eines Tiegelofens zeigte bereits Abb. 24 auf Seite 50. Die Heizbänder sind zu Schleifen umgebogen und frei aufgehängt; sie können jederzeit ohne Schwierigkeiten durch neue Heizbänder ersetzt werden. Damit werden längere Betriebsunterbrechungen vermieden.

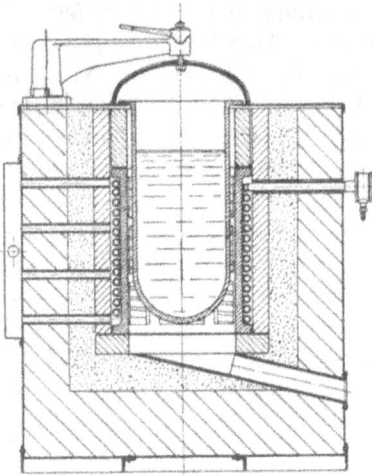

Abb. 205. Einfacher Tiegelofen, Bauart Ruß.

---

[1]) Ruß, Widerstandsofen zum Schmelzen und Härten, Gießerei-Zeitung, Heft 8, 15. April 1925.

Abb. 206. Tiegelofenanlage mit selbsttätiger Temperaturregelung. Ausführung: „Industrie" Elektroofen G. m. b. H., Köln.

Abb. 206 stellt eine einfache Tiegelofenanlage dar. Die Temperaturregelung kann von Hand mittels Schalter oder selbsttätig, wie im Bilde dargestellt, durch eine Reglereinrichtung erfolgen.

Dort, wo mehrere Tiegelöfen an einer Arbeitsstelle gebraucht werden, ist ihre Vereinigung möglich; siehe Abb. 207. Durch den Zusammenbau der Tiegel werden die Anlage- und Betriebskosten verbilligt. Selbst die Regelung der Temperaturen in 2 oder 3 Tiegeln kann durch einen gemeinsamen, selbsttätig arbeitenden Regler mit 2 oder 3 Meßstellen erreicht werden, vorausgesetzt, daß nur eine Arbeitstemperatur

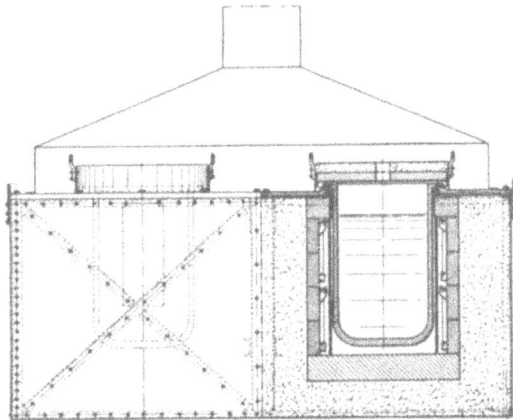

Abb. 207. Salzbadofen mit zwei Tiegeln, Bauart Ruß.

in allen Tiegeln in Frage kommt. Derartige Regler arbeiten in zeitlichen Abständen und betätigen die verschiedenen Schalteinrichtungen unabhängig voneinander, sobald in dem einen oder anderen Tiegel Temperaturunterschiede eintreten.

Abb. 208. Doppel-Tiegelofen mit davor stehendem Abschreckbad. Ausführung: „Industrie"
Elektroofen G. m. b. H., Köln.

Eine Ofenanlage mit 2 Tiegeln für Zyannatriumhärtung ist in Ansicht in Abb. 208 zu sehen.

In Abb. 209 wird ein elektrisch beheizter Tiegelofen für Salzbadhärtung gezeigt. Auf dem Ofen befindet sich ein Aufsatz, der die aus dem Salzbad entweichenden Gase und Dämpfe aufnimmt, so daß diese nicht in den Werkraum eindringen können. Neben dem Ofen steht die Schaltanlage mit der automatischen Temperaturregel-Vorrichtung.

Der Durferrit-Salzbadofen hat einen ähnlichen Aufbau, wie der bereits beschriebene Tiegelofen. Dabei werden Kleinteile in Körben in das Salzbad eingebracht, größere hingegen in Bündeln hängend oder auch einzeln lose in das Bad getaucht. Dieser Ofen besteht meistens aus Durferrit-Zyanhärtefluß (einer Salzmischung), welche mit Erfolg entwickelt wurde und eine starkzementierende Wirkung hat. Gegenüber dem Zementieren mit Hilfe von Einsatzpulvern bietet dieses Verfahren zahlreiche Vorteile. Die Handhabung ist einfacher und reinlicher, die Oberfläche bleibt blankt, und vor allem wird die Zeitdauer des ganzen Vorganges stark gekürzt. So kann die Aufkohlung bereits 2½ h nach dem Einbringen schon 0,6 mm tief eingedrungen sein, während beim gewöhnlichen Einsetzen in Kisten hierzu mehr als die doppelte Zeit erforderlich ist. Die Tiefe der Aufkohlung kann ohne weiteres durch längeres Eintauchen noch erhöht werden, beispielsweise auf 1 mm und darüber.

Gearbeitet wird bei Salzbädern im allgemeinen mit Badtemperaturen zwischen 850 und 950⁰. Das Anheizen auf die Betriebstemperatur erfordert ungefähr 2 h, wenn mit dem Ofen täglich tagsüber gearbeitet wird, wobei das Bad während der dazwischenliegenden 16 stündigen Betriebspause nur auf etwa 450⁰ absinkt. Während des Arbeitens wird die Oberfläche des Salzbades durch eine Graphitschicht abgedeckt. Dadurch werden nicht nur die Strahlungsverluste eingeschränkt, sondern vor allem wird das Salz vor der Einwirkung des Luftsauerstoffes geschützt, so daß sich der Salzverbrauch nur darauf zu beschränken braucht, die dem Einsatz anhaftenden und ihm entnommenen Salzmengen zu ergänzen. Der im Ofen erzielte Durchsatz richtet sich vor allem nach der verlangten Härtetiefe, ferner nach der durch die Sperrigkeit begrenzten Größe des Einsatzes.

Während die bisher beschriebenen Tiegelöfen für Temperaturen bis max. 1000⁰ dienen, können Elektroden-Salzbadöfen, also solche mit Innenheizung bis 1300⁰ benutzt werden. Der

Abb. 209. Salzbadhärteofen mit aufgesetzter Abzugshaube. Ausführung: „Industrie" Elektroofen G. m. b. H., Köln.

artige hohe Temperaturen sind zum Härten von Schnellarbeitsstählen vielfach erforderlich. Begünstigt durch die Hochwertigkeit und Empfindlichkeit des Härtegusses wurden für diese Zwecke schon frühzeitig Salzbäder mit Elektrodenbeheizung angewendet, bei denen das geschmolzene Salz (Bariumchlorid) selbst den Heizwiderstand bildet. Die Stromzuführung zum Schmelzfluß übernehmen Eisenplatten in den Seitenwänden der sonst aus Schamotte bestehenden Schmelzwanne. Das Anheizen der Öfen erfordert eine besondere Vorrichtung, weil die Salze in festem Zustande den Strom noch nicht leiten. So werden diese Öfen u. a. mit einer Anheizvorrichtung gebaut, bei der Heizwiderstände von einem das Bad abschirmenden Deckel in die Salzmasse hineinragen; siehe Abb. 210. Angeheizt wird mit aufgesetztem Deckel; sobald zwischen den Elektroden eine Brücke von geschmolzenem Salz entstanden ist, geht die Wärmeentwicklung auf diese über. Bei längeren Betriebspausen setzt man den isolierenden Deckel wieder auf und kann dann bei Wiederinbetriebnahme das Einschmelzen gleich wieder einleiten. Das Anheizen erfordert auf diese Weise keine laufende Beobachtung. Im Vergleich zu dem sonst

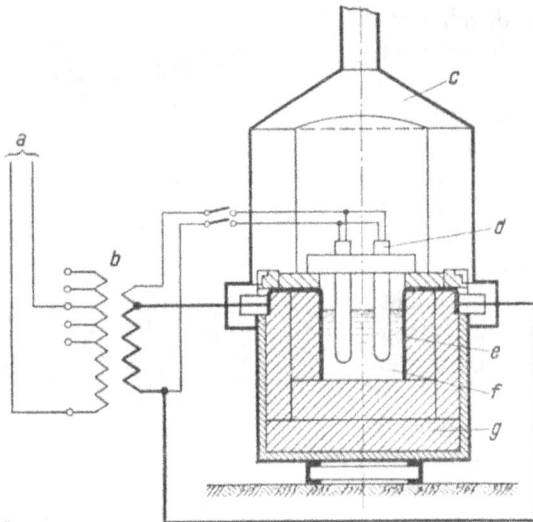

Abb. 210. Elektroden-Salzbadofen, Bauart Siemens-Schuckertwerke, Berlin.

angewandten Einschmelzen mit Hilfslichtbogen fällt auch der Salzverbrauch durch Verdampfen beim Anheizen fort. Die elektrische Ausrüstung dieser Salzbadöfen erfordert einen mit Anzapfungen versehenen Transformator für die hier vorkommenden niedrigen Ofenspannungen. Die Temperatur wird entweder an der Badoberfläche durch Ardometer, sonst nur kurzzeitig mittels Eintauchpyrometer gemessen.

Die Salzbadöfen ermöglichen eine trotz der hohen Temperatur praktisch zunderfreie Härtung der Werkzeuge. Ein zu langes Verbleiben im Salzbad könnte jedoch eine leichte Entkohlung der Oberfläche herbeiführen. Man läßt deshalb Stähle nur so lang im Salzbad, wie zur Erwärmung gerade erforderlich ist.

Zur Vermeidung von Härterissen müssen Schnellstähle vor dem Einbringen in das Salzbad langsam auf 600 bis 800⁰ vorgewärmt werden, was am besten in Muffelöfen mit Chromnickelheizwicklung geschieht.

Empfehlenswert ist es, die Werkstücke noch vorher mit leicht ange-
feuchtetem Borax zu umhüllen. Die so entstehende dünne Schmelz-
schicht verhindert jede Oxydation bei der Vorwärmung und jede Entkohlung im Salzbad. Auch eine schwache Aufkohlung durch kurzzeitiges

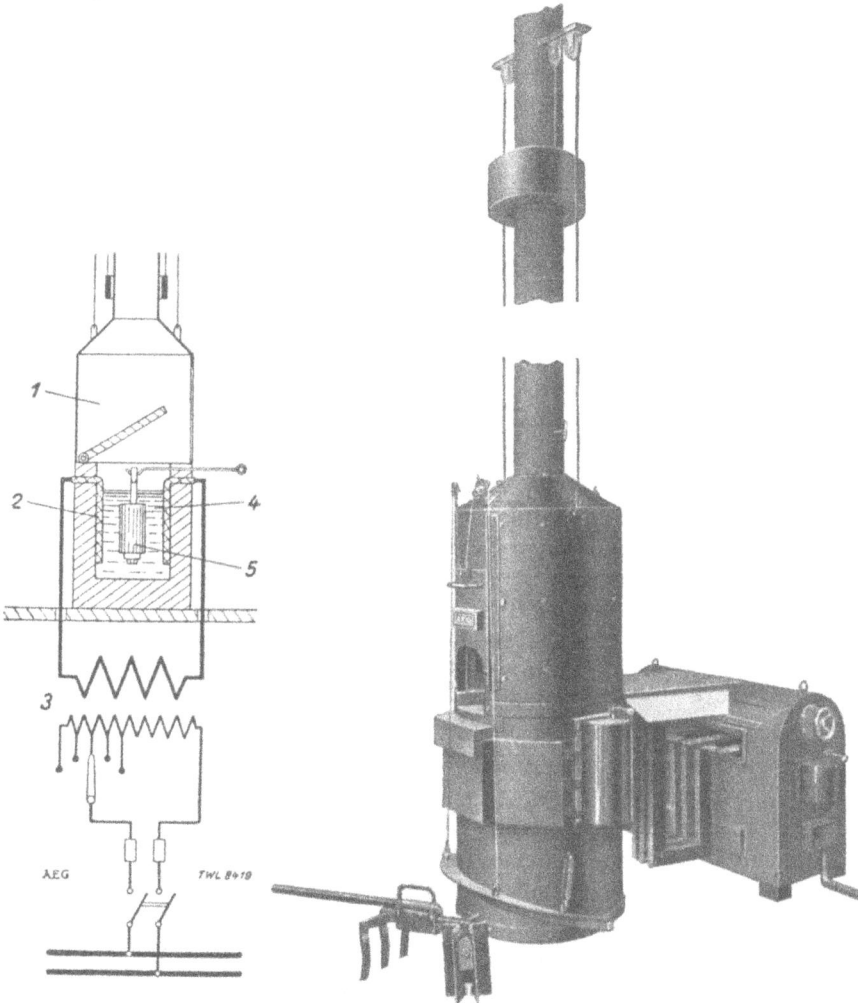

Abb. 211. Elektroden-Salzbadofen, Bauart Allgemeine
Elektrizitäts-Gesellschaft.

Abb. 212. Salzbadofenanlage mit Regeltransformator.
Ausführung: Allgemeine Elektrizitäts-Gesellschaft, Berlin.

Einbringen in ein zementierendes Bad vor der Erhitzung im Elektroden-
Salzbad hat gute Ergebnisse geliefert.

Bei dem nach Abb. 211 durchgebildeten Salzbadofen ist es gelungen,
auf die besondere Zusatzwicklung für das Anheizen zu verzichten; der
Zündvorgang ist von dem Umfang des Bades nach dessen Mitte verlegt

Ruß. Warmbehandlung.

und eine besondere dreipolige Zündvorrichtung verwendet, so daß die Betriebsspannung von etwa 25 V auch zur Zündung und Einleitung des Schmelzflusses genügt. Für die Einleitung des Schmelzvorganges wird die Zündvorrichtung nur auf das ungeschmolzene Salz gesetzt. Durch diese Schaltung ist es möglich, die Anlage auf den Ofen und den Transformator zu beschränken. Dadurch wird die Länge der sekundären Verbindungsschienen verringert; was die Erstellungskosten der Anlage herabsetzt. Der Aufbau des soeben geschilderten Ofens ist aus Abb. 212 zu entnehmen.

Die Wannenöfen dienen im wesentlichen zur Herstellung von Metallüberzügen. Vorher sei aber noch eine elektrische Wannenofenanlage[1]) beschrieben, die vom Verfasser für Salzbadhärtung entwickelt wurde. Eine hochhitzebeständige Metallwanne von 2,5 m Länge, 40 cm Breite und 42 cm Tiefe nimmt das Härtemittel auf. Die Erhitzung erfolgt von außen durch Strahlung mittels längsseitig angeordneter Heizkörper aus bestem Chromnickelmaterial. Die vorkommenden Härtetemperaturen sind 840 bis 890°, können aber bis auf 1000° bedenkenlos gesteigert werden.

Die zu härtenden Körper werden auf besondere Bügel aufgereiht. Da unter normalen Betriebsverhältnissen die Wanne vollkommen geschlossen ist, erfolgt ein selbsttätiges Öffnen zweier kleinerer Deckel so weit, daß eine Beschickung in die Wanne erfolgen kann. Durch die andere Deckelöffnung wandert das fertig gehärtete Gut aus dem Bereich der Wanne wieder heraus. Es findet also ein Eintauchen des Härtegutes statt. Hier verweilt es so lange, bis die Stahlteile je nach Wunsch gehärtet sind. Die Arbeitstemperatur, die genau geregelt wird, liegt etwas über dem oberen kritischen Punkt des Stahls, der aufgekohlt und gehärtet werden soll. Die Härtezeit ist bestimmend für die Tiefe der Härtung; sie soll erfahrungsgemäß um 10 bis 15 min liegen.

Es ist notwendig, daran zu erinnern, daß die Zyanidverbindungen tödliche Gifte sind und äußerste Vorsicht beim Gebrauch geboten ist. Die Öfen müssen daher mit Handschuhen bedient werden, die aus starkem Segeltuch hergestellt sind. Wenn eine Zyanidverbindung in einen Kratz der Haut gelangt, wirkt sie tödlich. In manchen Fällen ist es beim Arbeiten an solchen Öfen ratsam, Gesichtsmasken zu benutzen und jeden bloßliegenden Teil des Körpers abzudecken. Aus diesem Grunde wurde die Wanne vollkommen abgedeckt und weiterhin noch über der Wanne ein geschlossener Kasten mit Gebläse vorgesehen, welches alle Dämpfe sofort absaugt.

---

[1]) Ruß, Ein neuartiger elektrischer Härteofen, Werkstatttechnik, Zeitschrift für Fabrikbetrieb und Herstellungsverfahren, 26, 1932, Heft 3. — Ruß, Selbsttätiger Härteofen, „Stahl und Eisen", 52, 1932, Heft 7, S. 172/173. — Ruß, A New Automatic Hardening Furnace, Reprinted from „Engineering Progress", April 1932, by „Progressus" International Engineering Publishers.

Das ganze Bestreben war darauf gerichtet, eine Konstruktion zu finden, die erlaubt, das Salzbad während der Einsatzzeit vollständig gas- und wärmedicht abzuschließen und nur zum Wechseln der Glühungen für kurze Zeit beide Öffnungen freizugeben.

Die Wirkungsweise des Ofens ist folgende: Der Kettenantrieb mit den beweglich angebrachten Traghorden läuft unterbrochen, und zwar so, daß entsprechend der jeweils gewünschten Einsatzzeit der Ofen verschlossen bleibt. Nach Ablauf dieser Zeit wird durch ein Zeitrelais, das einen Zeitkontakt hat, der zwischen 5 bis 60 min einstellbar ist, ein Triebwerk in Bewegung gesetzt. Dieses Triebwerk öffnet zunächst die beiden seitlichen Deckel. Dann setzt sich die Förderkette in Bewegung und die Hordenreihe, die vorher oben war, bewegt sich in das Bad hinein, worauf sich die Deckel automatisch schließen. Das Getriebe zum selbsttätigen Bedienen der beiden Deckel und des Förderwerkes wurde auf der Rückseite des Ofens in der Mitte angebracht. Angetrieben wird es durch einen Drehstrommotor mit konstanter Geschwindigkeit. Dieser Motor wird über ein Schütz und ein Zwischenrelais durch ein Zeitrelais gesteuert. Dieses Zeitrelais gestattet, die gewünschte Anlaßzeit einzustellen, und überwacht sie dann automatisch unabhängig vom Bedienungspersonal. Der Arbeiter hat also weiter nichts zu tun, als nach Ablauf jeder Einsatzschicht das Gut auf den oberen Horden zu wechseln.

Eine Einsatzschicht würde wie folgt vonstatten gehen. Angenommen, der Ofen sei im regelmäßigen Betrieb, alle Horden seien beschickt im Salzbad, die übrigen Horden seien mit ungehärteten Teilen beschickt oder über der Wannenabdeckung. Sobald nun die vorgesehene Einsatzzeit abgelaufen ist, schaltet das Zeitrelais über die vorgesehenen Schaltmittel den Motor ein. Dieser treibt über ein Schneckengetriebe eine Welle, auf der sich eine Exzenterscheibe befindet. Diese Exzenterscheibe drückt über ein Gestänge die Deckel an beiden Seiten des Ofens hoch. Sobald die Deckel in ihrer höchsten Stellung sind, rückt sich automatisch eine Kupplung ein, welche die Schneckenradwelle mit einem auf ihr sitzenden Kettenrad kuppelt, dieses Kettenrad treibt über eine Gallsche Rollenkette das Förderwerk. Sind nun die frisch beschickten Horden in ihrer untersten Stellung im Bad angelangt, so wird selbsttätig das Antriebskettenrad wieder entkuppelt. Der Exzenter hat sich mittlerweile so weit gedreht, daß die beiden Deckel wieder zusinken. In dem Augenblick ertönt ein Klingelzeichen, gleichzeitig leuchtet eine Merklampe auf, und das Bedienungspersonal weiß, daß der Ofen frisch beschickt werden muß.

Der dauernd arbeitende, elektrische Salzbad-Härteofen wird im Schnitt in Abb. 213 und in Ansicht in Abb. 214 gezeigt. Mitten zwischen anderen elektrischen Glühöfen gleicher Herkunft steht dieser Ofen und wird von $\frac{1}{4}$ h zur anderen auf etwa $1\frac{1}{2}$ min von 1 bis 2 Mann

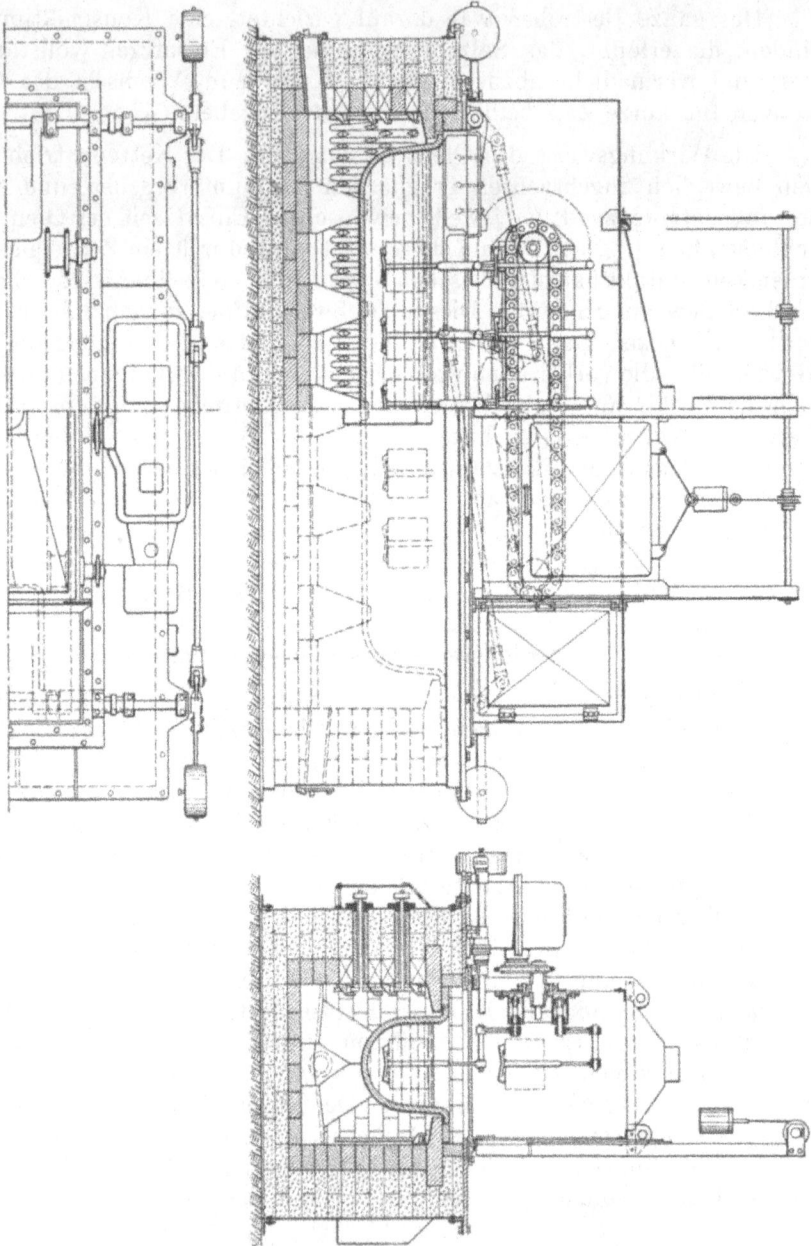

Abb. 213. Selbsttätig arbeitender Salzbad-Härteofen, Bauart Ruß.

bedient. In der übrigen Zeit bleibt sich der Ofen selbst überlassen und führt alle Arbeitsvorgänge selbsttätig aus.

Zum Verzinnen oder Verzinken von Drähten wird das Durchzieh-verfahren bevorzugt. Bei Behandlung von Flächen (Bleche, Körper usw.) ist das Tauchverfahren bekannt. Trotz der Verschiedenartigkeit der vorkommenden Arbeiten und der vielartigen Anwendungsmöglichkeit muß man von vornherein bestrebt sein, mit möglichst wenig Baugröße auszukommen.

Abb. 214. Neben einem Anlaßofen (links) steht der selbsttätig arbeitende Härteofen nach Abb. 213. Ausführung: „Industrie" Elektroofen G. m. b. H., Köln.

Abb. 215. Wannenofen zum Verzinnen. Ausführung: Siemens-Schuckertwerke, Berlin.

Knoops[1]) berichtet über eine Zinnschmelzanlage nach Abb. 215 u. a. folgendes: Die im Vordergrunde stehende Wanne von 2200 mm Länge, 600 mm Breite, auf 280 mm verjüngt, und 180 mm bzw. 100 mm Tiefe, hat 24 kW Anschlußwert. Ihre eigenartige Form ist deshalb ge-

---

[1]) Knoops, Elektrische Widerstandsöfen, Elektrizitätswirtschaft, Sept. 1930.

wählt, um Gegenstände verschiedenster Abmessungen verzinnen zu können und um Zinn zu sparen. Die Schmelzwanne hat zwei getrennte Heizwicklungen, und zwar eine für den schmalen Teil von 8 kW und eine für den breiten Teil von 16 kW. Jeder dieser Teile ist mit einer selbsttätigen Temperaturregelung versehen. Die Temperaturen werden auf 380° konstant gehalten. Das Anwärmen auf die erforderliche Temperatur von 380° benötigt beim Arbeiten in einer Schicht rd. 2 h mit 24 kW oder 50 kWh, d. h. die Hauptbelastung liegt vor Arbeitsbeginn. Während des Arbeitens braucht man zum Konstanthalten der Temperatur viel geringere Leistungen. Im Mittel sind für einen solchen Ofen je Tag 50 kWh zum Anwärmen und je nach Benutzung 150 bis 200 kWh/Schicht erforderlich.

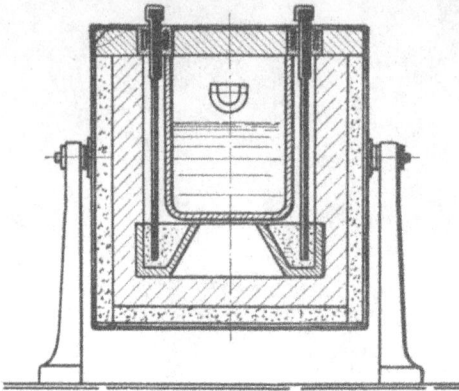

Abb. 216. Tiegelofen für hohe Temperaturen mit Heizstäben, Bauart Ruß.

Streng genommen zählen auch die im Abschnitt „Durchziehöfen" (Bandglühöfen) besprochenen Beizöfen noch zu den hier behandelten

Abb. 217. Salzbad-Tiegelofen mit waagrecht um den Tiegel angeordneten Heizstäben für eine Arbeitstemperatur von 1250°. Ausführung: „Industrie" Elektroofen G. m. b. H., Köln.

Wannenöfen. Die Form dieser Öfen ist von geringem Einfluß, da die Temperaturen kaum 100° überschreiten. Die Wanne derartiger Öfen wird mit Bleiblech ausgeschlagen. Die Nähte werden überlappt und gut verlötet. Die zum Beizen von Messing meistens verwendete 10proz. Schwefelsäurelösung wird entweder von außen durch offene Heizkörper oder innen durch geschützte Heizelemente oder durch Heizpatronen erhitzt.

Sollen höhere Temperaturen im Salzbad-Tiegelofen erzeugt werden, so kann hierfür auch eine Heizung mit Stäben in Anwendung kommen. So zeigt Abb. 216 einen derartigen Ofen, bei welchem die Stäbe senkrecht um den Tiegel angeordnet sind[1]). Oben sind die Stäbe durch Kontaktvorrichtungen mit dem Leitungsnetz verbunden. Dagegen ragen die unteren Enden der Stäbe in ein mit Kohlepulver gefülltes, ringförmiges Gefäß.

In Abb. 217 wird eine Ofenausführung gezeigt, bei der waagerecht um den Tiegel Heizstäbe angeordnet sind, wonach es möglich ist, in dem Tiegel Temperaturen von 1250° C zu erzielen.

14. Selbsttätige Härteöfen.

Wie die in diesem Abschnitt beschriebenen Öfen beweisen, kann elektrische Energie neben ihrer Wärmewirkung im Zusammenhang mit dem Elektroofen, diesem auch noch andere Vorteile bieten. So ist es beispielsweise möglich, die elektromagnetische Beeinflussung, wie solche bei Stahl und Eisen auftritt, die mit der Temperaturzunahme aber abnimmt, so abzustimmen, daß eine weitere Temperatursteigerung des Werkstückes unterbleibt. Die Härtung wird selbsttätig angezeigt, nachdem der Umwandlungspunkt des Gutes erreicht ist.

Unlegierter Stahl mit mehr als 0,66 % Kohlenstoffgehalt hat nämlich die Eigenschaft, daß die magnetische Umwandlung mit der Umwandlung in den härtbaren Zustand zusammenfällt.

Der elektromagnetische Härteofen nach der Bauart „Wild-Barfield" nutzt diese Erscheinung aus. Seine Wirkungsweise geht aus Abb. 218 hervor. Der Ofen enthält eine Muffel aus hochfeuerfester Schamotte, um welche die Heizwicklung H herumgewunden ist. Mit Hilfe eines besonderen, vorgeschalteten Regelwiderstandes R wird der Heizstrom in dieser Wicklung und damit die Temperatur des Ofens in bestimmten Grenzen geregelt. Die höchste Gebrauchstemperatur ist 850°. Um die mit der Heizwicklung umgebene Schamottemuffel liegt ein Isolierstoff in einem Gehäuse aus Aluminiumblech. Um dieses Gehäuse ist eine zweite, sog. Anzeigewicklung S gelegt. Infolge Transformatorwirkung wird in der Sekundärwicklung eine elektromotorische Kraft erzeugt, solange die Heizwicklung stromdurchflossen ist. In Serie

---

[1]) DRP. Nr. 453 415 und 485 083.

mit der Heizwicklung liegt eine auf einer besonderen Spule D unterge-
brachte Wicklung. Der durch sie und die Heizwicklung fließende Strom
bewirkt in einer zweiten, ebenfalls auf die Spule D gelegten Wicklung
wiederum eine elektromotorische Kraft. Die Spule ist nun aber so ab-
gestimmt, daß die in ihrer Sekundärwicklung erzeugte EMK bei einer
bestimmten Netzspannung gleich der in der Sekundärwicklung des Ofens
bewirkten ist. Beide Sekundärwicklungen sind mit den in ihnen erzeugten elektromotorischen Kräften gegeneinander geschaltet. Bei leerem
Ofen wird das zwischen die beiden Wicklungen geschaltete ferrodyna-
mische Anzeigeinstrument I, bei dem der Zeiger über die ganze Skala

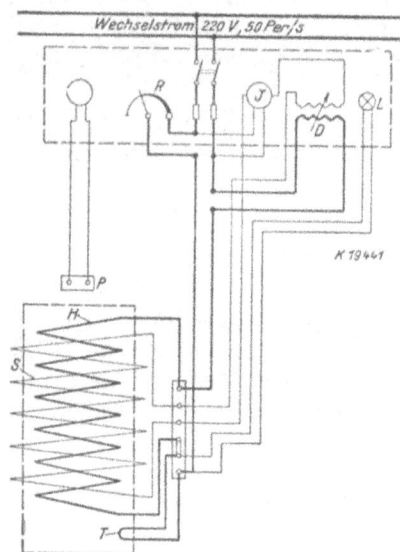

Abb. 218. Schaltung des selbsttätigen Härte-
ofens, Bauart Wild-Barfield.

spielt, also keinen Ausschlag aufweisen. Nötigenfalls kann die Nulleinstel-
lung mit Hilfe eines im Innern der
Kompensationseinrichtung beweglichen Eisenkernes auch bei verschiedenen Netzspannungen erzielt werden.
Man verschiebt den Eisenkern so
lange, bis der Zeiger des Instrumentes
bei eingeschaltetem, leerem Ofen auf
„Null" steht. Bringt man jetzt un-
legierten Stahl mit über 0,66 % Kohlenstoffgehalt in den Ofen, so wird
der Stahl zum Wechselstrommagneten.
Er verstärkt die EMK in der Ofen-
Sekundärwicklung gegen der EMK in
der Spulen-Sekundärwicklung. Durch
das Anzeigeinstrument fließt ein Strom
und bringt es zum Ausschlagen. Bei
zunehmender Erwärmung verliert der
Stahl seinen Magnetismus mehr und
mehr. Der Zeiger kehrt allmählich

auf „Null" zurück. Sobald er diesen Punkt erreicht, weiß man, daß das
Härtestück den magnetischen und gleichzeitig auch den Härteumwand-
lungspunkt durchschritten hat.

Gleichgeformte und aus dem gleichen Material hergestellte Teile
erwärmen sich bei geschickter Verteilung im Ofen gleichmäßig und
durchschreiten also gleichzeitig die Umwandlungspunkte. Infolgedessen
eignet sich der Wild-Barfield-Ofen auch zur gleichzeitigen Erwärmung
einer größeren Stückzahl.

Um auch die Temperatur im Ofen überwachen zu können und ein
Bild des Erwärmungsvorganges zu erhalten, ist in dem Ofen ein thermoelektrisches Pyrometer P eingebaut. Zum Schutz gegen Überhitzung der
Heizwicklung ist außerdem eine Temperatursicherung T vorgesehen, die
bei Erreichung einer gewissen Höchsttemperatur durchschmilzt und den

Ofen stromlos macht. Zur Temperatursicherung parallel liegt eine Signallampe *L*. Sobald also die Sicherung durchschmilzt, fließt der Heizstrom durch die Lampe. Diese leuchtet dann so lange, bis der Ofen ausgeschaltet wird. Nach Einsetzen einer neuen Temperatursicherung ist die Anlage wieder betriebsfähig. Vor ihrem Wiedereinschalten vermindert man jedoch mit dem Regelwiderstand die Heizstromstärke, um die Höchsttemperatur nicht sofort wieder zu überschreiten.

Die Schaltgeräte und Meßgeräte sind auf einer besonderen Schalttafel aufgebaut. Für die verschiedenen in Betracht kommenden Verwendungszwecke hat man Öfen mit waagerechtem und senkrechtem Glühraum (Abb. 219) ausgebildet. *H* bezeichnet wiederum die Heizwicklung und *S* die Sekundärwicklung. Die Temperatursicherung ist mit *G* bezeichnet. Der Ofendeckel *D* ist zweiteilig, das Pyrometer *T* liegt in einer Aussparung zwischen den beiden Teilen. Außerdem können an einer Haltevorrichtung *A* Härtestücke mit Hilfe eines Drahtes aus unmagnetischem Material im Ofen hängend gehalten werden, wobei der Draht ebenfalls in einer Aussparung zwischen den beiden Deckelhälften hängt. Die beiden Deckelhälften sind so gekuppelt, daß beim Ausschwenken der einen auch die andere den Glühraum freigibt.

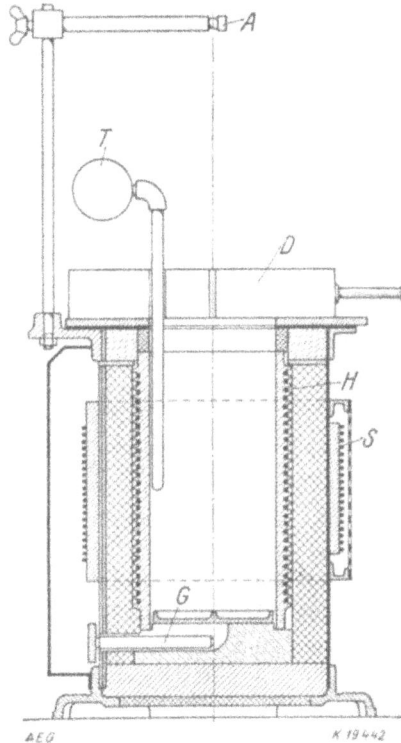

Abb. 219. Selbsttätiger Härteofen, Bauart Wild-Barfield.

Ein anderes Verfahren, um Stahlhärtungen unter Beobachtung des Umwandlungspunktes Ac_3 durchzuführen, ohne magnetische Beeinflussung, ist das von Leeds & Northrup ausgearbeitete[1]). Der zu härtende Gegenstand hängt an einem Tragarm in dem elektrischen Widerstandsofen derart, daß er sich in unmittelbarer Nähe eines Thermoelementes befindet, dessen Strom von einem schreibenden Galvanometer aufgezeichnet wird. In dem Augenblick, in dem das kalte Stück in den Ofen eingebracht wird, fällt die Temperatur an der Lötstelle des Thermoelementes scharf ab. Durch die gleichmäßige und stetige Wärmezufuhr des elektrischen Heizkörpers steigt die Temperatur langsam wieder an

---

[1]) Döhmer, P. W., Werkstattechnik, 1927, Heft 13, S. 389/90.

Abb. 220. Ansicht elektrischer Härteöfen mit Haltepunktschaltung.
Ausführung: „Industrie" Elektroofen G. m. b. H., Köln.

und das Galvanometer läßt die Umwandlungspunkte in Form von flachen
Knicken erkennen.

Öfen dieser Art werden in Abb. 220 in Ansicht gezeigt. Ihr Aufbau
ist einfach. Der Heizkörper ist in einem dünnwandigen Zylinder aus
hochfeuerfestem Baustoff eingebettet und von Isolierpulver umgeben.
Bei hohen Arbeitstemperaturen ist Vorsicht am Platze, da die einge-
betteten Heizwindungen durch Verbrennung infolge Wärmestauung
leicht Schaden nehmen. Eine Reparatur dieser Heizkörper ist meistens
nicht lohnend im Gegensatz zu frei aufgehängten Heizelementen.

15. Öfen für die chemische Industrie.

Die chemische Industrie wird für die mannigfache Warmbehandlung
ihrer Erzeugnisse und Zwischenprodukte immer mehr die elektrothermische Behandlung bevorzugen. Gerade in der chemischen Industrie
kommen die Eigenschaften der elektrischen Wärme ganz besonders zur
Geltung: die unbedingte Reinheit der Heizquelle, die Erzeugung beliebiger Wärmemengen auf kleinem oder großem Raum und mit Temperaturen bis 1150⁰, die genaue Einhaltung der Temperatur, die völlige
Freizügigkeit in der Gestaltung der Ofenformen und der wirtschaftliche
Betrieb. Dieser ist zweifellos schon dann vorhanden, wenn Fehlergebnisse durch unrichtige Warmbehandlung in brennstoffbeheizten Öfen

vorkommen können. Bei Elektroöfen sind Fehlergebnisse nicht denkbar, sobald entsprechende Vorkehrungen getroffen werden, die die Wärmemenge oder Temperatur selbsttätig regeln.

Der Wärmeraum, der bei elektrischen Heizquellen schon fast neutrale Ofenatmosphäre hat, kann vollkommen beliebig betrieben werden. Die Konstruktionen elektrischer Öfen werden mit einfachen Mitteln gasdicht oder als Vakuumöfen ausgebildet, da die Unterbringung der Heizelemente an keinerlei Voraussetzungen gebunden ist. Die Heizkörperwärme wird vielmehr mittel- oder unmittelbar auf das Behandlungsgut übertragen, je nachdem, wie es wünschenswert erscheint. Selbst der durch irgendeinen Körper gebildete Heizraum, wie z. B. eine Retorte, ein Tiegel, ein Kessel, eine Wanne usw., kann bei gleicher Wandstärke und elektrischer Leitfähigkeit des Behältermaterials als Heizkörper in den Stromkreis eingeschaltet werden.[1]) Nur ist zu beachten, daß die Wandung des Behälters eine Temperatur annehmen muß, die höher ist als die abgestrahlte Wärme. Der Baustoff des Hohlgefäßes muß also auch wärmetechnisch den gestellten Anforderungen entsprechen. Da bei dieser Heizungsart die Wärmeverluste denkbar gering ausfallen, können Elektroöfen nach der erwähnten Bauregel mit fast allen gas- oder kohlegefeuerten Öfen in Wettbewerb treten.

Anderseits können Heizelemente aus Drähten oder Bändern in einer gewissen Entfernung vom Behandlungsgut angeordnet werden. Ebenso kann die erzeugte Wärme auch indirekt durch reflektierende Strahlung oder durch die Wandung eines Aufgabebehälters übertragen werden. Weiterhin besteht die Möglichkeit lokale, unterteilte oder ganz gleichmäßige Erhitzung anzuwenden, was bei chemischen Wärmevorgängen verschiedentlich vorkommt.

Die Zuhilfenahme von flüssigen Mitteln zwecks besserer Wärmeübertragung, beispielsweise bei Rohrschlangensystemen, ist ohne weiteres möglich. Ebenso bietet die elektrische Warmbehandlung bei flüssigen, pulverigen, stückigen oder in anderer Form vorkommenden chemischen Erzeugnissen, z. B. in fester, gewebter oder einer anderen Form, keinerlei Schwierigkeiten; dabei ist es auch gleich, ob die Produkte in den Ofen eingesetzt werden oder durch den Ofen hindurchlaufen. In allen Anwendungsfällen bietet der Elektroofen eine gute, zweckentsprechende Lösung, da, was immer wieder erwähnt werden muß, sein Aufbau denkbar einfach ist.

Die mit größter Betriebssicherheit erreichbaren Temperaturen umfassen in der chemischen Industrie ein weites Anwendungsgebiet. Daß selbst für einfache, ganze oder gestufte Wärmevorgänge die elektrische Heizung in jeder Form Vorteile für die chemische Industrie bieten wird, steht außer Frage. Bei Neuanlagen und bei der Durchbildung neuartiger

---

[1]) Siehe auch Abb. 21 auf S. 48.

chemischer Verfahren wird die Elektrowärme zweifellos ernstlich in Erwägung zu ziehen sein.

Für diese Annahme sprechen die bereits ausgeführten elektrischen Ofenanlagen. Hierzu zählen die verschiedenartigen Trockenöfen und -schränke, die Lufterhitzer, Wärmeöfen zum Heizen von Reaktionsgasen in Gaserhitzern oder solche zur Beheizung von Reaktionsgefäßen. Bei Vorhandensein billiger Strompreise oder von Überschußenergie sind natürlich die Anwendungsmöglichkeiten besonders mannigfaltig. Davon zeugen u. a. auch Elektrodampfkesselanlagen, welche nebenher auch in der Textil- und in der Papierindustrie verhältnismäßig häufig anzutreffen sind. Elektrokessel können zur Raumheizung oder zur Lieferung von Dampf oder Warmwasser für Fabrikationszwecke aufgestellt werden. Zur Ausnutzung der Leistungsfähigkeit von Wasserkraftanlagen während der Nachtstunden sind vielfach größere Speicheranlagen errichtet worden.

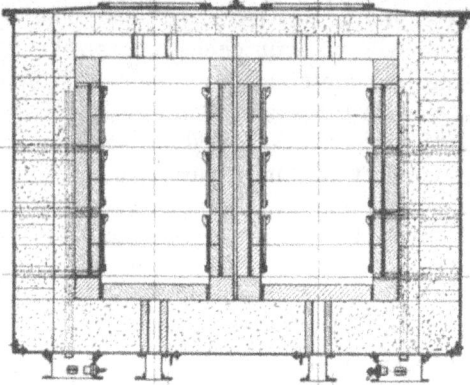

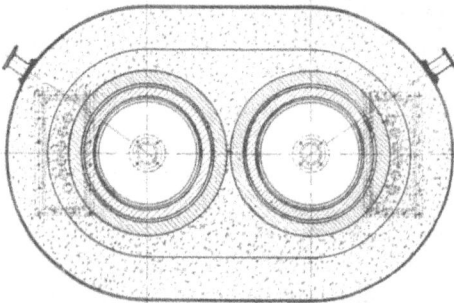

Abb. 221. Ovaler Doppelofen mit zylinderischen Heizkammern, Bauart Ruß.

Im folgenden sollen jedoch einige ausgeführte Elektroofenanlagen, die speziell für die chemische Industrie gebaut wurden, gezeigt werden.[1]) Bemerkenswert ist, daß bei fast allen diesen Ausführungen eine vollkommene Gasdichtigkeit der Öfen vorausgesetzt wurde; es wird also bei diesen Öfen entweder mit einer Schutzatmosphäre oder unter Vakuum gearbeitet. Aus diesem Grunde mußten auch sämtliche Öffnungen nach außen für Pyrometerrohre, Stromanschlüsse, Stutzen für Zu- und Abfuhr des Behandlungsgutes usw., gasdicht ausgeführt werden.

In Abb. 221 wird im Schnitt ein Doppelofen gezeigt. Die beiden Heizkammern haben zylindrische Form, 1700 mm Nutzfläche und 600 mm lichten Durchmesser. Jede Kammer nimmt 1000 kg Gut auf, welches

---

[1]) R u ß , E. Fr., Elektroöfen für die chemische Industrie, Zeitschrift des Vereins deutscher Chemiker, Die Chemische Fabrik, 1932, 5, S. 353/56.

Abb. 222. Gasdichter Doppelofen für chemische Zwecke. Ausführung: „Industrie" Elektroofen G. m. b. H., Köln.

Abb. 223. Einige Elektroöfen für die chemische Industrie, hergestellt von „Industrie" Elektroofen G. m. b. H., Köln.

bis 1100° erhitzt wird, während die Heizkörper 1150° erzeugen. Abb. 222 stellt in Ansicht einen dieser Öfen dar. Die seitlich angebrachten, gasdichten Stutzen nehmen die Pyrometer auf, die für den hier in Frage kommenden Zweck in verschiedenen Höhen angebracht sind, um die Temperaturen in mehreren Zonen zu ermitteln und einzuhalten. Es kommt also im vorliegenden Falle auf eine genaue Temperatureinhaltung an, die elektrisch erreicht wird. Von diesen Elektroöfen sind eine große

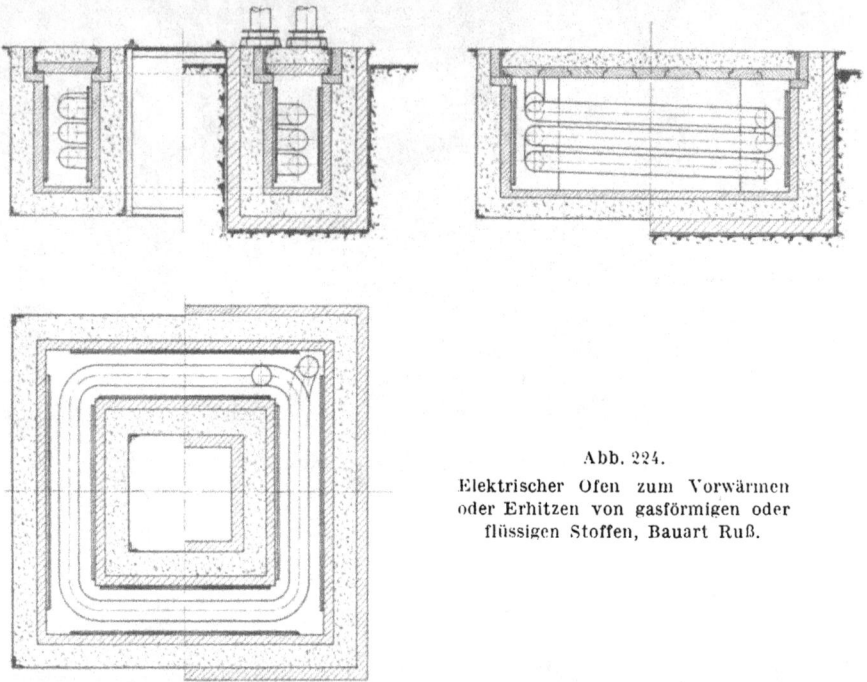

Abb. 224.
Elektrischer Ofen zum Vorwärmen oder Erhitzen von gasförmigen oder flüssigen Stoffen, Bauart Ruß.

Anzahl aufgestellt worden, nachdem die Versuche mit den ersten Öfen günstig ausfielen.

Kleinere Öfen mit einer Heizkammer, sonst gleicher Art wie die soeben geschilderten, veranschaulicht Abb. 223.

Ein elektrisch beheizter Gasvorwärmer, ausgerüstet mit einem Rohrschlangensystem, ist in Abb. 224 dargestellt. Der senkrechte Schnitt oben links zeigt zwei Ausführungsmöglichkeiten; bei der einen ist der Ofen auf Werksflur angeordnet, bei der anderen ist eine unter Flur eingebaute Ofenanlage gewählt worden.

Ein elektrischer Ofen ähnlicher Ausführung ist in Ansicht in Abb. 225 zu sehen. Am Umfang rechts sind in einem gasdichten Kasten die Stromanschlüsse untergebracht, während links davon ein Pyrometerstutzen befestigt ist. Oben in der Mitte ragt eine Flanschverbindung zu dem Rohrleitungssystem aus dem Ofen.

Der kastenförmige Elektroofen nach Abb. 226, ebenfalls vollkommen gasdicht ausgebildet, ist 3 m lang und hat ein muffelartiges Rohr, welches inmitten des Ofens längsseitig angeordnet ist. Hierdurch wandert

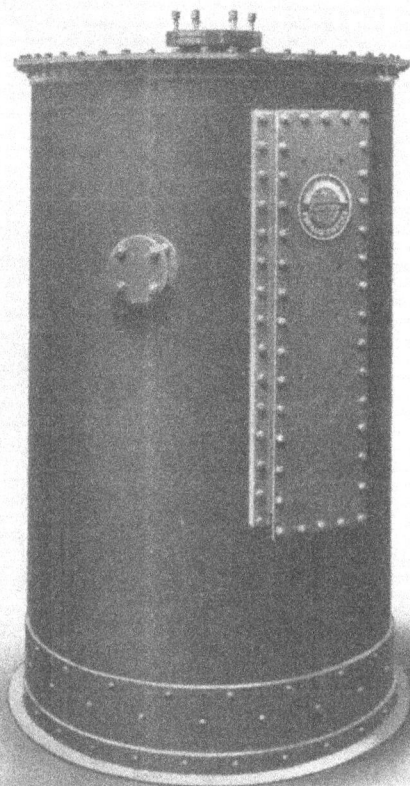

Abb. 225. Elektrischer Gaserhitzer, Bauart Ruß, ausgeführt von „Industrie" Elektroofen G. m. b. H., Köln.

ein chemisches Erzeugnis, welches bis auf 1100^0 erhitzt wird. Der röst-artige Vorgang erfolgt in einer indifferenten Gaszone; auf diese Weise wird ein einwandfreier Arbeitsvorgang herbeigeführt.

In Abb. 227 wird ein elektrisch beheizter Vergütungsofen gezeigt. Das Gut wandert durch Rohre, in denen Heizwindungen liegen, an denen es sich erhitzt. Um in kleinem Raum eine gute Wärmeausnutzung zu erzielen, sind Umleitkammern vorgesehen. Zur raschen Auswechselung

Abb. 226. Gasdichter Elektroofen, Bauart Ruß, geliefert an eine bedeutende Stickstoffabrik.
Ausführung: „Industrie" Elektroofen G. m. b. H., Köln.

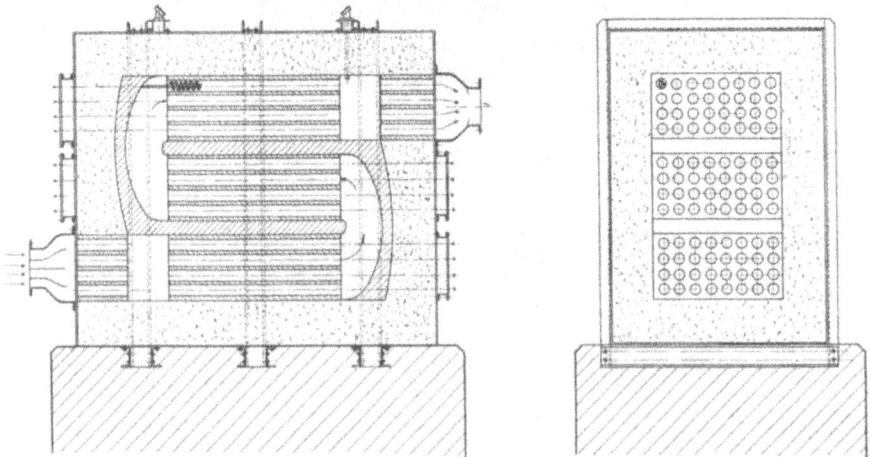

Abb. 227. Elektrischer Vergütungsofen, Bauart Ruß.
(Oben links ist eine der Heizwicklungen im Rohr liegend angedeutet.)

der Heizkörper dienen gasdichte Verschlüsse, die außen an der Ofenwand
angebracht sind.

Einen etwas anders ausgebildeten Elektro-Gaserhitzer von 5,5 m
Länge, 60 kW Leistung, für Temperaturen bis 650° gibt Abb. 228 wieder.
Der einfache Aufbau dieses Ofens beweist, daß es möglich ist, ohne große

Kostenaufwendungen zweckmäßig durchgebildete Elektroöfen auch in der chemischen Industrie zu benutzen.

Um einen chemischen Wärmevorgang verschiedenen Temperaturen auszusetzen, wurde der in Abbild. 229 dargestellte Ofen gewählt. Die Heizzonen von 650⁰ und 850⁰ sind durch eine Filtrierscheibe ge-

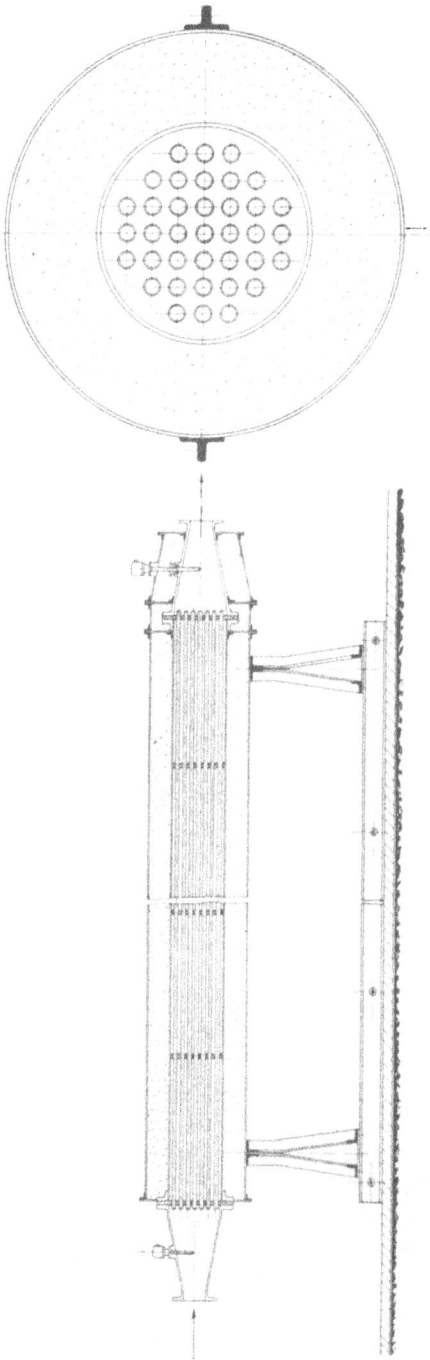

Abb. 228. Elektrischer Gaserhitzer in langer, einfacher Ausführung, Bauart Ruß.

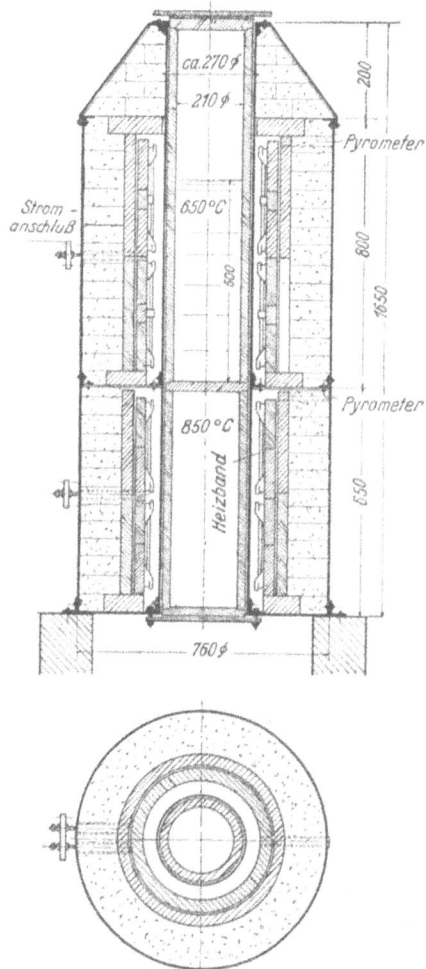

Abb. 229. Elektroofen mit Filtrierscheibe für verschiedene Temperaturen, Bauart Ruß.

trennt, ebenso die Heizkörpergruppen, die unabhängig voneinander geschaltet und gemessen werden.

Bemerkenswert ist auch ein Trommelofen, der flüssiges Gut erhitzt, durch Gaszufuhr gegen atmosphärische Einflüsse schützt und mittels einer mechanisch angetriebenen Vorrichtung durchmischt, wobei eine lokale Erhitzung dadurch vermieden wird, daß die Streifer in der Trommel ein Ansetzen des Gutes an die Wandung verhindern.

Wie ein einfacher elektrisch beheizter Drehrohrofen ausgeführt werden kann, zeigt Abb. 230. Dieser Ofen besteht aus zwei Teilen, wovon der obere Teil aufklappbar ist. Damit ist es möglich, sowohl an das Dreh-

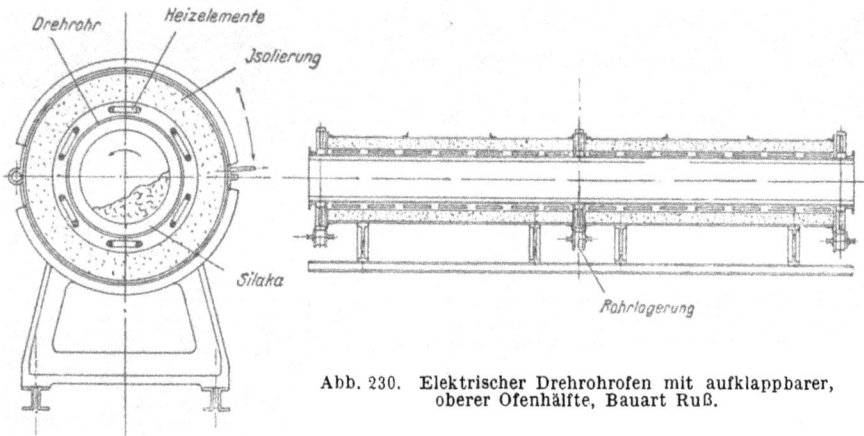

Abb. 230. Elektrischer Drehrohrofen mit aufklappbarer, oberer Ofenhälfte, Bauart Ruß.

rohr als auch an die elektrische Heizung, die an dem Umfang des Drehrohres angeordnet ist, heranzukommen.

Bereits die dargestellten Ofenausführungen geben Anhaltspunkte dafür, daß der elektrische Ofen auch in der chemischen Industrie schon seinen Platz hat.

16. Porzellanöfen.

Für die Warmbehandlung von Porzellan kommen zwei verschiedenartige Verfahren in Frage. Bei dem einen handelt es sich um das Brennen der Gegenstände, die aus Porzellanerde geformt, dann getrocknet (also von Feuchtigkeit befreit) und anschließend daran hart gebrannt werden. Hierfür kommen hohe Temperaturen von 1000 bis 1450⁰ in Betracht. Das andere Verfahren ist eine Nachbehandlung fertiger Porzellangegenstände, auf die noch Farbmuster, Bemalungen, Aufsätze, Glasuren bestimmter Art u. dgl. mehr aufgebracht werden. Damit diese haltbar und fest an den Porzellanstücken haften, werden sie ein- oder festgebrannt. Hierbei reichen niedrigere Temperaturen, häufig bis 1000⁰, aus. Diese beiden Arbeitsvorgänge mit ihren verschiedenen Temperaturanforderungen können selbstverständlich in ein und demselben Ofen vorgenommen werden. Dabei ist Voraussetzung, daß in dem Ofen die höchste, notwendige Arbeitstemperatur erreicht werden kann. Denjenigen Porzellanfabriken, die eine hinreichend große Erzeugung gleichgearteter Gegenstände haben, ist jedoch anzuraten, getrennte Öfen zu verwenden; dann wird eine bessere Ausnutzung der verschiedenen Ofenarten mit den jeweiligen Erzeugnissen erzielt. Also selbst für bestimmte Porzellanarten und -formen (immer eine entsprechende Erzeugungsmenge für jede Art vorausgesetzt) sind eigens durchgebildete Öfen anzuraten.

Das elektrische Porzellanbrennen ist in erster Linie wirtschaftlich für bessere Porzellane, Kunstgegenstände und solche für technische Zwecke (Hochspannungsisolatoren usw.). Zumal letztere, und andere Gegenstände, die aus Kaolin, weißem Ton, Quarz und Feldspat od. dgl., hergestellt werden, beanspruchen eine sorgfältige, saubere und gleichmäßige Behandlung, die mit elektrischen Öfen restlos erreicht wird. Selbst die Versinterung und Glasierung bei hochwertigen Porzellanen bewegt sich in den praktisch notwendigen Temperaturgrenzen, denn der Erweichungspunkt liegt bereits bei etwa 1600 bis 1700⁰. Da die Grundmasse des Porzellans Glas ist, kann kein bestimmter Erweichungspunkt angegeben werden. Dagegen erscheint es wichtig zu erklären, daß die Folge des Sinterns und einer glasigen Erstarrung von Porzellanmasse ein hellklingender, fester und dichter Scherben ist. Die Dichte muß besonders hervorgehoben werden, da häufig die Meinung besteht, daß das Porzellan erst durch einen Glasüberzug unporös würde. Das ist nicht bei Porzellan der Fall, wohl aber bei anderen feuerfesten, selbst porzellanähnlichen Massen. Die Glasur entsteht durch die in der Porzellanmischung eingeschlossenen Flußmittel (z. B. Feldspat), deren Schmelzpunkt wesentlich niedriger liegt als die Garbrandtemperatur. Diese liegt wiederum so hoch, daß nach Zusammenbacken und Sinterung das Hartbrennen erfolgt. Wie sich hierbei die einzelnen Vorgänge abspielen, ist verschieden und für unsere Betrachtungen von weniger großem Interesse.

Für die Anwendung von Elektrowärme sind zwei wesentliche Tatsachen entscheidend, erstens die Wirtschaftlichkeit und zweitens die Qualitätssteigerung.

Über erstere wurde bereits auf S. 24 u. f. unter „Anwendungsgebiete" kurz berichtet. Sie macht sich im wesentlichen durch Fortfall der Brennkapseln bemerkbar, deren Anteil im allgemeinen $5/6$ des im Brennofen eingesetzten Gewichtes darstellt. Auf jeden Fall ist, wie ein der Praxis[1] entnommener Vergleich eines elektrisch beheizten Zweibahn-Tunnelofens (Abb. 231) mit dem noch zumeist üblichen kohlebeheizten Rundofen (Abb. 232) beweist, die Überlegenheit des Elektroofens bei geeignetem Strompreis, insbesondere bei kontinuierlichem Betrieb, offensichtlich.

---

[1] Elektrowärme 1932, S. 145.

16*

Durch die gegenläufige Bewegung der beiden mit dem Brenngut beschickten Wagenreihen im Elektroofen wird ein Übergang der von dem bereits gebrannten Gut ausgestrahlten Wärme auf das einfahrende Material und damit eine günstige Wärmeausnutzung erzielt. Die Beheizung erfolgt durch vier leicht auswechselbare und einzeln an Reguliertransformatoren angeschlossene Heizelemente, die bei einer Brenntemperatur von 1250⁰ und kontinuierlichem Betrieb eine Lebensdauer von etwa 3 Monaten haben. Der 40 bis 50 m lange, an sich sehr einfach konstruierte Ofen

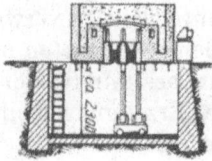

erhält eine gute Isolierung; die Ein- und Ausfahrenden sind durch Schleusen gegen Wärmeverluste geschützt.

Das elektrische Brennen macht die beim Rundofen erforderlichen teuren Einsatzkapseln entbehrlich, wodurch bei dem hohen Gewichtsanteil dieser Kapseln gegenüber dem beim elektrischen Brennen benötigten Aufbaumaterial (etwa die Hälfte) erhebliche Wärmemengen gespart werden. Zudem halten die Kapseln meistens nur 3 Brände aus gegen 50 und mehr bei dem Aufbaumaterial. Durch den Fortfall der Kapseln wird ferner eine bessere Raumausnutzung erreicht, da im Elektroofen auf 1 m³ Brennraum 160 kg leichte Brennware gegen nur 53 kg im Rundofen zu erreichen sind. Soll die in einem Elektroofen täglich durchzusetzende Leistung von 4160 kg Brenn-

Abb. 232. Kohlebeheizter Rundofen.

Abb. 231. Zweibahn-Tunnelofen zum elektrischen Brennen von Porzellan.

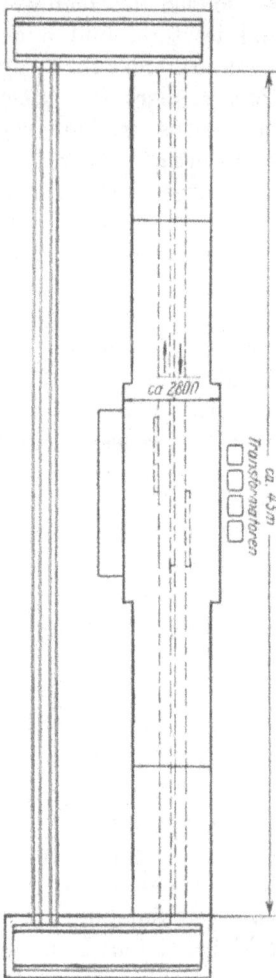

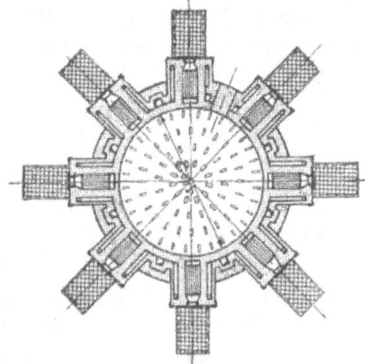

gut im Rundofen erreicht werden, so sind bei einem Brennraum von 60 m³ und dem obengenannten Kapselanteil etwa fünf Rundöfen erforderlich, wobei berücksichtigt wird, daß diese alle 3½ bis 4 Tage angebrannt werden können. Daraus ergeben sich, bezogen auf die gleiche Durchsatzmenge, für den Elektroofen niedrige Anlagekosten. Entsprechend beträgt die erforderliche Grundfläche nur etwa ²/₇ des Rundofens, zudem kann der Elektroofen zufolge seines geringen Gewichtes auch in Stockwerken aufgestellt werden.

Die Qualitätssteigerung ist in der Brennzone eines elektrischen Ofens unverkennbar. Nicht nur die Reinheit der Heizquelle, sondern auch die genaue Temperaturregelung und gleichmäßige Wärmeverteilung im Heizraum verbürgen selbst bei wahlloser Stapelung der Ware einen klaren Brand ohne Formänderungen der Porzellangegenstände. Also der Ausschuß wird ganz wesentlich eingeschränkt.

Die besten Ergebnisse bei größter Wirtschaftlichkeit werden zweifellos mit dem bereits geschilderten gegenläufigen Tunnelofen erzielt. Es erscheint somit zweckmäßig, auf diesen Ofen noch etwas näher einzugehen. Hierfür sei ein häufig vorkommender Bedarfsfall, und zwar das Brennen von 1000 normalen Porzellantellern von 310 mm Durchmesser angenommen, die in 24 h behandelt werden sollen. Der Tunnelofen mit zweireihiger gegenläufiger Wagenanordnung sei nach Abb. 233 etwa 18 m lang. Der Anschlußwert soll 100 kW und der durchschnittliche Stromverbrauch 80 kWh betragen. Die Brennzone sei etwa 4 m. Als Heizelemente dienen Globarstäbe, die sich bisher am besten bewährt haben. Diese Elemente sind verwendbar für Temperaturen bis 1400°. Erfahrungsgemäß benötigt ein Porzellan-Brennofen keine höhere Temperatur als 1350° unter der Voraussetzung, daß die Schamottekapseln fortfallen. Die Heizelemente erhalten einen Spezialtransformator, welcher gestattet, die Leistung des Ofens den jeweiligen Betriebserfordernissen anzupassen. Die Lebensdauer der Heizelemente beträgt bei ununterbrochenem Betrieb 800 bis 1000 Brennstunden. Arbeitet der Ofen mit täglicher Unterbrechung, so vermindert sich die Lebensdauer. Aus den Erfahrungen mit ähnlichen elektrisch beheizten Öfen ergibt sich, daß die Kosten für das Auswechseln der Heizelemente niedriger sind, als im anderen Fall die laufenden Unkosten für die Schamottekapseln. Das Auswechseln der Heizelemente kann während des Betriebes geschehen, was sehr wertvoll ist.

Ganz besonders sei auf die konstruktiven Verbesserungen aufmerksam gemacht, welche der Ofen gegenüber älteren Erfahrungen aufzuweisen hat. Hierzu gehört insbesondere die nach den neuesten Erfahrungen auf dem Gebiete des Wärmeschutzes ausgeführte Isolierung. Ferner die hohe Abmessung des Brennraumes mit 300 mm. Bisher sind solche Öfen meistens mit kleineren Höhen ausgeführt worden (100 bis 150 mm), jedoch hat die Erfahrung gezeigt, daß größere Höhen

die Wirksamkeit des Ofens günstig beeinflussen. Um die Hitze der Heizelemente möglichst auf die Brennzone
zu konzentrieren, wird der Tunnel beiderseits der Brennzone in Höhe bis auf
200 mm reduziert. Dadurch wird erreicht, daß nach den beiden Ofenenden
nur jeweils so viel Wärme abströmen
kann, als zum langsamen Anwärmen
und Abkühlen der Teller erforderlich

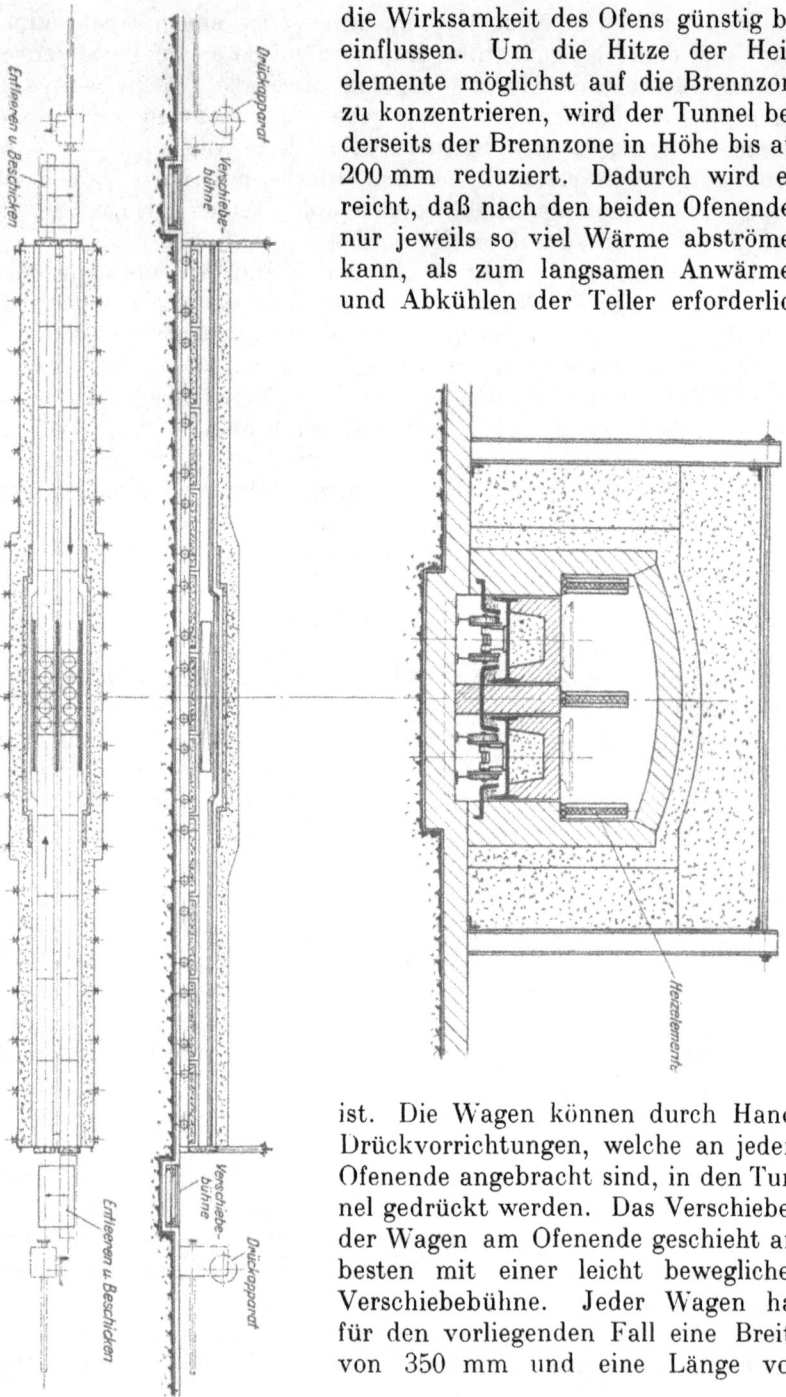

Abb. 233. Elektrischer Porzellanbrennofen mit zwei gegenläufigen Herdwagenreihen und senkrecht angeordneten Heizstäben oder -platten in der Brennzone.

ist. Die Wagen können durch Hand-
Drückvorrichtungen, welche an jedem
Ofenende angebracht sind, in den Tunnel gedrückt werden. Das Verschieben
der Wagen am Ofenende geschieht am
besten mit einer leicht beweglichen
Verschiebebühne. Jeder Wagen hat
für den vorliegenden Fall eine Breite
von 350 mm und eine Länge von

1620 mm. Auf jeden Wagen können also 5 Teller gesetzt werden. Die Durchlaufzeit durch den gesamten Ofen beträgt für jeden Teller 2 h 40 min. Der Aufenthalt in der Heizzone ist also 26 bis 27 min, eine Zeit, die erfahrungsgemäß vollkommen genügt. Es muß also an jedem Ofenende alle Viertelstunde ein Wagen eingefahren werden. Im Ofentunnel befinden sich gleichzeitig 22 Wagen, 2 Wagen befinden sich jeweils außerhalb des Ofens; außerdem empfiehlt es sich, noch einige Wagen zur Reserve bereit zu halten. Jeder Wagen wird vorteilhaft für sich auf zwei Achsen mit gußeisernen Laufrollen in Rollenlagern gelagert. Bei anderen ausgeführten Öfen wurden die Rollen im Ofen gelagert und die Wagen auf ihnen verschoben. Die erste Ausführung hat aber den besonderen Vorteil, daß die Laufrollen leicht geschmiert und außerdem dauernd kontrolliert werden können.

Als besonderer Vorteil eines derartigen elektrischen Ofens zum Brennen von Porzellan gilt, daß der Ausschuß an in Betrieb befindlichen Öfen normalerweise kleiner ist als 1%.

Die Temperatur wird bei Drehstromanschluß mit Hilfe von drei Spezialtransformatoren (Stufentransformatoren) reguliert. Sie wird angezeigt durch ein Zweipunkt-Meßinstrument, an dem die max. Temperatur eingestellt

Abb. 234. Ein mit Porzellanteilen beschickter Herdwagen nebst dem sichtbaren Aufbaumaterial.

werden kann; sobald diese überschritten wird, ertönt ein akustisches Signal und gleichzeitig leuchtet eine Merklampe auf, welche anzeigt, auf welcher Ofenseite die Temperatur gerade überschritten worden ist. Der Bedienungsmann braucht dann nur den entsprechenden Transformator eine Stufe tiefer zu schalten. Dasselbe geschieht bei Unterschreitung der minimalen Temperatur, welche am Instrument ebenfalls eingestellt ist; nur muß dann der betreffende Transformator durch den Bedienungsmann um eine Stufe höher geschaltet werden. Im praktischen Betrieb hat sich gezeigt, daß alle Manipulationen an einem solchen Elektroofen derart einfach sind, daß ohne weiteres weibliches Bedienungspersonal verwandt werden kann.

Die einfache Bedienung und die genaue Temperaturregelung des elektrischen Ofens machen den Betrieb unabhängig von der Zuverlässigkeit des Brenners, so daß Gelbfärbungen, Über- oder Unterbrand, wie sie beim Rundofen auftreten können, nicht vorkommen. Die einfachere Beschickung (Abb. 234) vermindert ferner das erforderliche Bedienungspersonal auf ein Drittel des beim Rundofen erforderlichen. Ein weiterer Vorzug des Elektroofens besteht in seiner leichten Anpassungsfähigkeit an die Größe des täglichen Durchsatzes, ohne an Rentabilität einzubüßen, so daß er auch für kleinere Betriebe oder — bei mehreren kleinen Öfen — für große Produktion verschieden zu behandelnden Brenngutes u. dgl. besonders vorteilhaft zu verwenden ist.

Die Brennkosten für den auf 1000 Teller bezogenen Elektroofen betragen überschläglich:

a) Strom $24 \times 80 = 1920$ kWh/24 h.
Bei einem Strompreis von RM. 0,03 betragen
die täglichen Stromkosten $1920 \times 0,03 =$ . . RM. 57,60

b) Erneuern der Heizelemente, angenommen wird
als ungünstigste Lebensdauer 8 Wochen $=$
56 Tage, Preis für eine Erneuerung der Elemente
ca. RM. 1200,— tägl. Kosten $1200:56 =$ . . . . ,, 21,40

c) Bedienung: 1 Arbeiter pro Schicht $= 3$ Arbeiter
pro Tag zu je RM. 1,—/h, tägl. Lohnkosten . . . ,, 24,—

d) Amortisation des Ofens: Als Gesamtkosten einschließl. Montage werden ca. 40000 RM. eingesetzt. Amortisationssatz 10%.

Anteil pro Tag $\dfrac{40000 \times 20}{100 \times 365} =$ . . . . ,, 22,—

e) Verzinsung des Kapitals 5%.

Täglicher Anteil $\dfrac{40000 \times 5}{100 \times 365} =$ . . . . ,, 5,50

Gesamte tägl. Brennkosten für 1000 Teller . . RM. 130,50

Für eine ausgeführte Anlage bringt Hautmann[1]) in nachstehender Aufstellung eine zahlenmäßige Gegenüberstellung der jährlichen Betriebskosten zweier Ofensysteme ohne nähere Angabe der einzelnen, vom Verfasser angeführten Grundwerte.

Ausgaben	Kohlebeheizter Rundofen RM.	Elektrisch beheizter Zweibahn-Tunnelofen RM.
Brennstoffkosten (einschl. Kosten f. Heizelemente)		
Kohle	62208[2])	
Strom		41184[3])
Kapselkosten	76896	
Aufbaumaterial		18720
Reparaturen	11520	2808
Löhne für Brenner und Setzer	20736	6912
Brennausschuß	18000	1760
Verzinsung und Amortisation vom Anlagekapital ($= 15\%$)	12750	11250
insgesamt:	202110	82634

[1]) Elektrowärme 1932, S. 146, und Sprechsaal 1932, Heft 6.
[2]) Steinkohlen (6800 WE); RM. 18.—/t.
[3]) Strompreis 3 RPfg./kWh.

Abb. 235. Elektrischer Porzellanbrennofen ausgerüstet mit Heizstäben, deren Stromanschlüsse oben und unten wassergekühlt werden.

Wie sich aus dem hohen Differenzbetrag von rd. RM. 120000 ergibt, ist die elektrische Beheizung für derartige Fälle selbst bei wesentlich höheren Strompreisen der Kohlebeheizung weit überlegen, ungeachtet der nicht besonders berücksichtigten Vorzüge brenntechnischer Art, des Fortfalles von Kohlenlagern und Transporten und der günstigen Raumverhältnisse.

In Abb. 235 ist noch ein neuartiger Porzellanbrennofen in Ansicht dargestellt, der mit Globarstäben beheizt in Nordamerika arbeitet.

17. Glasöfen.

Hier handelt es sich nicht um das elektrische Schmelzen von Glas aus Sand und Alkalisalzen wie Karbonaten und Sulfaten, sondern um eine Warmbehandlung, und zwar um das Tempern und Kühlen von Glas.

Man könnte hier ein neues Anwendungsgebiet vermuten. Dies ist aber nicht der Fall. Schon im Jahre 1908 wurde wegen der verlangten kurzen Lieferfristen für die damals hoch in Mode befindlichen gebogenen Glasscheiben ein elektrischer Muffelofen nach Abb. 236 in Betrieb genommen[1]. Die Muffel ist $600 \times 400 \times 1500$ mm bei einer Leistungsaufnahme von 30 kW, getrennt in Ober- und Unterhitze. Verlangt wurde eine Temperatur von 700° bei möglichst kurzer Anheizzeit. Der Ofen hat zwei Muffeln, von denen die obere zur Erhitzung der Glasplatten und die untere zum langsamen Abkühlen dient. Ein zu rasches

[1] Elektrowärme 1932, S. 48.

Abkühlen auf Raumtemperatur würde zum Zerreißen des Glases führen. Die Heizung erfolgt mittels Silundstäben, die damals gerade greifbar waren. Die Schaltung wurde gruppenweise mit einfachen Hebelschaltern vorgenommen. Das Glühen und Biegen erfolgte in einer höchst originellen und einfachen Art. Ein Eisenblech in der Form des verlangten Glases wurde mit Schlemmkreide sauber glatt bestrichen, die gerade Glasplatte aufgelegt und in die Muffel geschoben. Nach Einschalten der Heizung kam die Glasplatte in kurzer Zeit auf Rotglut, wurde weich und senkte sich durch. Die endgültige Formgebung ergab sich durch das Anschmiegen an die Formplatte. Nach Beendigung der Formgestaltung mußte die Platte langsam abgekühlt werden, was in der unteren Muffel vor sich ging. Diese Glühmuffel hat den an sie gestellten Anforderungen voll und ganz entsprochen. Der Glühvorgang für eine Platte beanspruchte eine Dauer von 10 min. Die Stromkosten spielten bei dem wertvollen Einsatzgut nur eine geringfügige Rolle.

Abb. 236. Doppelteiliger Muffelofen zum Erhitzen und langsamen Abkühlen von gebogenen Glasscheiben.

Während in Europa, abgesehen von einigen Sonderfällen, eine Pause eingetreten ist, befaßt sich Amerika seit einigen Jahren in großzügiger Weise mit dem Bau zumal von kontinuierlich arbeitenden Glaskühlöfen von recht stattlichen Abmessungen. Hierbei handelt es sich um das Entspannen des Glases, um den Ausschuß zu vermindern, dessen Höhe abhängig ist von den Temperaturintervallen, die das zu behandelnde Gut zu durchlaufen hat. Die Ausbildung der Öfen richtet sich nach Leistung und Form des Behandlungsgutes. Die Temperaturen liegen in den leicht erreichbaren Grenzen elektrischer Öfen zwischen 400 bis 600°. Nur in Ausnahmefällen kommen höhere Temperaturen in Frage. Vorteilhaft wird das Glas rasch auf Temperatur gebracht, verweilt so lange auf Hitze, wie zur Entspannung des Glases notwendig ist, und kühlt dann erst langsam ab. Sobald die Entspannungsgrenze durchschritten ist, kann eine schnelle Abkühlung erfolgen. Der Beginn dieses Arbeitsvorganges ist selbstverständlich abhängig von der Vorbehandlung des Glases, ob dieses kalt oder warm eingesetzt wird, d. h. ob erst abgekühlt oder erwärmt werden muß. Das sprunghafte Hochheizen, der kurze

Aufenthalt während der Entspannungszeit, das vorsichtige, dann rasche Abkühlen des Glases geschieht am besten in Öfen, durch die das Gut hindurchwandert. Die einzelnen Heizzonen können bei elektrischer Erhitzung genau erreicht werden, wobei jedoch auf die Glasart, Form und Wandstärke des Gutes Rücksicht zu nehmen ist. Fast jeder Bedarfsfall liegt anders; jeder Ofen muß also eigens für seinen Zweck gebaut sein.

Bevor auf einige fremdländische Ausführungen eingegangen wird, sei erwähnt, daß in einer deutschen Glasfabrik ein elektrischer Ofen arbeitet, der zum Entspannen von Glasflaschen dient und eine beträchtliche Durchsatzleistung besitzen soll. Die Illinois Pacific Glass Comp.[1]) hat 9 elektrisch beheizte Durchlauföfen in Betrieb von 18 m Länge, 2,75 m Breite und 480 mm lichter Kanalhöhe mit einer Anschlußleistung von 240 kW. Diese dient aber nur zum Aufheizen des Ofens, während die durchschnittliche Stromentnahme 80 kW ist. Die Flaschen werden auf das vorgeheizte Förderband aufgesetzt, wandern durch einen unbeheizten, jedoch durch Strahlung vorgewärmten Teil des Ofens, dann durch die 7,5 m lange Heizkammer. Von da ab erfolgt die vorgeschriebene Abkühlung in dem anderen, unbeheizten Teil des Ofens, während das Förderband noch eine freie Strecke außerhalb verläuft, um die fertig behandelten Flaschen leicht abnehmen zu können. Die Leistung eines derartigen Ofens ist nicht zu unterschätzen. Im Verlaufe einer Woche werden etwa 2 350 000 Flaschen mit einem Gesamtgewicht von 125 000 kg im Ofen gekühlt. Auf die Stunde bezogen war der Durchsatz 739 kg. Für 1000 kg durchgesetzten Materials ergab sich ein Stromverbrauch von etwa 90 kWh. Da eine kWh dort 0,8 Cts., also etwa 3,4 Pf. kostet, ergeben sich für je 1000 kg Flaschenglas Stromkosten in der Höhe von RM. 3,15.

In den Berichten über diese Öfen wird hervorgehoben, daß die Kühlzeit von früher 4 bis 10 h auf 1 h 35 min verkürzt werden konnte, und daß Verluste durch Bruch nicht vorkommen. Die Instandsetzungskosten sind äußerst geringfügig; der erste Ofen hat hierfür während 3½ Jahren nur 25 Dollar erfordert und ist noch in ebenso gutem Zustand, wie bei Inbetriebnahme. Die Nachfrage nach den im elektrischen Ofen gekühlten Flaschen, die eine höhere Güte aufweisen, war so stark, daß man genötigt war, die elektrische Neuanlage so schnell wie möglich auszubauen.

Zum Ausglühen kleiner Birnen ist nach weiteren Berichten von Tamele bei den National Lamp Works in Cleveland, Ohio, ein Ofen von

---

[1]) Tamele, Glastechnische Berichte, 1928, Heft 5, S. 225/242; ferner vgl. Bull. Amer. Ceram. Soc. Jahrg. 1926, S. 270 bis 281, u. Glass Industry, Jahrg. 1925, S. 161 bis 164. — A. N. Otis, The application of electric heat to glass annealing. Bull. Amer. Ceram. Soc. Bd. 5, Nr. 6, S. 270 bis 281, Referat in Glastechn. Ber. Bd. IV, Heft 6, S. 222/224.

4,90 m Länge, 760 mm Breite und 610 mm Höhe in Betrieb, bei dem die Birnen in Schalen, die an einer Kette hängen, durch den Ofen wandern. Bei einer Anschlußleistung von 60 kW beträgt die durchschnittliche Belastung 42 kW; dabei werden stündlich 15000 bis 50000 Birnen verarbeitet. Der Ofen ergibt gegenüber früher eine Ersparnis von etwa 20%. Besonders erwies sich auch die genaue Temperatureinstellung, bei diesen meist teilweise evakuierten empfindlichen Birnen als wertvoll.

Aber auch für andere Glasgefäße, zumal hochwertige oder dünnwandige und solche für technische Zwecke, wie Birnen, Vakuumröhren, Kochflaschen, Retorten, Schalen, optische Gläser (Linsen) u. dgl. ist die elektrische Warmbehandlung zweifellos aussichtsreich. Zur Erzielung vollkommener Spannungsfreiheit von optischen Gläsern, was von ausschlaggebender Bedeutung ist, sind Elektroöfen bereits in Anwendung. Dasselbe gilt vom Tempern und Abkühlen großer und kleinerer Spiegelscheiben. Ob also Hohl-, Tafel-, Spiegel- oder Façonglas, in allen Fällen ist Elektrowärme besser und auch wirtschaftlich. Daß für die mannigfaltigen Zwecke auch Muffel- oder andere Ofenarten in Frage kommen können, bedarf keiner weiteren Erklärung.

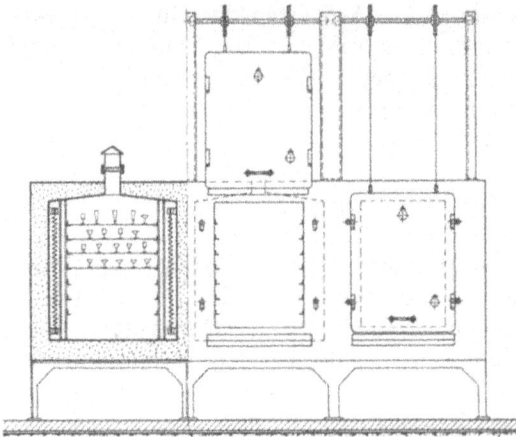

Abb. 237. Glasbrennofen mit drei zusammengebauten Kammern, wovon die links im Schnitt, die in der Mitte mit hochgezogener und rechts mit geschlossener Türe dargestellt ist. Bauart Ruß.

Während bisher nur von der Glaskühlung die Rede war, sei noch auf ein anderes glastechnisches Gebiet, dem des Brennens von Glasfarben, hingewiesen. Hierbei handelt es sich um das Einbrennen von Farben oder Malereien auf Glas. Dieser Arbeitsvorgang setzt genaue Temperatur, gleichmäßige Erwärmung im Heizraum, reine, allenfalls neutrale Ofenatmosphäre und gleichbleibende Arbeitsweise voraus. Diese Bedingungen erfüllt der elektrische Ofen wiederum restlos. Da sich der Brennvorgang in einem halben Tag, also in 12 Stunden (häufig noch kürzer) abspielt, so kann billiger Nachtstrom in Anwendung kommen. Mit Zeituhren setzt das Brennen des vorher beschickten Ofens selbsttätig ein, während sich unter gleichen Voraussetzungen der Ofen abschaltet und am andern Morgen das fertig gebrannte Glas mit seinen Dekors oder Malereien in klarem Glanz abgibt. Die Aufheizeit im Zusammenhang mit der Brenntemperatur wird unter Berücksichtigung des nutzbaren Ofenraumes, des Einsatzes und seines Gewichtes, mit der Anschlußleistung des Ofens in Übereinstimmung gebracht. Im allgemeinen dauert das Hochheizen von Raumtemperatur bis auf die max. Brenntemperatur, die meistens bei 550 bis 630° C liegt, etwa 2 bis 3 Stunden. Ist diese Temperatur erreicht, so kann in der Regel der Heizstrom abgeschaltet werden, was bei selbsttätiger Arbeitsweise ein Regler übernimmt. Die im Ofen aufgespeicherte Wärme fällt nunmehr allmählich ab. Mit Beginn der Früh-

Abb. 238. Glasbrennofen, Bauart Ruß. Ausführung: „Industrie" Elektroofen
G. m. b. H., Köln.

schicht wird eine Luftklappe am Ofen geöffnet, so daß die Abkühlung rascher einsetzen kann, weil alsdann keine Gefahr mehr für das Gut besteht.

Der Aufbau eines elektrischen Brennofens mit drei zusammengebauten Kammern ist im Schnitt und Ansicht in Abb. 237 dargestellt. Ein doppelwandiger Blechmantel ist mit einem hochwertigen Isolierpulver (gut verstampft) ausgefüllt. Der innere Mantel besteht aus hitzebeständigem Baustoff. Den auftretenden Spannungen, infolge der Temperaturunterschiede, wird hierbei Rechnung getragen. Auch ist die Türe doppelwandig oder zweiteilig, d. h. mit einer eingesetzten inneren und einer angeschlagenen, äußeren Türe versehen. In der Decke oder an der hinteren Stirnwand ist oben eine Öffnung, die durch eine regelbare Klappe verschlossen werden kann. An den Seiten sind die Heizkörper gleichmäßig verteilt angebracht. Davor liegen die Winkelleisten, auf die die Bleche mit den Gläsern abgestellt werden. Bei großen Öfen ist noch eine Boden- und allenfalls Deckenheizung anzuraten. Auch ist mit einer Luftumwälzung eine bessere Ofenausnutzung, also ein rascher, gleichmäßiger Temperaturverlauf im Heizraum möglich.

Der in Abb. 238 in Ansicht wiedergegebene Ofen hat einen Nutzraum von 610 mm Breite, 1050 mm Tiefe und 850 mm Höhe. Der Anschlußwert beträgt 15 kW und der Stromverbrauch bei ausgenutztem Ofen etwa 45 kWh. Somit kostet ein Brand von 0,55 m³ Rauminhalt bei 3 Rpf./kWh (Nachtstromtarif) rd. 1,35 RM. Der Ofen brennt 45 bis 53 kg Glas, so daß 1 kg Glas 2,5 bis 3 Rpf. zu brennen kostet.

Die soeben geschilderten Öfen können selbstverständlich auch zum Brennen von Farben auf Porzellan, Steingut und anderen keramischen Erzeugnissen benutzt werden. Da hierfür höhere Temperaturen bis 850⁰ in Frage kommen, so ist auf die Ofenkonstruktion und Ausbildung der Wärme-Isolation entsprechend Rücksicht zu nehmen. Selbstredend ist die Brenndauer hierbei länger und zwar etwa 4 bis 6 Stunden und der Stromverbrauch höher; bei 1 t Steingut im kleinen Ofen überschlägig 350 kWh.

18. Holztrocknungsanlagen.

Das Trocknen von Holz mit Elektrowärme ist eine Aufgabe der Zukunft. Mit Nachtstrom von 3 bis 4 Rpf./kWh dürfte ein wirtschaftlicher Betrieb gegenüber der bisherigen Arbeitsweise möglich sein. Wo Holz ist, sind auch vielfach Wasserkräfte (Schwarzwald, Thüringen, Harz, Oberbayern, Schweiz, Skandinavien usw.), die nachts häufig unausgenutzt, in elektrische Energie umgewandelt, der Holzindustrie von großem Nutzen sein können. Hierunter fällt das elektrische Holztrocknen.

Die Anlagekosten sind nicht übermäßig hoch, da nur niedrige Temperaturen in Frage kommen. Auf eine leichte Beschickung des vor Eintritt in den Ofen aufgestapelten Holzes sollte besonderes Augenmerk gelegt werden. Mit einem elektrischen Lufterhitzer und einer Wasserberieselung wird die Trockenkammer zweckentsprechend in Verbindung gebracht. Die Luft wird hierbei frei angesaugt, und zwar mittels eines Gebläses, das mit einem außerhalb des Ofens gekuppelten Motor versehen ist. Der Ventilator drückt die Luft durch den Lufterhitzer, um diese zu erwärmen. Von hier aus gelangt die Luft in die Befeuchtungskammer. Das überschüssige Wasser läuft ab oder wird gesammelt und wieder zurückgepumpt. Durch Leitkanäle dringt die angefeuchtete warme Luft in den Trockenraum, um sich ihrer Aufgabe zu unterziehen.

Um also eine zu rasche Austrocknung der sachgemäß in der Kammer aufgestapelten Hölzer zu vermeiden, muß die Warmluft feucht sein. Das Holz darf also während des Trockenvorganges unter keinen Umständen nachteilig beeinflußt werden. Es darf sich weder werfen, noch zu Rissen führen. Auch muß seine Farbe erhalten bleiben. Eine gute Holztrocknung ist für die Bearbeitung des Holzes von großer Wichtigkeit. Derartiges Holz wird allgemein bevorzugt. Geleimtes oder furniertes Holz, ja selbst Sperrholz kann im elektrischen Trockenofen besonders vorteilhaft behandelt werden, und zwar unter Ausnutzung billigen Nachtstromes.

Angenommen, der kWh-Preis sei von 9 Uhr abends bis 7 Uhr morgens, also während 10 Betriebsstunden für 3 Rpf. zu bekommen. Dann kostet das Trocknen von Weichholz bei etwa 250 kWh Stromverbrauch für 1 m³ Holz rd. 7,50 RM./m³. Bei Hartholz kann man mit 350 kWh im Mittel rechnen. Bei einem Vergleich der Anlagekosten zwischen einer Dampftrockenanlage und den einfachen und billigen elektrischen Trockenkammern fallen diese bei letzteren wesentlich günstiger aus. Die elektrischen Öfen können nachts unbeaufsichtigt betrieben werden, was bei Dampfanlagen nicht möglich ist. Erstere werden abends fertig beschickt, selbsttätig so eingestellt, daß eine Zeituhr den Ofen wunschgemäß einschaltet und wieder abschaltet. Dasselbe gilt von der Wasserberieselung im Zusammenhang mit der elektrischen Beheizung.

19. Walzenvorwärmer.

Bekanntlich bieten sich beim Walzen von Blechen nach längerer Betriebspause (nach Sonn- und Feiertagen) oder mit dem Auswechseln neuer Walzen Schwierigkeiten. Um diese zu überwinden, müssen die Walzen gleichmäßig angewärmt und auf eine bestimmte Temperatur gebracht werden, die den jeweiligen Arbeitsbedingungen zu entsprechen hat. Hierfür dienen neuerdings elektrische Walzenheizer.

Erfahrungsgemäß beträgt die Temperatur in der Mitte der Walze 250 bis 350° C, um nach den Enden zu um 120 bis 150° C abzufallen. Hierauf ist bei der Wahl eines elektrischen Walzenheizers Rücksicht zu nehmen. Derselbe kann nun entweder induktiv erhitzt werden, unter Ausnutzung der Walzenpaare, die alsdann im Sekundärstromkreis liegen. Oder die Vorrichtung besteht aus Schellen bzw. aus entsprechend geformten Schalen, in die die Heizelemente eingebaut sind. Zur Vermeidung unnötiger Wärmeverluste und -belästigung ist zwischen den Heizkörpern und einem äußeren Blechmantel eine Wärmeisolation vorgesehen.

So zeigt Abb. 239 einen zusammengebauten Walzenheizer. Zum Anwärmen der Walzen vor Betriebsbeginn wird der Walzenheizer zweck-

Abb. 239. Ansicht des Walzenheizens
von Siemens-Schuckertwerke, Berlin.

mäßig am Schluß der letzten Schicht bei Wochenende auf die Walzen gesetzt. Hierbei wird der Abstand zwischen Ober- und Unterwalze durch besondere Keile so eingestellt, daß der Heizer gut um beide Walzen herumpaßt. Dann werden durch die Stellschrauben die mittleren biegsamen Teile fest an die Walzen gelegt. Durch diese Einstellmöglichkeit lassen sich Unterschiede im Walzendurchmesser ausgleichen, die durch Abschleifen hervorgerufen werden.

Etwa 8 Stunden vor Beginn der neuen Schicht am Wochenanfang wird der Heizer angeschaltet; dies kann durch einen Wächter geschehen, da nur die Schalter zu betätigen sind, oder auch selbsttätig durch eine Schaltuhr und Schütze.

Eine besondere Aufsicht und Bedienung oder gar ein Drehen der Walzen ist nicht erforderlich. Die Kurven in Abb. 240 zeigen den Temperaturanstieg in der Mitte und am Ende der Walze während der Anheizzeit. Nach 8 Stunden ist der übliche Betriebszustand z. B. mit 270° C in der Mitte und 150° C an den Enden erreicht.

Bei Schichtbeginn kann dann nach dem Abnehmen des Heizers sofort mit dem Auswalzen genau maßhaltiger Bleche begonnen werden. Es ist zweckmäßig, die Anheizer nach dem Abheben von den Walzen und, solange sie nicht gebraucht werden, auf einen Abstellblock zu setzen.

Es wurde schon einleitend erwähnt, daß die Walzenpaare auch mittels Induktionsheizung erwärmt werden können. Alsdann muß mit besonderer Sorgfalt darauf bedacht sein, daß durch die induktive Wirkung keine Eisen- oder Stahlteile, zumal Späne, Grat, Zunder usw. magnetisch auf die Walzen übertragen werden.

Anstatt der unmittelbaren induktiven Erhitzung ist jedoch die mittel-

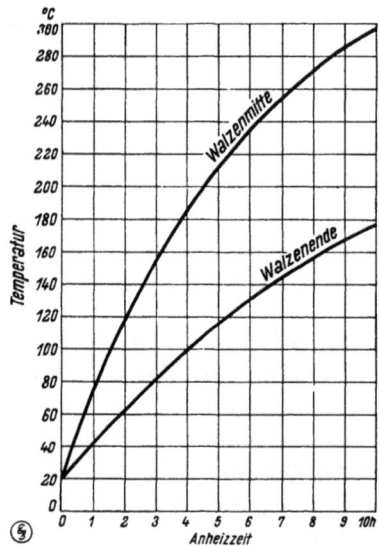

Abb. 240. Temperaturkurven über dem Walzenvorwärmer von Siemens-Schuckertwerke, Berlin.

bare bedenklos anwendbar, die dazu noch einfach und billig ist. Es genügt alsdann ein einfacher Manteltransformator mit Luftkühlung, der primärseitig an die Netzleitung angeschlossen wird. Die sekundäre Seite besteht aus so vielen Bändern als Walzen am Walzwerk vorhanden sind, wovon jedes Band der Walzenbreite entspricht. Jedes von der Walze umschlossene Band stellt einen fast geschlossenen Ring dar. Die danach folgenden verstärkten Enden werden eine entsprechende Länge parallel und isoliert voneinander zu dem Transformator geführt und schließlich mit der Sekundärschleife desselben verbunden. Vorteilhaft erhält der Transformator noch einige Anzapfungen, die mit einem Regelschalter in Verbindung stehen. Ohne kostspielige Schalt- und Nebeneinrichtungen kann ein solcher Walzenerwärmer kräftig ausgebildet, also besonders betriebssicher und hinreichend regelbar hergestellt werden.

20. Radreifenanwärmer.

Hat das Gut, welches einer Warmbehandlung unterzogen werden soll, eine runde oder sonstwie geschlossene Form von gleichem oder annähernd gleichbleibendem Querschnitt, so kann dieses Gut anstatt in einem Ofen, z. B. Muffelofen, auch offen oder in einem einfachen wärmegeschützten Raum induktiv erhitzt werden.

Zum besseren Verständnis sei dafür nochmals die Art und Weise der Induktionsheizung erklärt und bildlich dargestellt.

Es wurde schon früher darauf hingewiesen, daß die Elektrotechnik neben der Stromübertragung durch Leitungen noch eine solche ohne jeden metallischen oder anderen Leiter hat, die lediglich auf Induktion beruht. Das Prinzip dieser Heizung können wir uns an einem praktischen Fall erklären. Das bekannte Beispiel einer solchen Stromübertragung haben wir am Transformator. Dieser hat allerdings nicht die Aufgabe, thermischen Zwecken zu dienen, sondern die Aufgabe der Umformung auf höhere oder niedrigere Spannung.

Die Transformatoren sind bekanntlich mit zwei elektrisch zunächst vollständig voneinander getrennten Wicklungen versehen, von denen gewöhnlich die eine für die Aufnahme des Hochspannungsstromes, z. B. aus einer Überland- oder Werkzentrale, und die andere für die Abgabe des Niederspannungsstromes, wie er z. B. für Beleuchtungszwecke gebraucht wird, bestimmt ist. Führt man nun der Hochspannungswicklung eines solchen Transformators einen elektrischen Strom zu, so erzeugt dieser Primärstrom durch Induktion einen Sekundärstrom in der zweiten, also der Sekundär- oder Niederspannungswicklung, die ohne elektrisch leitende Verbindung mit der Primär- oder Hochspannungswicklung ist. Wir besitzen also in den ruhenden Transformatoren Einrichtungen, in denen durch Induktion Hochspannungsströme von geringer Stromstärke in Niederspannungsströme von entsprechend größerer

Stromstärke umgewandelt werden können; und zwar ist nach den Gesetzen der Elektrotechnik die Stromstärke der Niederspannungsseite des Transformators um so größer, je kleiner die Windungszahl der Niederspannungswicklung im Vergleich zu derjenigen der Hochspannungswicklung ist. Wir werden danach in der Niederspannungswicklung eines Transformators die höchste Stromstärke bekommen, wenn sie nur aus einer einzigen Windung besteht. Diese Tatsache findet ihre Nutzanwendung bei der Induktionsheizung, wie sie im vorliegenden Fall zum Erhitzen von Radreifen u. dgl. in Frage kommt.

Denken wir uns nun die primäre Spule eines Transformators mit einer Stromquelle verbunden und die sekundäre Spule offen, dann läuft der Transformator „leer". Die Primärwicklung stellt eine Drosselspule dar, in der eine elektromotorische Kraft der Selbstinduktion induziert wird. Der erzeugte Kraftlinienfluß schneidet nicht allein durch die primäre Wicklung, sondern auch durch die Sekundärwicklung, so daß also auch in dieser eine elektromotorische Kraft erzeugt wird.

Gehen wir in unseren Betrachtungen weiter und schließen den sekundären Stromkreis durch ein Stück Eisendraht kurz, so wird dieser Draht infolge der elektromotorischen Kraft der Selbstinduktion zum Glühen gebracht. Denken wir uns statt mehrerer Sekundärwindungen nur einen einzigen eisernen Drahtring um den Transformatorschenkel gelegt, dann ist der darin auftretende Induktionsstrom noch größer und veranlaßt, daß der Eisenring um so schneller zum Glühen gebracht wird[1]).

Wird die Induktionsheizung auf ein Warmbehandlungsgut, z. B. auf Rad- und Zahnkränze, Radbandagen, Schrumpfringe, Bänder und Drähte in Ringen usw. übertragen, so sind hiermit zweifellos Vorteile verbunden. So werden bekanntlich die Bandagen oder Radkränze bei Lokomotiven- und Wagenrädern in brennstoffbeheiztem Ofen so weit erwärmt, bis sich diese auf das Rad aufziehen lassen. Diese Art der Erwärmung hat den Nachteil einer ungenauen Erhitzung, so daß die vorherige Ausdehnung und spätere Schrumpfung ungleichmäßig wird. Auch läßt hierbei die Sauberkeit des Betriebes zu wünschen übrig.

Wesentlich anders verhält es sich bei der elektrischen, zumal der Induktionsheizung. Schon seit Jahren werden Radreifenanwärmer mit dieser Heizungsart betrieben.

Die Maschinenfabrik Örlikon hat bereits im Jahre 1912 eine Vorrichtung konstruiert, mittels welcher es möglich ist, Bandagen und Ringe von beliebigem Durchmesser auf elektrischem Wege zu erwärmen.

---

[1]) Entnommen aus: Ruß, E. Fr., Die Elektrostahlöfen, 1924, S. 94, Verlag R. Oldenbourg, München.

Die Bandage oder der Ring bilden die Sekundäre des Transformators und werden durch den in ihnen zirkulierenden Strom erwärmt. Die Erwärmung erfolgt gleichmäßig und kann durch Unterteilung der Primärwicklung für verschiedene Stromstufen in weiten Grenzen und auf bequeme Weise reguliert werden. Der Apparat wird nur für Einphasenwechselstrom gebaut, kann aber auch ohne weiteres an zwei Phasen eines Drehstromnetzes angeschlossen werden. Er ist kräftig gebaut, arbeitet wirtschaftlich und sauber und ist billiger als Gasöfen, besonders wenn er zur Zeit des niedrigen Stromtarifs im Betrieb steht. Sein Hauptanwendungsgebiet bilden Eisenbahn- und Straßenbahnwerkstätten und die Waggonfabriken.

Nachfolgende Tafel 4 enthält einige aus den Versuchen erhaltene Ergebnisse über Erwärmung, Ausdehnung und Energieverbrauch von Straßen- und Eisenbahnbandagen.

Zahlentafel 4. Ergebnisse über Radreifen-Anwärmer.

Art der Bandagen	Ge-wicht in kg	Dauer der Erwär-mung in Min.	Bohrungs-durch-messer in mm	Zunahme der Bohrung in mm	Anfangs-tempe-ratur °C	End-tempe-ratur °C	Ver-brauch in kW/h
Straßenbahnbandage	157	25	733	2,5	17	200	7,5
Laufradbandage . .	230	35	693	1,5	16	168	7,7
Wagenradbandage .	250	20	908	1,5	17	133	6,0
Wagenradbandage .	250	34	908	2,0	16	160	8,0
Lokomotivrad-bandage	556	20	1689	2,5	17	119	12,2

V. Schlußwort.

Die an dem Leser vorbeigegangenen Darstellungen über elektrische Warmbehandlungsöfen beweisen ihm, daß hier ein noch unerschöpfliches Arbeitsgebiet vorliegt. Die nächste Auflage dieses Buches, die hoffentlich bald folgen wird, dürfte die sprunghafte Weiterentwicklung, die Gestaltung und den Mut zu großen Ofeneinheiten bestätigen. Mit der Belebung unserer Wirtschaft, mit der großzügigen Auffassung unserer Elektrizitätspolitiker und mit dem angeborenen Geist für ,,Gutes und Schönes", wird auch in unserer deutschen Industrie die Elektrowärme bahnbrechend sein.

Neben zweckentsprechenden Ofenkonstruktionen, unter weitgehendster Berücksichtigung der jeweiligen Betriebsverhältnisse, sollen immer die Anlagekosten tragbar sein und den nötigen Anreiz zur Durchführung gesetzter Ziele bieten.

Kommt aber erst die Zeit, in der Elektrowärme zum Kohlenpreise zu haben ist — und diese Zeit wird kommen —, so werden viele Schornsteine umgelegt und das Wohl unserer Arbeiter wird infolge der sauberen Betriebe in noch viel stärkerem Maße hervortreten.

Folgt schließlich noch das Reichs-Stromversorgungsnetz mit einheitlichen Strompreisen, so bestehen die weiteren Aussichten, daß der Staat auch die Finanzierung von Neuanlagen übernehmen wird, damit alle gesunden Unternehmen mit Hilfe modernster Betriebseinrichtungen gesund bleiben, wobei insbesondere an unseren Export gedacht sei. Die mit den Anlagen erzielten Gewinne könnten alsdann bis zur endgültigen Bezahlung derselben bei niedrigem Zinssatz abgeführt werden, wonach alsdann die Anlagen vom Staat in das Eigentum des Unternehmens übergehen.

Sachregister.

ELEKTROWÄRMEVERWERTUNG als ein Mittel zur Erhöhung des Stromverbrauches. Von Ingenieur R. Kratochwil. 2. Auflage. 703 Seiten, 431 Abbildungen, zahlreiche Tabellen. Gr.-8°. 1927. Broschiert RM. 34.60, in Leinen gebunden RM. 36.—

Grundsätzlich sind alle sachlich zusammenhängenden Einzelgebiete in besonderen Abschnitten behandelt. Vorzügliches Bildmaterial ergänzt den Text. Ferner enthält jeder Abschnitt reiches Zahlenmaterial für die Beurteilung wirtschaftlicher Fragen, was den Vergleich mit anderen Ausführungsmöglichkeiten erleichtert. Im Text eingefügte und in einem Anhang zusammengestellte Literaturhinweise ermöglichen das tiefere Eindringen in Sonderfragen. Das Studium des Werkes ist jedem, der auf dem Elektrowärmegebiet arbeitet, warm zu empfehlen. Durch die Übersichtlichkeit der Anordnung und die flüssige und anregende Darstellung wird das Eindringen in den Stoff dem Leser sehr erleichtert.
„Elektrizitäts-Verwertung".

DIE ELEKTRO-METALLÖFEN. Von Oberingenieur E. Fr. Ruß. 168 Seiten. 123 Abbildungen, 23 Zahlentafeln. Gr.-8°. 1922. Broschiert RM. 5.80, gebunden RM. 7.20

Im vorliegenden Buch werden die Elektrometallöfen unter besonderer Berücksichtigung der Bedürfnisse und Probleme des Metallschmelzens behandelt. Es werden von den sehr zahlreichen vorgeschlagenen Konstruktionen nur diejenigen beschrieben, die eine praktische Bedeutung haben. Von der Darstellung gewinnt man den Eindruck, daß sie durchweg auf eigener Erfahrung oder kritischer Überlegung des Verfassers beruht. Fremde unkontrollierte Angaben werden nicht kritiklos wiedergegeben, wie es bei einer Zusammenstellung technischer Verfahren leider so oft geschieht. *„Zeitschrift für technische Physik".*

DIE ELEKTRO-STAHLÖFEN. Von Oberingenieur E. Fr. Ruß. 479 Seiten, 439 Abbildungen, 64 Zahlentafeln. Gr.-8°. 1924. Broschiert RM. 10.80, gebunden RM. 12.10

Das Buch kann allen denen, die sich rasch über ein bestimmtes Ofensystem orientieren wollen, bestens empfohlen werden. Die zahlreichen Abbildungen sowie die gesamte Ausstattung des Buches ist eine sehr gute. *„Elektrotechnik und Maschinenbau".*

Wenn man weiß, wie schwierig es ist, für die neuen in und nach dem Kriege entstandenen Bauarten einwandfreie Angaben zu erhalten, wird man dem Verfasser für die vollständige Zusammenstellung der ausgeführten Ofenarten dankbar sein. Es ist ihm im allgemeinen gelungen, die Vor- und Nachteile der einzelnen Bauarten in elektrischer und konstruktiver Hinsicht kritisch und sachlich gegeneinander abzuwägen. *„Stahl und Eisen".*

9 783486 767506